U0143190

名家通识讲座书系

人类生物学
十五讲（第二版）

□ 陈守良　葛明德　编著

北京大学出版社
PEKING UNIVERSITY PRESS

图书在版编目(CIP)数据

人类生物学十五讲/陈守良,葛明德编著. —2 版. —北京:北京大学出版社,2016.11

(名家通识讲座书系)

ISBN 978-7-301-27656-3

Ⅰ.①人… Ⅱ.①陈…②葛… Ⅲ.①人类生物学 Ⅳ.①Q98

中国版本图书馆 CIP 数据核字(2016)第 248317 号

书　　　名	人类生物学十五讲(第二版)
	RENLEI SHENGWUXUE SHIWU JIANG
著作责任者	陈守良　葛明德　编著
策 划 编 辑	艾　英
责 任 编 辑	黄　炜　孙　琰
标 准 书 号	ISBN 978-7-301-27656-3
出 版 发 行	北京大学出版社
地　　　址	北京市海淀区成府路 205 号　100871
网　　　址	http://www.pup.cn　新浪微博:@北京大学出版社
电 子 信 箱	zpup@pup.cn
电　　　话	邮购部 62752015　发行部 62750672　编辑部 62752021
印 刷 者	北京中科印刷有限公司
经 销 者	新华书店
	650 毫米×980 毫米　16 开本　28.75 印张　438 千字
	2007 年 4 月第 1 版
	2016 年 11 月第 2 版　2024 年 5 月第 4 次印刷
定　　　价	58.00 元

"名家通识讲座书系"
编审委员会

"名家通识讲座书系"总序

本书系编审委员会

"名家通识讲座书系"是由北京大学发起,全国十多所重点大学和一些科研单位协作编写的一套大型多学科普及读物。全套书系计划出版 100 种,涵盖文、史、哲、艺术、社会科学、自然科学等各个主要学科领域,第一、二批近 50 种将在 2004 年内出齐。北京大学校长许智宏院士出任这套书系的编审委员会主任,北大中文系主任温儒敏教授任执行主编,来自全国一大批各学科领域的权威专家主持各书的撰写。到目前为止,这是同类普及性读物和教材中学科覆盖面最广、规模最大、编撰阵容最强的丛书之一。

本书系的定位是"通识",是高品位的学科普及读物,能够满足社会上各类读者获取知识与提高素养的要求,同时也是配合高校推进素质教育而设计的讲座类书系,可以作为大学本科生通识课(通选课)的教材和课外读物。

素质教育正在成为当今大学教育和社会公民教育的趋势。为培养学生健全的人格,拓展与完善学生的知识结构,造就更多有创新潜能的复合型人才,目前全国许多大学都在调整课程,推行学分制改革,改变本科教学以往比较单纯的专业培养模式。多数大学的本科教学计划中,都已经规定和设计了通识课(通选课)的内容和学分比例,要求学生在完成本专业课程之外,选修一定比例的外专业课程,包括供全校选修的通识课(通选课)。但是,从调查的情况看,许多学校虽然在努力建设通识课,也还存在一些困难和问题:主要是缺少统一的规划,到底应当有哪些基本的通识课,可能通盘考虑不够;课程不正规,往往因人设课;课量不足,学生缺少选择的空间;更普遍的问题是,很少有真正适合通识课教学的教材,有时只好用专业课教材替代,影响了教学效果。一般来说,综合性大学这方面情况稍好,其他普通的大学,特别是理、工、医、农类学校因为相对缺少这方面的教学资源,加上很少有可供选择的教材,开设通识课的困难就更大。

这些年来,各地也陆续出版过一些面向素质教育的丛书或教材,但无论数量还是质量,都还远远不能满足需要。到底应当如何建设好通识课,使之能真正纳入正常的教学系统,并达到较好的教学效果? 这是许多学校师生普遍关心的问题。从2000年开始,由北大中文系主任温儒敏教授发起,联合了本校和一些兄弟院校的老师,经过广泛的调查,并征求许多院校通识课主讲教师的意见,提出要策划一套大型的多学科的青年普及读物,同时又是大学素质教育通识课系列教材。这项建议得到北京大学校长许智宏院士的支持,并由他牵头,组成了一个在学术界和教育界都有相当影响力的编审委员会,实际上也就是有效地联合了许多重点大学,协力同心来做成这套大型的书系。北京大学出版社历来以出版高质量的大学教科书闻名,由北大出版社承担这样一套多学科的大型书系的出版任务,也顺理成章。

编写出版这套书的目标是明确的,那就是:充分整合和利用全国各相关学科的教学资源,通过本书系的编写、出版和推广,将素质教育的理念贯彻到通识课知识体系和教学方式中,使这一类课程的学科搭配结构更合理,更正规,更具有系统性和开放性,从而也更方便全国各大学设计和安排这一类课程。

2001年底,本书系的第一批课题确定。选题的确定,主要是考虑大学生素质教育和知识结构的需要,也参考了一些重点大学的相关课程安排。课题的酝酿和作者的聘请反复征求过各学科专家以及教育部各学科教学指导委员会的意见,并直接得到许多大学和科研机构的支持。第一批选题的作者当中,有一部分就是由各大学推荐的,他们已经在所属学校成功地开设过相关的通识课程。令人感动的是,虽然受聘的作者大都是各学科领域的顶尖学者,不少还是学科带头人,科研与教学工作本来就很忙,但多数作者还是非常乐于接受聘请,宁可先放下其他工作,也要挤时间保证这套书的完成。学者们如此关心和积极参与素质教育之大业,应当对他们表示崇高的敬意。

本书系的内容设计充分照顾到社会上一般青年读者的阅读选择,适合自学;同时又能满足大学通识课教学的需要。每一种书都有一定的知识系统,有相对独立的学科范围和专业性,但又不同于专业教科书,不是专业课的压缩或简化。重要的是能适合本专业之外的一般大学生和读者,深入浅出地传授相关学科的知识,扩展学术的胸襟和眼光,进而增进学生的人格素养。本书系每一种选题都在努力做到入乎其内,出乎其外,把学问真正做活了,并能加以普及,因此对这套书的作者要求很高。我们所邀请的大都是那些真正有学术建树,有良好的教学经验,又能将学问深入浅出地传达出来的重量级学者,是请"大家"来讲"通识",所以命名为"名家通识讲座书系"。其意图就是精选名校名牌课程,实现大学教学资源共享,让更多的学子能够通过这套书,亲炙名家名师课堂。

本书系由不同的作者撰写,这些作者有不同的治学风格,但又都有共同的追求,既注意知识的相对稳定性,重点突出,通俗易懂,又能适当接触学科前沿,引发跨学科的思考和学习的兴趣。

本书系大都采用学术讲座的风格,有意保留讲课的口气和生动的文风,有"讲"的现场感,比较亲切、有趣。

本书系的拟想读者主要是青年,适合社会上一般读者作为提高文化素养的普及性读物;如果用作大学通识课教材,教员上课时可以参照其框架和基本内容,再加补充发挥;或者预先指定学生阅读某些章节,上课时组织学生讨论;也可以把本书系作为参考教材。

本书系每一本都是"十五讲",主要是要求在较少的篇幅内讲清楚某一学科领域的通识,而选为教材,十五讲又正好讲一个学期,符合一般通识课的课时要求。同时这也有意形成一种系列出版物的鲜明特色,一个图书品牌。

我们希望这套书的出版既能满足社会上读者的需要,又能有效地促进全国各大学的素质教育和通识课的建设,从而联合更多学界同仁,一起来努力营造一项宏大的文化教育工程。

第一版前言

在 20 世纪 80 年代初,我和我的老朋友胡寿文教授讨论过去教育的得失,深感当代大学生的知识面比较狭窄,学文科的自然科学的知识欠缺,学理科的人文社会科学的知识贫乏;特别是相当多的大学生对人类自身很不了解,更不了解关于人的现代生物学知识。同时,我们了解到国外已有不少大学开设了关于人类生物学的课程,出版了多种人类生物学的教材,而在我国还没有这类课程。我们决心试开这样的课程。1985 年春季,我和胡寿文教授在北京大学开出了全校性公共选修课"人类生物学"。从试教的结果看来,这门课颇受文、理科学生的欢迎。1986 年,贺慕严教授在北京大学开出全校性公共选修课"人体结构与机能"。1990 年,葛明德教授在北京大学分校开出"人与自然"课程。这也都属于人类生物学的范围。

2001 年,我和北京大学生物学系的贺慕严、吴鹤龄、葛明德、汪劲武教授合作编写出版了《人类生物学》。

2004 年,"名家通识讲座书系"执行主编温儒敏教授邀约我和葛明德教授编写《人类生物学十五讲》。《人类生物学十五讲》是在《人类生物学》的基础上改写而成的,它的重点是讲三个方面的问题,即:人体的结构与机能(陈守良编写)以及人类的遗传、人类的由来(葛明德编写)。

本书以高中文化程度为起点。只要读者具有高中阶段的自然科学基础,就可以通过阅读本书获得有关人类自身的生物学知识,不需要先修大学的数学、物理学、化学等基础课程。因此《人类生物学十五讲》可以作为文科、理科、工科等普通高等院校学生学习生物学的一种普及性教材。

本书注重联系实际,比较贴近生活,贴近人生,易于了解和接受。我们希望本书能成为大学校园外的青年读者学习生物学的读物。

我们还希望本书对中、老年朋友的养生保健有所帮助。人到中年,身体健康状况会发生变化,需要及时采取保健措施。如果人们能对自己身体的结构、机能、生长、发育以及衰老的过程多有一些知识,将会增加对自身健康状况的了解,及时发现身体存在的问题,使之得到治疗并早日康复。

陈守良

2006 年 12 月 18 日于中关园

目录

第一讲

人是什么？

人类在生物界中的位置

在初夏的未名湖畔，我们可以看见碧绿的草地、高大的松柏和低矮的灌木；可以看见红色的月季花、淡紫红色的木槿花；还可以看见在花间飞舞的蝴蝶、在湖水中游动的小鱼、在树丛中奔跑的松鼠；还可以听见麻雀叽叽喳喳的叫声、布谷鸟咕咕咕咕的鸣声。此外，还有我们看不见的土壤中的蚯蚓和无数的微生物等。这么多的动物、植物和微生物在活动，真是一幅生机勃勃的景象。由此放眼整个地球，在大陆、在海洋，在地球的生物圈内生活着多少种类的生物，多大数量的生物！

目前估计地球上已经发现的活着的生物约 200 万种，而且还在不断地发现新的物种，所以地球上的现有的生物的总数会在 200 万种以上。我们人类就是这 200 万种生物中的一种。

种(species)是生物分类法中的基本类群。这一个种与另一个种之间至少有一个特征不同，而且不同种之间不能自由杂交。具有相似特征的几个种可以归为一个属(genus)。具有相似特征的几个属可以归为一个科(family)。具有相似特征的几个科可以归属于一个目(order)。同理，目可归属于纲(class)；纲可归属于门(phylum)，在门之上还有界(kingdom)。近年来，根据分子生物学研究的成果，地球上所有的生物可分为三大类，即三个域(domain)。

生物可以分为三个域

地球上有这么多种的生物，需要将它们分门别类才能有系统地识别。生物学家按照生物的相同或相异的特征将它们加以区分，因此产生了对生物分类的科学，即分类学。

18 世纪瑞典植物学家林奈(Carl Linné,1707—1778)(图 1-1)将生物分为动物界、植物界，这种分法流行了近两百年。

1886 年德国生物学家海克尔(E. Haeckel,1834—1919)主张在动物界和植物界之外增加一个原生生物界，将所有的单细胞生物和一些简单的多细胞动物和植物归入这一界。

1967 年生态学家惠特克(R. Whittaker)提出将生物分为五界，即原核生物界、原生生物界、真菌界、植物界和动物界。原核生物界都是单细胞生物。这些单细胞都是原核细胞。原核细胞的染色体不含蛋白质，没有核膜，也没有由膜构成的细胞器。我们熟知的细菌就是原核生物。与原核细胞对应的是真核细胞。真核细胞的染色体含蛋白质,有核膜和由膜组成的细胞器。

图 1-1　林奈(引自 Newan,1924)

1997 年分子生物学家伍斯(C. R. Woese)和福克斯(G. E. Fox)等提出将生物分为三个域,即真细菌域(Domain Bacteria)、古核生物域(Domain Archaea)和真核生物域(Domain Eukarya)(图 1-2)。

真细菌域包括多种多样的,分入多个界的原核生物,即细菌。

古核生物域也包括多个界,也都是原核细胞,生活在地球上的极端环境中,如盐湖和沸腾的热泉中。

真核生物域的生物都是由真核细胞构成的,包括植物界、真菌界、动物界和原生生物。

人类属于真核生物域的动物界,这就是说,人是动物。

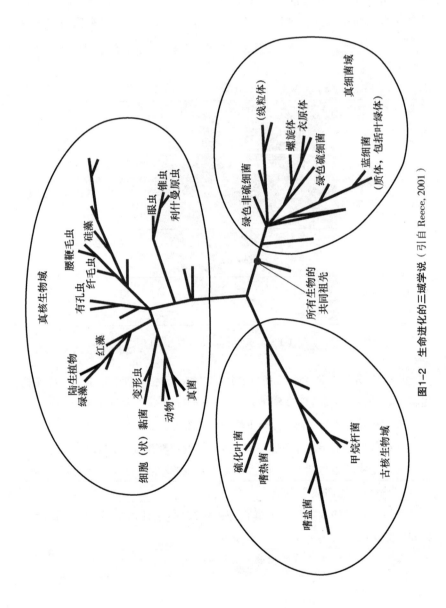

图1-2　生命进化的三域学说（引自 Reece, 2001）

动物界可以分为若干个门

动物界分为若干个门,如多孔动物门、刺胞动物门、扁形动物门、轮虫动物门、线虫动物门、软体动物门、环节动物门、节肢动物门、棘皮动物门、脊索动物门等。

人类属于脊索动物门。

脊索动物门有三个共同的特征(图 1-3):

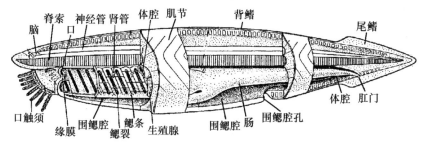

图 1-3　脊索动物门头索动物亚门代表动物——文昌鱼的结构特征
文昌鱼成体体长约 42～47 毫米(引自丁汉波,1983)

(1)脊索。在动物身体背部有一条棒状支柱,位于消化管的背面,神经管的腹面,有弹性,不分节。

(2)背神经管。这是动物的中枢神经系统,位于脊索背面,中空呈管状。

(3)鳃裂。消化管前段咽部两侧有一系列成对的裂缝与外界相通,称为鳃裂。

脊索动物门分为三个亚门

脊索动物门分为三个亚门,即尾索动物亚门、头索动物亚门和脊椎动物亚门。

人类属于脊椎动物亚门。

脊椎动物亚门的共同特征包括以下三点：

(1) 由一块块脊椎骨组成的脊柱代替脊索成为支持身体的中轴；

(2) 神经管分化出结构复杂的脑；

(3) 出现了成对的附肢,作为专门的运动器官(圆口纲除外)。

脊椎动物亚门分为七个纲

脊椎动物亚门分为七个纲,即圆口纲、软骨鱼纲、硬骨鱼纲、两栖纲、爬行纲、鸟纲、哺乳纲(图 1-4)。

哺乳纲的共同特征是体表有毛发、胎生(原兽亚纲除外)和哺乳幼仔。

人类属于哺乳纲真兽亚纲

哺乳纲分为三个亚纲,即：

(1) 原兽亚纲,卵生哺乳,如鸭嘴兽；

(2) 后兽亚纲(又称有袋亚纲),胎生,在育儿袋内哺乳幼仔,如大袋鼠；

(3) 真兽亚纲,胎生哺乳,具有胎盘。

人类属于真兽亚纲。

真兽亚纲现存 19 个目。我国有 14 个(图 1-5),它们是：食虫目,如刺猬、麝鼹(鼹鼠)；树鼩目,如树鼩；翼手目,如狐蝠、蝙蝠；灵长目,如猕猴；鳞甲目,如穿山甲；兔形目,如草兔、家兔；啮齿目,如岩松鼠、黄鼠、小家鼠；食肉目,如大熊猫、虎、豹；鳍足目,如海豹；鲸目,如白鳍豚；海牛目,如儒艮；长鼻目,如象；偶蹄目,如家猪、双峰驼、黄牛、山羊、黄羊、麋鹿(俗称"四不像")；奇蹄目,如野马、野驴。

人类属于灵长目

灵长目分为两个亚目,即原猴亚目和类人猿亚目。我国云南所产的懒猴属原猴亚目(图 1-6)。类人猿亚目又分为阔鼻猴下目和狭鼻猴下目。

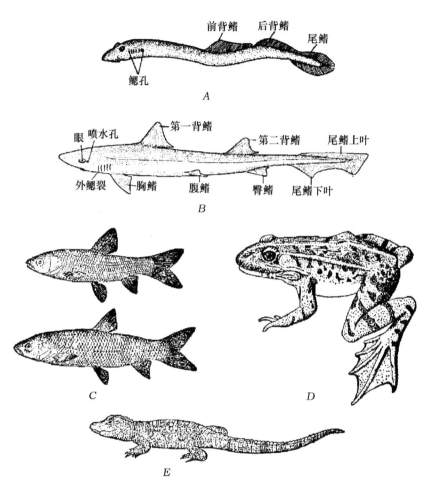

图 1-4 脊椎动物亚门的一些代表动物

A. 圆口纲:七鳃鳗;*B.* 软骨鱼纲:灰星鲨;*C.* 硬骨鱼纲:青鱼(上),草鱼(鲩)(下);

D. 两栖纲:黑斑蛙;*E.* 爬行纲:扬子鳄

(*A*、*D*、*E* 引自丁汉波,1983;*B* 引自孟庆闻等,1956;*C* 引自张春霖等,1960)

　　阔鼻猴下目下属一个卷尾猴超科。它们只产于南美洲,故又称新世界猴类。卷尾猴群居中南美洲热带森林中。

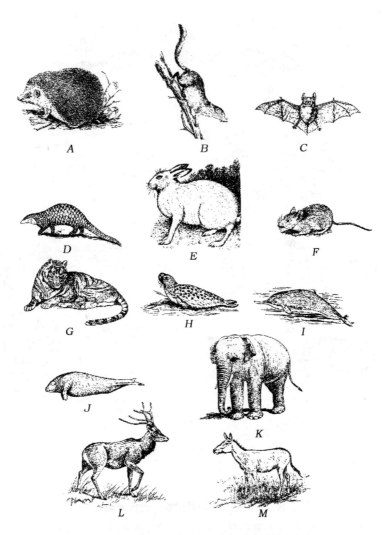

图 1-5　真兽亚纲的代表动物(引自夏武平等,1964)

A. 食虫目:刺猬;B. 树鼩目:树鼩;C. 翼手目:中华鼠耳蝠;D. 鳞甲目:穿山甲;

E. 兔形目:雪兔;F. 啮齿目:小家鼠;G. 食肉目:虎;H. 鳍脚目:海豹;

I. 鲸目:白鳍豚;J. 海牛目:儒艮;K. 长鼻目:象;

L. 偶蹄目:麋鹿;M. 奇蹄目:野驴

狭鼻猴下目下分为两个超科,即猕猴超科和人猿超科。猕猴超科分布于亚洲、非洲,故又称旧世界猴类。猕猴、金丝猴、疣猴、叶猴均为旧世界猴的代表物种(图1-7)。

人猿超科包括长臂猿、猩猩、大猩猩、黑猩猩和人。传统上,将人猿超科分为三个科,即长臂猿科(长臂猿)、大猿科(猩

图1-6 原猴亚目:懒猴

(引自夏武平等,1964)

猩、大猩猩、黑猩猩)和人科(智人,即现代人)。分子生物学的材料证明,两种非洲猿(即大猩猩、黑猩猩)和人的进化距离非常近,它们同猩猩的进化距离比较远(参见第十二讲、第十三讲)。

A B

图1-7 类人猿亚目、狭鼻猴下目、猕猴超科:猕猴(A)与金丝猴(B)

(引自夏武平等,1964)

现在,灵长类学家倾向于把大猩猩、黑猩猩和人都归属于人科。此外,人猿超科中还有长臂猿科(长臂猿)和猩猩科(猩猩)。

人科又分为两个亚科:大猩猩亚科,包括大猩猩和黑猩猩;人亚科,全世界的人都属这一亚科。

人亚科现生的种类只有一属,即人属。人属只有一种,即智人,也就是现代人。

现代人的学名(proper name)为 *Homo sapiens*。每一种生物的学名都是由两个名字组成的:第一个名字是属名,即这种生物所在的属的名称。同一属的生物的第一个名字都用这个属名。这个属名如同某人的姓,同一家的人都用这个姓。第二个名字是种名,即这个生物所属的种的名称。同一属的其他种的生物不能用这一种名。

这种命名法是林奈所制订的,叫作二名法。属名的第一个字母要大写,种名的第一个字母不用大写。林奈还规定用拉丁文定名。拉丁文是当时欧洲流行于宗教界和学术界的书面文字。为什么生物学家不用生物通常的名称而要制订学名呢?这是由于生物通常的名称不够准确,一种生物常有多个名称,而且不同的生物也可有同一名称,因此需要制订统一的学名。例如猫的学名是 *Felis catus*,其中 *Felis* 是属名,*catus* 是种名。*Felis* 还包括其他种的一些动物,如豹猫(别名狸猫)。豹猫的学名是 *Felis bengalensis*。

人的学名也是林奈制订的。*Homo* 是人属,*sapiens* 是"智慧"之意,所以 *Homo sapiens* 译为智人。现代人是有智慧的人,即智人。

因此,根据以上叙述,人类在生物界的位置可以表示如下:

真核生物域

　动物界

　　脊索动物门

　　　脊椎动物亚门

　　　哺乳纲

　　　　真兽亚纲

　　　　灵长目

　　　　　类人猿亚目

　　　　　狭鼻猴下目

　　　　　　人猿超科

　　　　　　人科

　　　　　　　人亚科

　　　　　　　人属

　　　　　　　　智人

人类有哪些特点？

人类是哺乳动物，我们先看哺乳动物有哪些特点。

哺乳动物和其他的脊椎动物一样，具有通过关节连接起来的骨质的内骨骼（图 1-8）。这种骨骼支持着身体，并且随着身体的生长发育而增长。神经系统的脑和脊髓分别位于头骨和许多节脊椎之中，得到了妥善的保护。通过附着在骨骼上的肌肉的收缩和舒张，骨骼才得以活动。

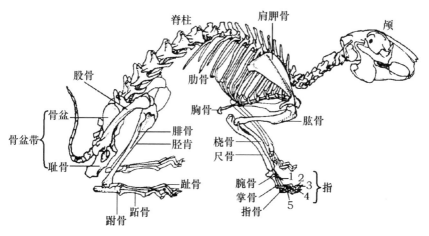

图 1-8　哺乳动物（兔）的骨骼（仿 Roberts, 1981）

哺乳动物以及其他的脊椎动物，和大多数无脊椎动物一样，体内有体腔。不过哺乳动物的体腔由完整的膈分成胸腔和腹腔两部分。人的胸腔内有心脏、肺和食管；腹腔中有胃、肠、肝和生殖、泌尿等器官（图 1-9）。

哺乳动物的一个重要的特征是经常维持较高而且相当稳定的体温，因此被称为恒温动物。鸟类也是恒温动物。恒温动物比变温动物（体温随外界温度的变化而变化的动物）的活动能力和范围大得多。

哺乳动物的体表的皮肤上多具有毛发，而不是鳞甲和羽毛。人的体表也有稀疏的毛发。

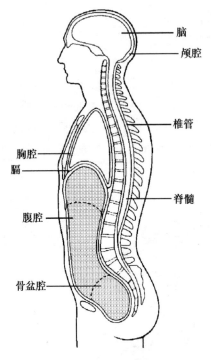

除了原兽亚纲(如鸭嘴兽)外,哺乳动物都是胎生的而不是卵生的。它们需要较长的时间照料后代,而且后代还有一段相当长的学习时期。

哺乳动物的神经系统发达,体温恒定;以母乳哺育幼仔,婴幼儿期长,学习时间长,因之是动物中最聪明的。

人和其他哺乳动物比较又有哪些特点呢?人在许多方面不如其他的哺乳动物特化,但却是哺乳动物中发展得最成功的一个种。人的骨骼和肌肉系统适于身体直立和两足行走,使双手解放出来成为操作的器官。人的双手适合于抓握东西和从事极为细致、灵巧的操作。人的下肢承担全身的重量,能直立、行走、奔跑,直至舞蹈。

图 1-9　哺乳动物(人)的体腔

(仿 Mader,1995)

人的脑最为发达,成为具有综合与控制作用的高度发达的复杂器官。人具有制造和使用工具的能力,还具有使用语言、文字的能力。

站立起来的人

骨骼系统是人体的支架

骨骼系统构成人体的内部支架,支撑我们直立的身体,维持我们的姿势。

骨骼与固着在其上的肌肉一起构成身体的运动系统,这使人能运动和劳动。

人体全身共有骨 206 块(约占成年人体重的 20%),由骨连接结合成骨骼;骨骼按其所在部位可分为颅骨、躯干骨和四肢骨(图 1-10)。

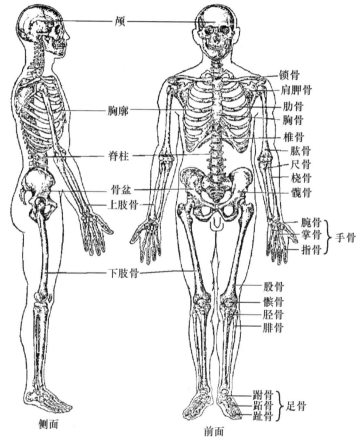

图 1-10　人体的骨骼系统

(引自北京师范大学等,《人体组织解剖学》,1981)

部分骨骼有保护人体的内脏和中枢神经系统的作用,如胸骨、肋骨和脊柱保护肺和心脏,颅骨保护脑,脊柱保护脊髓等。

骨骼还是血细胞的产生地,红细胞、白细胞和血小板都起源于骨髓。

骨骼是人体钙的储存库,通过钙离子的吸收或释放来维持正常的血钙浓度。

颅 骨

人体的颅骨包括脑颅骨、面颅骨和内耳中的听小骨,共 29 块(图 1-11)。脑颅骨围成颅腔,颅腔的形态与脑的形态相适应,有保护脑的作用。大多数的脑颅骨结合紧密,不能活动。颅顶的各骨均为扁平状,各骨的边缘像锯齿似地互相紧密咬合,其间还有结缔组织相连,称为骨缝。婴儿初生时,有些颅骨之间的交界处还未封闭,出现囟门:额骨和顶骨之间的囟门叫作前囟,顶骨和枕骨之间的囟门叫作后囟,还有乳突囟、蝶囟等(图 1-12)。婴儿的

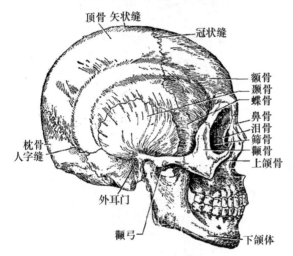

图 1-11 人的颅骨(侧面)

(引自《人体组织解剖学》,1981)

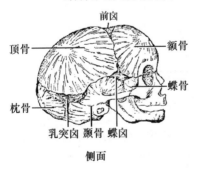

侧面

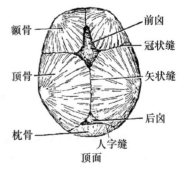

顶面

图 1-12 新生儿的颅骨(引自《人体组织解剖学》,1981)

骨骼发育正常时,这些囟在一岁半应完全闭合。脑颅骨后下方有一大孔,称为枕骨大孔,下接颈椎骨。

面颅骨的各骨的形状各异,分别围成眼眶、鼻腔和口腔。有些围绕鼻腔的面颅骨内有充气的腔隙,称为窦。这些窦中有四对与鼻腔相通,另有一对与中耳相通。

躯 干 骨

人体的躯干骨包括脊柱(颈椎 7 块、胸椎 12 块、腰椎 5 块、骶骨、尾骨)、胸骨和肋骨(24 块),共 51 块,其中骶骨由 5 块骶椎骨愈合而成,尾骨由几块尾椎骨愈合而成。

脊柱中的各部分椎骨的形状、大小不同,但每块椎骨都有共同的结构,即椎体和椎弓两部分,并围成椎孔(图 1-13)。各块脊椎的椎孔连接成椎管,脊髓就在其中。脊髓发出的脊神经从相邻的椎骨的椎间孔穿过。各节椎骨由椎间盘连接。脊柱是人体躯干的支柱,必须既坚强而又有一定的弹性,脊椎与椎间盘的结构就适应了这种要求。椎间盘坚固且富弹性,可以承受压力,减缓冲击,其中胸椎间盘较薄,活动性小;腰椎间盘厚,活动性大,如杂技演员的表演主要靠腰功。

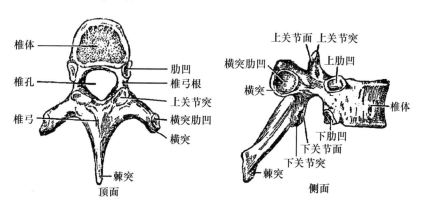

图 1-13　椎骨(引自《人体组织解剖学》,1981)

人体的脊柱(图 1-14)并不是直的,共有四个弯曲:颈曲和腰曲凸向前,胸曲和骶曲凸向后,加大了胸腔和盆腔的容积,并使得人体的重力线仍维持在足部的中心区域,增加了身体站立的稳定程度。此外,弯曲的脊柱起着类似弹簧作用,减少行走时振动对脑的冲击。由于脊柱在幼年时期生长发育,逐步定型,所以儿童期的站立、行走和坐卧的姿势很重要,应从小养成良好的习惯,使身体健康地成长。古语云"立如松,坐如钟,行如风,卧如弓"是有道理的。

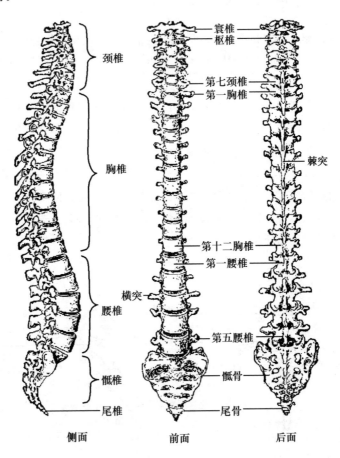

图 1-14　人体的脊柱(引自《人体组织解剖学》,1981)

胸椎、胸骨和肋骨共同围成胸廓，对胸腔中的心脏和肺有保护作用。肋间肌的收缩带动肋骨、胸骨移位，形成呼吸运动。

比较兔的骨骼系统（图1-8）与人的骨骼系统（图1-10）就可以看到这两种骨骼系统的基本结构是一致的。两者之间的最大区别在于兔是四肢着地，而人只有下肢着地。直立起来的人与匍匐在地的兔在结构上和在结构力学上都有很大的变化。

直立的人体的结构凸显出脊柱的重要性。脊柱、髋骨、股骨、胫骨、腓骨和足骨组成人体的中轴。脊柱上顶头颅，下接髋骨等，中间还附着肋骨、胸骨、上肢骨。许多脊神经自脊髓出发，从脊椎之间穿出，分布到身体的各处。如果某些先天的、后天的原因造成脊椎或脊椎间盘不正常，就可能出现脊柱的变形，如颈曲消失、脊柱侧弯等。这些变化很可能压迫附近的神经或血管，产生脊椎病，如在儿童中容易出现脊柱侧弯症；在中、老年人中常出现颈椎综合征（头晕、头痛）、胸椎病症（背酸、背胀痛）、腰椎病症（腰痛、坐骨神经痛）等。由于脊柱变形引起的病症可采用脊椎矫正疗法，严重的变形可通过外科手术治疗。

四　肢　骨

人体的四肢骨分为上肢骨和下肢骨：上肢骨包括肩胛骨、锁骨、肱骨、桡骨、尺骨和手骨共64（即32×2）块；下肢骨包括髋骨（由髂骨、坐骨、耻骨组成）、股骨、髌骨、腓骨、胫骨、足骨总共62（即31×2）块。

上肢骨的肩胛骨和锁骨与躯干骨连接。上肢骨较轻小，关节较灵活，常进行各种复杂的运动。下肢骨经髋骨与躯干骨相连。下肢骨要承受全身重量，一般较粗大，关节较牢固。

骨盆由髂骨、坐骨、耻骨、骶骨和尾骨组成，其中容纳生殖、泌尿器官和直肠。男性的骨盆狭而长；女性的骨盆宽而短，有利于妊娠和分娩（图1-15）。

从头到脚观察人体，可以看出全身重量是由脊柱、髋骨、股骨、胫骨、腓骨和足骨这条中轴支撑起来的。头颅由脊柱顶着,胸骨、肋骨、上肢骨附着在脊柱上。人体的全部重量通过小腿骨(胫骨、腓骨)压在足骨上。组成足骨的一些小骨块凭借坚强的韧带连接成向上隆起的弓形,叫作足弓(图1-16)。当人站立时只有跟骨和第一、五跖骨小头着地,使身体的重量分散在与地面接触的三点上,这样既可增加站立时的稳定性,又可加大弹性,缓冲行走、跳跃时足底着地对躯体和头脑的冲击。如果足底韧带松弛,弓形变低或消失,便会形成平足。平足的人在站立或行走时足底神经和血管受压,足底易疲劳甚至疼痛。

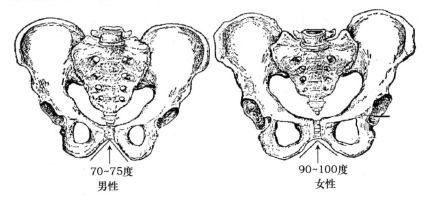

70~75度
男性

90~100度
女性

图1-15　骨盆(引自《人体组织解剖学》,1981)

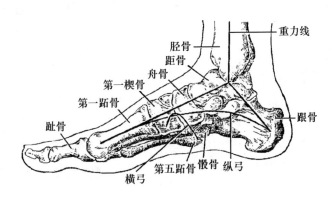

重力线

胫骨
距骨
舟骨
第一楔骨
第一跖骨
趾骨

跟骨

第五跖骨　骰骨　纵弓
横弓

图1-16　足弓(引自《人体组织解剖学》,1981)

骨 的 结 构

人体的骨的大小、形态各异,但构造和成分基本相同。骨由骨膜、骨质和骨髓构成(图 1-17)。

在骨的表面有一层由致密结缔组织形成的骨膜,骨膜中有丰富的血管和神经。骨膜内侧的骨质是骨的主要成分,由骨细胞与基质构成,分为骨密质和骨松质两部分:骨密质由排列规则的骨板组成,致密而坚实;骨松质由片状或针状的骨小梁构成,呈海绵状。长骨的骨干部分有很厚的骨密质,中为骨髓腔。长骨的两端和短骨、扁骨的表面都有一层骨密质,中为骨松质。

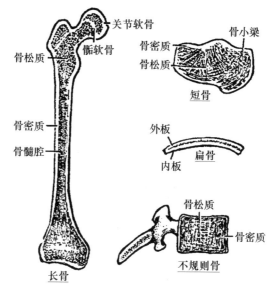

图 1-17 骨的结构

(引自《人体组织解剖学》,1981)

骨髓腔和骨松质的空隙中充满着骨髓。在人的幼年时期全部为红骨髓,长大后骨髓腔中的红骨髓逐渐被黄骨髓代替,但骨松质中的红骨髓可保持终身。红骨髓有造血机能;黄骨髓主要为脂肪组织,无造血机能。

骨质是由钙盐和骨胶构成的。骨细胞分泌的胶原物质形成胶原纤维,胶原纤维有很强的抗张强度,钙盐逐渐沉积其上。钙盐的成分像大理石,耐压力。因此,骨质的化学成分使其像钢筋混凝土一样既抗张力又耐压力。儿童的骨组织中钙盐相对少,骨胶成分多,弹性大,可塑性大,容易变形;老年人的骨组织中钙盐相对增多,弹性小,易发生骨折。

全身的骨骼是怎样连接在一起的?

全身两百多块骨是由两类方式连接在一起的(图1-18):

第一类是直接连接。例如,颅骨的各骨之间多以骨缝连接,不能活动;各椎骨之间以椎间盘相连,活动范围也较小。

第二类是间接连接。骨与骨之间大多通过关节相连接,称为间接连接。组成关节的相邻的两骨的接触面叫关节面,一般是一个凸面与另一个凹面相互适应。关节面上有一层软骨,周围由致密结缔组织构成的关节囊包围,其中有密闭的关节腔。关节囊内有一层柔软的滑膜,滑膜分泌滑液润滑关节,减少摩擦。关节外常由韧带加以固定。肌肉跨过关节以肌腱附着在两块不同的骨面上。肌肉收缩时,牵引关节

直接连接(软骨)

直接连接(缝)

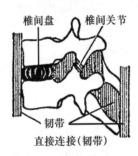

椎间盘　椎间关节

韧带

直接连接(韧带)

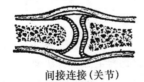

间接连接(关节)

图1-18　关节的结构

(引自《人体组织解剖学》,1981)

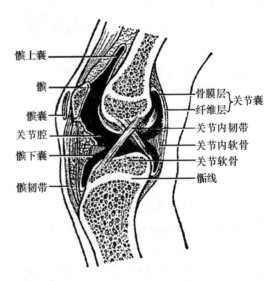

髌上囊

髌

髌囊

关节腔

髌下囊

髌韧带

骨膜层 } 关节囊
纤维层

关节内韧带

关节内软骨

关节软骨

骺线

图1-19　膝关节

(引自《人体组织解剖学》,1981)

使骨位移,产生运动。人体上肢需要进行灵活的运动,连接肩胛骨和肱骨的肩关节是全身最灵活的关节,可以在三维立体坐标系的三个平面上进行活动。肩关节中的肩胛骨的关节面凹陷浅,关节囊较松,韧带较弱。当儿童活动不适当时,这个关节的凸、凹两面脱位,形成脱臼。连接人体下肢的髋关节稳定性大,不易脱臼,但灵活性小。膝关节是人体内最复杂的关节(图1-19),在股骨与胫骨关节面之间有小块髌骨;两侧有纤维软骨组成的有弹性的半月板,当运动不当时半月板可被撕裂。

骨的生长与代谢

在成年以前,人体的骨是不断生长的。骨膜内层的成骨细胞不断形成新的骨质,使骨不断加粗;破骨细胞又不断破坏骨质并加以吸收,在长骨的中央形成骨髓腔。即使在成年以后,骨也在不断地进行着新陈代谢,并不断地分泌基质和沉积钙盐,而钙盐等又不断地被溶解和吸收。因此,骨在不断的建造中使其强度和形状更适合所负荷的力。经常进行体育锻炼可使骨骼变得粗壮、坚实。

骨是人体中最大的钙库,储存着人体内99%的钙,并参与血液中的钙离子浓度的调节。维持血液中正常的钙离子浓度(每100毫升血液中约含钙离子10毫克)不仅关系到骨骼的健康成长,还关系到血液的凝固、肌肉的收缩、神经冲动的传导等重要生理机能。血液中的钙离子浓度受到甲状旁腺分泌的甲状旁腺激素和甲状腺滤泡旁细胞分泌的降钙素的调节。当血液中的钙离子浓度下降时,甲状旁腺释放的甲状旁腺激素增多。甲状旁腺激素促进对骨中的钙的重吸收,加强小肠对钙的吸收,减少肾排出钙离子,从而提高血液中的钙离子浓度。当血液中的钙离子浓度升高时,引起降钙素的释放,可抑制骨钙溶解,降低血液中的钙离子浓度。

如果儿童的饮食中缺少维生素 D 或钙盐,破骨细胞便会溶解更多的骨钙来补充血钙;长此以往这些儿童将患佝偻病。

骨质疏松症

骨质疏松症是人体的骨质变得疏松以致可以在轻微的外力作用下发生骨折的病症(图 1-20)。在骨质疏松症患者的体内,原来组成骨松质间隔的细小、坚硬的骨片变薄了,成为小棒状,其间腔隙变大,因此骨的孔隙更多,密度和强度都降低。这些变轻、变脆的骨容易在轻微的外力下出现骨折。脊椎中的许多细小的压缩性骨折积累起来便会使脊背弯曲,形成在许多老年骨质疏松症患者身上常见的驼背和屈身的姿态。髋骨和前臂的尺骨、桡骨也特别容易骨折。骨质疏松症的其他症状还包括身高降低和背痛等。

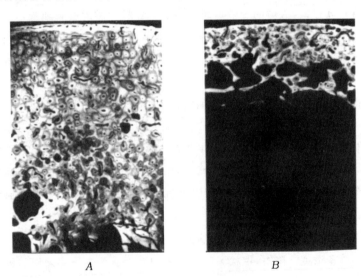

A   *B*

图 1-20　骨质疏松症(引自 Singer,1978)

A. 正常的骨结构;*B.* 骨质疏松引起的骨质变化

骨质疏松症起因于人体内新形成的骨量低于被吸收的骨量。为了维持血液中正常的钙离子浓度,经常要动用骨中的钙质,而当骨钙储备减少时,骨质也就减少了。骨质疏松症患者的骨形成速率正常但对骨钙的吸收加速,因而造成骨总量的净减少。骨总量在人刚进入成年时达到顶峰,其后是个稳定期；但在 40 岁前、后又开始出现一个缓慢、平稳的减少过程，这是因为随着年龄的增长，人体吸收膳食中的钙质的效率降低。钙的缺乏导致从骨中吸收的钙量增加。

女性容易发生骨质疏松症另有几个原因：首先，男性的骨总量较女性的大，所以随着年龄增长而不可避免地丢失骨质时，男性的骨密度仍然较高，因而也较坚固。其次，女性到绝经期因缺乏雌激素和其他性激素，以致骨质丢失的速度更快。因此骨质疏松症最常见于 50 岁以上的女性中。

造成骨质疏松的其他常见原因还有：膳食中缺钙；身体活动太少；膳食中摄入的钙和磷的比例不当。预防骨质疏松症应摄入足量的钙或在必要时补充钙剂；多食含钙丰富的食品（如菠菜、牛奶、奶酪、豆腐、虾皮、牡蛎和芝麻酱等）；摄入足够的维生素 D 以协助钙的吸收；等等。适量的运动对预防骨质疏松也很有用。每周 3 次 45 分钟的散步可以显著降低骨钙的丢失率。运动还会刺激骨质的重建过程，补充丢失的骨钙。

肌肉骨骼系统是运动和劳动的物质基础

肌肉系统与骨骼肌的机能

肌肉是人体内有收缩力的组织，受到刺激会收缩，肌肉收缩的结果是产生运动，还释放热量。正是因为有了肌肉的活动，我们才能直立行走，消化食物，看清东西，呼吸气体，才有血液循环，才能维持恒定的体温。人体全身绝大部分的生理机能的正常运行都离不开肌肉的活动。肌肉为什么能收缩呢？这是因为肌肉细胞受到刺激后会在细胞膜上产生膜电位变化。这种受到刺激后产生膜电位变化的过程叫作兴奋。肌肉细胞的兴奋会引起肌肉细胞的内部的变化而导致肌肉细胞缩短。

人体的肌肉分为骨骼肌、心肌和平滑肌三类：骨骼肌一般都是通过肌腱附着在不同的长骨的端点以运动骨骼，因此而得名。在显微镜下观察骨骼肌可以看到明暗交替的横纹，因此也叫横纹肌（图 1-25）。人体能通过中枢神经系统有意识地控制骨骼肌的运动,因而又称随意肌。心肌构成心脏,也有横纹,但不能随意控制其运动。平滑肌是内脏的组成成分,没有横纹,也不能随意控制其运动。

这里所讨论人体的肌肉系统是与躯体运动有关的骨骼肌。

人体的骨骼肌有六百多块(约占成年人体重的 40%),包括头颈肌、躯干肌和四肢肌(图 1-21)。多数的肌肉中部比较粗大,叫作肌腹,由大量肌纤维(肌肉细胞)组成,色红而有弹性,可以收缩;肌肉两端为肌腱或肌膜,由致密结缔组织构成,色白而坚韧,不能收缩。

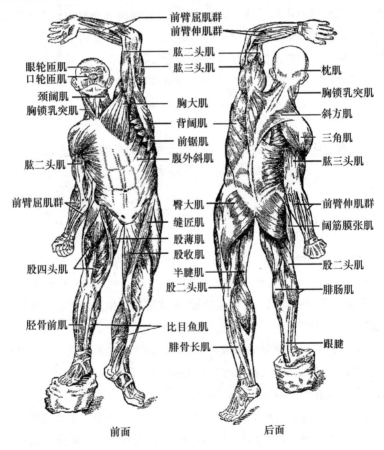

图 1-21　人体的肌肉系统(引自《人体组织解剖学》,1981)

肌肉与骨骼组成躯体的杠杆系统

为了考察肌肉收缩时的变化,我们可从动物体取下一块肌肉,在离体状态下给予刺激。当刺激足够大时,可以看出肌肉明显缩短。如果将肌肉的两端固定再给予刺激,肌肉不能缩短,但肌肉的张力发生变化。因此,可以将肌肉的收缩分为两类:一类是收缩时肌肉的长度发生变化,而张力几乎不变,称为等张收缩;另一类是收缩时肌肉的张力发生变化,而长度几乎不变,称为等长收缩。肢体自由屈曲,主要是等张收缩;用力握拳,主要是等长收缩。一般的躯体运动都不是单纯的等张收缩或等长收缩,而是两类收缩程度不同的复合。骨骼肌跨过关节以肌腱附着在两块或两块以上的骨面上,当肌肉收缩时通过肌腱对骨骼产生力,牵动骨块,完成各种运动。

人体的运动一般都由不止一块的肌肉完成。当肱二头肌收缩而肱三头肌舒张时,屈肘动作才能完成;当完成伸肘动作时,肱三头肌收缩而肱二头肌舒张。因此,肱三头肌和肱二头肌在屈肘、伸肘运动中起颉颃作用,称为上肢颉颃肌(图1-22)。在步行时,腿部腓肠肌的收缩引起小腿屈曲,同时股四头肌必须舒张;股四头肌的收缩引起小腿伸展,同时腓肠肌必须舒张。如果腓肠肌和

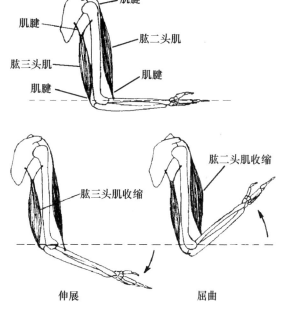

图1-22 上肢颉颃肌的运动

(仿 Luciano,1978)

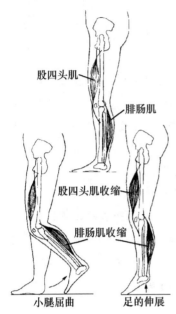

图 1-23 下肢颔颅肌的运动

(仿 Luciano,1978)

股四头肌(称为下肢颔颅肌)同时收缩,则膝关节不能弯曲,只有踝关节能活动,引起躯体上升,脚跟离地,立在脚尖上(图 1-23)。

在人体内,骨骼肌、骨骼和关节构成不同的杠杆系统。只有通过这些杠杆系统,人体才能完成各种运动和劳动。在上肢的杠杆系统图(1-24A)中,肱二头肌固着在前臂处(力点),距肘关节(支点)约 5 厘米,手掌心(重点)到肘关节约 35 厘米。设 x 为肱二头肌作用于前臂上以维持手中所握的 10 千克铅球的力,则

$$5x = 35 \times 10,$$

解得

$$x = 70 \text{ 千克。}$$

这套杠杆系统可以放大肌肉的运动。设 v_m 为肱二头肌收缩的速度,v_h 为手运动的速

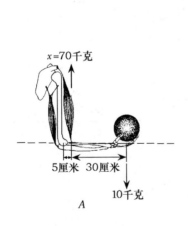

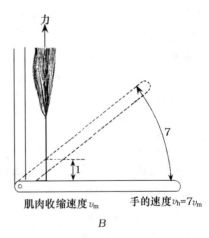

图 1-24 上肢的杠杆系统(仿 Luciano,1978)

度,则 $v_h = 7v_m$（图 1-24B）。因此,肌肉的较慢的收缩可以产生手的较快的运动。棒球投手的球速可达每小时 100 千米,而他的肌肉收缩的速度只有这个速度的几分之一。

肌纤维的结构与肌肉收缩的原理

构成人体的骨骼肌的细胞叫作肌纤维(图 1-25)。肌纤维呈柱形,长几

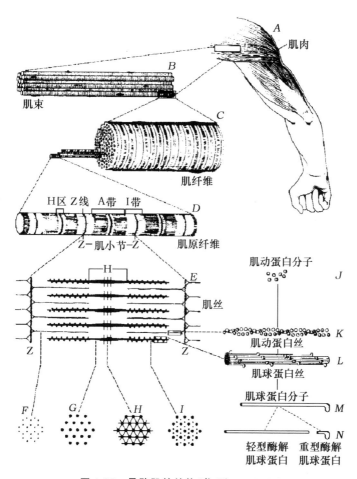

图 1-25　骨骼肌的结构(仿 Bloom,1975)

厘米到 20～30 厘米,直径为 10～100 微米。肌纤维是由若干肌原纤维平行排列构成的。肌原纤维的直径为 1～2 微米,贯穿整个肌纤维。用电子显微镜观察,可以看到肌原纤维是肌小节构成的;而肌小节由粗肌丝和细肌丝构成:粗肌丝由肌球蛋白组成,又称肌球蛋白丝;细肌丝主要由肌动蛋白组成,又称肌动蛋白丝。肌原纤维上有折光性不同的明带和暗带相间排列,形成骨骼肌的横纹,其中暗带处有粗肌丝和细肌丝平行排列,明带处只有细肌丝平行排列。

人们曾经认为肌肉的收缩是由构成肌肉的蛋白质分子的缩短引起的。后来有人用显微镜仔细观察了肌纤维的结构及其收缩时的变化,对于肌肉收缩的机理重新有所认识。用干涉显微镜或相差显微镜可以观察到,当肌肉收缩时,暗带的宽度不变,明带变窄,其中粗肌丝和细肌丝长度都未变,而两种肌丝的重叠程度发生变化。根据这些证据,A. 赫胥黎(A. Huxley)和H. 赫胥黎(H. Huxley)等于 1954 年分别提出了肌肉收缩的肌丝滑行学说。肌丝滑行学说认为,肌纤维的缩短是肌小节中的粗肌丝和细肌丝相对运动的结果,即当细肌丝滑行伸入粗肌丝丛中时,明带变窄而暗带宽度不变(图1-26)。引起肌丝滑行的结构是从粗肌丝上突起的横桥。当横桥与细肌丝某活性位点接触时便发生摆动,推

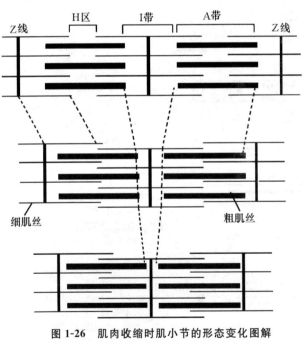

图 1-26　肌肉收缩时肌小节的形态变化图解

(仿 Eckert,1988)

动细肌丝使之滑行。每次横桥摆动引起的肌丝位移很小,因此当一次肌肉收缩时横桥要更换与细肌丝的接触位点,反复摆动多次(图1-27)。

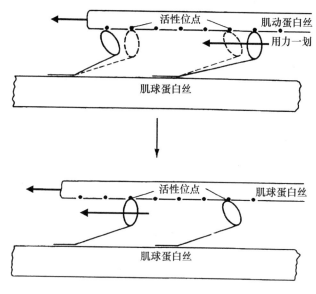

图 1-27　横桥运动图解

肌肉收缩需要能量

横桥摆动引起肌丝滑行需要的能量直接由肌纤维中的腺苷三磷酸(ATP)供给。ATP 的高能磷酸键上储存有较多的能量。ATP 水解脱掉一个高能磷酸键,成为腺苷二磷酸(ADP),释放这个磷酸键上的能量供肌丝滑行使用。但是肌纤维中储存的 ATP 有限,当肌肉持续运动时,需要补充能量,使 ADP 转变为 ATP 再供肌丝滑行使用。能量的补充有几个来源:一个是从储存高能量的其他物质中将能量转移过来,如磷酸肌酸(CP);另一个是通过氧化磷酸化或无氧酵解能源物质使之释放出能量。当肌丝滑行需要的能量供应不足时,肌肉活动减弱,出现疲劳。

骨骼肌运动的控制

骨骼肌的运动是由人体神经系统控制的。从脊髓中的运动神经元发出的传出神经支配若干个肌纤维，组成一个运动单位（图 1-28）。

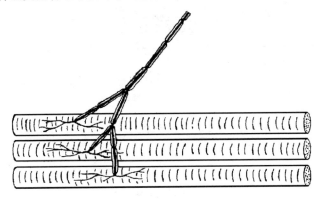

图 1-28　运动神经末梢支配肌纤维模式（仿 Keynes，1981）

当脊髓运动神经元受到刺激进入兴奋状态时，便会发出神经冲动沿传出神经达到它所支配的肌纤维，引起肌纤维兴奋，再由兴奋而收缩。由骨骼肌组成的人体肌肉系统的运动在大多数情况下可以由主观意识控制。例如，我们想举左手便会举起左手，想举右手便会举起右手。这类随意的运动是由大脑控制的，即由大脑发出指令，传达下去，先引发控制手臂的脊髓运动神经元兴奋，再引起有关的肌肉收缩，手臂便举起来了。如果大脑的某些部分受到损伤，受这个部分控制的随意的运动便不能进行。因脑梗死而引发偏瘫的患者就属于这类情况。

骨骼肌的另一类收缩运动是由反射引起的。反射是与生俱来的活动。例如，突然用针刺人的手指，手立即回缩，这便是一种反射。又如，天气太冷时，人的身体不由自主地发抖。这是骨骼肌发生不随意的反射性节律收缩（每分钟收缩 9～11 次），屈肌和伸肌同时收缩。再如，用光线照射人的瞳孔，瞳孔立即缩小，这也是一种反射。反射是由生来就具有的神经通路（反射弧)所控制的。反射弧包括五个环节,依次是:接受刺激的感受器;传达传入神经冲动的传入途径;处理信息的反射中枢;传达传出神经冲动的传出途径;最后到达做出反应的效应器。

在熟练地进行很多快速运动时,人们往往没有感到主观意识随时参与控制,似乎是"没有通过大脑的"。对于这类运动,应该提到小脑的作用。小脑并不直接控制肌肉的收缩运动,但当进行一些精巧而复杂的肌肉运动时,处于指挥地位的大脑皮层,往往一方面通过脊髓把指令传达给肌肉,另一方面又把这个指令传达给小脑。当这类运动熟练后,小脑中将储存整套的运动程序。大脑皮层要发动该运动时,首先从小脑中提取储存的程序,再传达指令按这套程序运动,似乎不需要主观意识的参与。小脑有疾病的患者往往运动不协调,难以完成精确的运动。

人类的一切创造性活动都是大脑指挥双手来完成的。没有大脑便不会有创造性,没有双手也不可能实现任何创造。人类的文明是手脑并用的结果。

第二讲

民以食为天

饮 食 之 道

我们为什么要吃饭？

我们天天都要吃饭，而且还要一日三餐。我们为什么要吃饭？这个问题回答起来并不简单。

从整个生物界看来，生命活动的基本特征是机体不断地进行新陈代谢，即从外界吸收有关的物质和能量,在体内组成生命物质;同时还要在机体内氧化富含能量的物质,以提供生命活动所需的能量。

根据从外界吸收物质与能量的方式的不同,生物大致可以分为两大类:

一类是绝大多数的植物、部分细菌和原生生物,它们从外界吸收简单的无机物(如从空气中吸收二氧化碳,从土壤中吸收水和无机盐),还吸收日光作为能源,通过光合作用在体内制造有机物,提供它们自身代谢活动所需要的有机物和能量。这种方式是生物自身供养自己,不依赖其他的生物,叫作自养。这类生物叫作自养生物。

另一类生物自身不能从简单的无机物中制造有机物,也不能从日光中获得能量,必须从外界环境中获得有机物,并从这些有机物中获得生命活动需要的能量(这些有机物是其他的生物制造的),因此这种方式叫作异养。这类生物叫作异养生物,如真菌、动物和部分细菌、原生生物等。异养生物摄取的有机物都来自自养生物。例如,肉食动物吃肉食动物和草食动物;草食动物吃植物;杂食动物既吃动物又吃植物。因此,最终的食物来源都是植物和一部分能进行光合作用的原生生物。

植物体内的有机物是靠吸收日光的能量,经过光合作用,利用无机物、二氧化碳和水等制造出来的。生命活动的能量最终都是来源于太阳。

人和其他的动物一样,必须从外界摄取食物(既有动物性食物,也有植物性食物),来获得生命活动所需的能量和组成人体的有机物。食物中能够被人体消化、吸收和利用的物质叫作营养素。

我们需要哪些营养素?

维持我们的生命活动需要从外界摄取哪些营养素?我们必需的营养素有水、糖、蛋白质、脂质、维生素和矿物质等六类。

我们经常食用的大多数食物中都含有蛋白质、糖(蔗糖、淀粉等)和脂质(脂肪、胆固醇和磷脂)等营养素。表 2-1 列出了一些食物所含的营养素和热量。

表 2-1　食物成分表①　　　　　　　　（单位:每 100 克）

食物	蛋白质/克	脂肪/克	糖/克	热能/千卡*	食物	蛋白质/克	脂肪/克	糖/克	热能/千卡*
籼米	7.9	0.6	78.3	349	糯米	6.7	1.4	76.3	345
粳米	7.7	0.6	77.4	345	富强粉	10.3	1.1	75.2	351
标准粉	11.2	1.5	73.6	349	挂面	10.1	0.7	76.0	348
小米	9.0	3.1	75.1	361	玉米	8.7	3.8	73.0	348
大豆	35.0	16.0	34.2	390	黑大豆	36.0	15.9	33.6	401
红小豆	20.2	0.6	63.4	324	绿豆	21.6	0.8	62.0	329
南豆腐	6.2	2.5	2.6	57	豆腐(北)	12.2	4.8	2.0	99
黄豆芽	4.5	1.6	4.5	47	绿豆芽	2.1	0.1	2.9	19
鲜豌豆	7.2	0.3	21.2	111	甘薯	1.4	0.2	25.2	106
马铃薯	2.0	0.2	17.2	77	胡萝卜	1.0	0.2	8.8	39
白萝卜	0.9	0.1	5.0	23	大白菜	1.5	0.1	3.2	18
油菜	1.8	0.5	3.8	25	圆白菜	1.5	0.2	4.6	24
黄瓜	0.8	0.2	2.9	16	茄子	1.0	0.1	5.4	23
番茄	0.9	0.2	4.0	20	柿子椒	1.0	0.2	5.4	25
鲜蘑菇	2.7	0.1	4.1	24	猪肉	13.2	37.0	2.4	395
瘦猪肉	20.3	62.0	1.5	143	牛肉	19.9	4.2	2.0	125
羊肉	19.0	14.1	0	203	兔肉	19.7	2.2	0.9	102
人乳	1.3	3.4	7.4	65	牛乳	3.0	3.2	3.4	54
鸡	19.3	9.4	1.3	167	鸡蛋	13.3	8.8	2.8	144
带鱼	17.7	4.9	3.1	127	大黄鱼	17.7	2.5	0.8	97

注:＊　1 千卡＝4.18 千焦。

　　在消化过程中,食物中的各类营养素分别被分解为其组分:糖被分解为六碳糖;蛋白质被分解为氨基酸;脂肪被分解为脂肪酸和甘油。

　　这些成分穿过小肠壁进入血液或淋巴,成为构建人体自身的糖、蛋白质和脂质等的原料,或通过体内的化学反应提供我们身体所需的能量。

---

① 引自:杨月欣,王光亚,潘兴昌.中国食品成分表.第 2 版.北京:北京大学医学出版社,2009.

糖

人体大多数细胞需要的能量一般是由分解六碳糖（葡萄糖），并释放出其化学键中储存的能量来提供的。这种分解过程发生在人体所有的活细胞中，每分解 1 分子的葡萄糖可产生 30 或 32 分子的高能化合物 ATP。ATP 则是细胞的各种活动的直接能源。一般情况下，血液中的葡萄糖主要是由食物中的淀粉分解所提供的。即使在食物中的糖（淀粉等）含量不足的情况下，血液中的葡萄糖浓度也不会改变，因为能得到肝糖原的及时补充，而且人体还具有将非糖分子转化成葡萄糖的能力。蛋白质中的氨基酸可以转化成葡萄糖；脂肪中的甘油成分可以转化为葡萄糖，脂肪酸成分也可以被作为能源物质而利用。人的这种转化能力很强，如因纽特人、南美洲牧人等可以长期食用动物性食物，很少吃糖，但他们仍然健康、有力，血液中的葡萄糖浓度保持正常。

脂　质

脂质包括脂肪、胆固醇和磷脂。脂肪是食物中的必需成分。如果食物中没有脂肪就会妨碍动物的生长。一群小鼠用蛋白质和糖类饲养，完全排除脂肪，结果它们停止生长，尾部的皮肤变成鳞片状。如果在原来的饲料中加入植物油，小鼠又开始生长，鳞片状的皮肤也消失了。进一步的实验发现，两种不饱和脂肪酸——亚油酸和亚麻酸，对于维持动物的健康是必需的。这两种脂肪酸存在于植物油中，在动物油脂中却很少。它们参与免疫过程、视觉机能、细胞膜的形成和某些激素的生成，还有促进生长、防止皮炎的作用。胆固醇和磷脂是细胞膜的主要成分，在动物的生命活动中起着重要的作用。

脂肪是脂溶性维生素的来源。排除食物中的脂肪也就排除了脂溶性维生素，会影响身体健康。

脂肪还是热量最高的能源物质，在动物体内氧化产生的热量是糖或蛋白质的 2.25 倍。

蛋　白　质

　　如前所述,我们需要的食物不仅是能量的来源,而且还作为建造和修复人体的原料。人体的成分是经常处于不断合成和分解的稳定状态中。例如,占血浆蛋白质 45％的清蛋白大约每天更新 3％,而纤维蛋白原(一种在血液凝固中起重要作用的蛋白质)每天更新 25％;又如,小肠内表皮细胞每 2～4 天全部更新一遍。这些更新下来的蛋白质、氨基酸大部分转化为尿素分子从尿中排出人体外。粪便中的一些含氮废物一部分来自食物,一部分来自消化液,还有一部分是来自更新下来的小肠内表皮细胞。充满角蛋白的角质细胞也不断地从皮肤的表面脱落、损耗。因此,我们必须从体外摄取蛋白质作为建造和修复身体的原料。

　　19 世纪生物学者就已发现,作为食物的成分,蛋白质可以说是最重要的、不可缺少的,因为人体可以利用糖制造脂肪或利用蛋白质、脂肪制造糖,但不能利用糖和脂肪制造蛋白质。我们必须从体外获得蛋白质,即我们的食物中必须包含有足够的蛋白质。

　　食物中缺少蛋白质会使幼儿、少年的生长发育迟缓,体重过轻,也会使成年人产生疲乏、消瘦、贫血、浮肿等症状。

　　究竟每人每天需要摄取多少蛋白质呢? 中国营养学会根据中国居民的膳食构成提出了蛋白质的推荐摄入量(每人每天):成年人中的轻体力活动者 75 克(男性)或 65 克(女性),中体力活动者 80 克(男性)或 70 克(女性);老年人 75 克(男性)或 65 克(女性)。中、晚期孕妇和哺乳期妇女应每人每天增摄蛋白质 20 克。

　　是不是不论什么来源的蛋白质都适合维持生命的需要呢?

　　19 世纪有人发现并不是所有的蛋白质都适宜维持正常的生命活动。例如,他们曾经用明胶(骨头、肌腱等熬出来的蛋白质)饲养动物。如果这是唯一的蛋白质来源,动物便会消瘦、死亡;如果食物中还有其他的蛋白质,动物便能维持正常的生活。

　　20 世纪 30 年代罗斯(W. Rose)用组成蛋白质的氨基酸饲养大鼠。他将大鼠饲料中的氨基酸一种一种地减去，发现对大鼠来说几十种氨基酸中只有 10 种是必需的。

20 世纪 40 年代罗斯又在一批大学生志愿者中进行试验，发现只要食物中含有八种氨基酸就可以维持他们的身体健康，即苏氨酸、赖氨酸、甲硫氨酸、缬氨酸、苯丙氨酸、色氨酸、亮氨酸、异亮氨酸。这八种氨基酸是人体内不能合成的，叫作必需氨基酸或基本氨基酸。后来又发现组氨酸也是人体所必需的。食物中有了这九种氨基酸，便可在人体内合成其他的氨基酸（共 20 种）。必需氨基酸是不可替代的，每一种都有特殊的机能，缺少其中任何一种就会产生严重的后果。人和其他动物的体内并不能储存氨基酸，只有在必需氨基酸全部同时存在的情况下才能合成蛋白质。

含有全部必需氨基酸的蛋白质叫作完全蛋白质；不含全部必需氨基酸的蛋白质叫作不完全蛋白质。动物蛋白质（除明胶蛋白质外）含全部的必需氨基酸，营养价值高。有些植物蛋白质自身不含全部的必需氨基酸，但将几种植物蛋白质混合后各种必需氨基酸相互补充，接近人体需要的比值，提高了生物学价值。在这方面我国民间有丰富的经验，如在玉米面中加豆粉、"两样面"（玉米和小麦）做的食品等都可以提高其生物学价值。

动物蛋白质都是从植物蛋白质转化来的，但转化率很低；不同的动物蛋白质的转化率也各不相同。生产 1 千克动物蛋白质，如牛肉蛋白质、猪肉蛋白质、鸡肉蛋白质，所消耗的植物蛋白质分别为 21 千克、8 千克、5.5 千克；生产 1 千克鸡蛋和牛奶的蛋白质，所消耗的植物蛋白质最少为 4.3 千克。可见，多吃动物蛋白质并不经济，特别在我国这样一个 13 亿人口的发展中大国更是如此。

维　生　素

是否只要食物中含有蛋白质、糖和脂肪就可以维持我们的正常、健康的生活呢？正确的答案是否定的。维持正常、健康的生活，还必须有维生素和矿物质。

维生素是一些小分子的有机化合物，种类很多，结构不同。这类化合物既不是构成人体的原料,也不是提供生命活动所需的能量的来源,而是人体的代谢过程必需的物质;虽然需要的量很少(每日需要量以毫克或微克计),却是人体自身所不能制造的,必须从食物中获得。维生素虽没有共同的结构,但在机能上都起着调节代谢过程的作用。

人们对维生素的认识是从维生素缺乏症开始的。坏血病、脚气病、癞皮病、恶性贫血、夜盲症(干眼病)和佝偻病(软骨病)等几种严重的疾病都是由于缺乏维生素所引起的。

缺乏维生素 C 会引发坏血病

我们知道坏血病是由于缺乏维生素 C 引起的。缺少维生素 C,人体内不能合成胶原蛋白,而胶原蛋白是愈合组织的主要成分。缺少胶原蛋白,机体的任何部分都可发生出血点,创伤难以愈合。植物和绝大多数的动物都能在体内合成维生素 C,但人类和其他的灵长目动物以及豚鼠自身不能合成维生素 C。食物中必须含有维生素 C 以预防坏血病。

新鲜的水果、绿叶蔬菜和西红柿中含有丰富的维生素 C。人体每人每天摄取 10 毫克维生素 C 不仅可以预防坏血病,还可以治疗坏血病。但考虑到维生素 C 除抗坏血病外还有多种生理作用,而且它是最不稳定的维生素,容易被氧化,也容易在加热过程中损失,所以各国规定的供给量标准都比较高。中国营养学会的维生素 C 推荐摄入量(每人每天)为:成年人 100毫克;中、晚期孕妇和哺乳期妇女 130 毫克。

缺乏维生素 B_1 会引发脚气病

维生素 B_1 是含硫原子的胺,因此又称硫胺素。维生素 B_1 作为一种辅酶参加糖代谢。在谷类、豆类、酵母、干果、坚果、瘦猪肉和蛋类中维生素 B_1含量丰富,其中谷类的全粒谷含量更多,杂粮中的含量也较多。

长期食用碾磨过度的白米、白面,而又缺少其他的杂粮和副食品,就容易因缺乏维生素 B_1 而引发脚气病。维生素 B_1 比较耐热,但在碱性条件下极易受热破坏,所以在煮粥、蒸馒头时过量加碱会造成维生素 B_1 的大量破坏。

中国营养学会的维生素 B_1 推荐摄入量(每人每天)为:成年人与老年人1.4 毫克(男性)或 1.3 毫克(女性);孕妇 1.5 毫克;哺乳期妇女 1.8 毫克。

缺乏烟酸会引发癞皮病

烟酸(维生素PP,又称尼克酸)是食物中的抗癞皮病因子,缺乏烟酸会引发癞皮病(首先出现的症状是皮炎,还有腹泻和痴呆等)。色氨酸在细胞内可以转化为烟酸。癞皮病主要发生在以玉米或高粱为主食的地区的人群中。

动物内脏中的烟酸的含量很高,蔬菜中也含有较多的烟酸;牛奶和鸡蛋中的烟酸含量较低,但色氨酸含量高。

中国营养学会的烟酸推荐摄入量(每人每天)为:成年人14毫克(男性)或13毫克(女性)。

缺乏维生素 B_{12} 会引发恶性贫血

维生素 B_{12} 是一种与血红素、叶绿素结构相似的复杂大分子,钴位于其中心。食物中的维生素 B_{12} 大分子的吸收需要胃液中的内因子。如果减少内因子,维生素 B_{12} 便不能被正常吸收。多吸收的维生素 B_{12} 储藏在肝脏里,肝脏可储藏2000~3000微克,供多年之用。

维生素 B_{12} 在促进人体的生长、维持神经组织的健康以及红细胞的形成等方面是必需的。如果缺乏维生素 B_{12} 就会造成恶性贫血。

自然界中只有微生物才能合成维生素 B_{12},动物则吸收微生物合成的维生素 B_{12}。人体所需的维生素 B_{12} 都是来自于动物性食物,由于每日需要量极少(2~3微克),一般情况下不会出现维生素 B_{12} 缺乏症。全胃或大部分胃切除的患者多年后可能出现恶性贫血,这是由于胃液中缺乏内因子,小肠不能吸收维生素 B_{12} 的缘故;治疗时可注射维生素 B_{12}(口服无效)。

牛肝中的维生素 B_{12} 含量最高,每100克中含80微克;每100克羊肉、全蛋中的含量分别为2.2微克、2.0微克;每100克猪肉、鸡肉、全脂奶中的含量分别为0.7微克、0.5微克和0.4微克。

中国营养学会的维生素 B_{12} 的适宜摄入量(每人每天)为2.4微克。

缺乏维生素 A 会引发夜盲症

人体缺乏维生素 A 最早出现的症状之一是夜盲症,表现为暗适应能力下降,因而在夜间或弱光下视力降低,看不清物体。这是由于维生素 A 可补充在感光反应中消耗的感光物质(视紫红质),以保持正常的视觉。如果缺乏维生素 A,则不能重新合成视紫红质,不能对弱光发生反应,会引起夜盲症。持续缺乏维生素A可产生干眼病，患者会停止分泌泪液，角膜、结膜干燥，发炎，甚至角膜软化、穿孔。

维生素A还促进上皮组织和骨骼的生长并增强生殖能力。

羊肝、牛肝中的维生素A含量最高，其次是猪肝、鸡蛋黄等。植物中的胡萝卜素在动物体内可以转化成维生素A。胡萝卜、菠菜、香菜、韭菜、油菜、芹菜等蔬菜中的胡萝卜素含量也较高。

维生素A的成年人摄入量（每人每天）为5000国际单位（男性）和4000国际单位（女性）。服用维生素A过多会引起中毒。维生素A只溶于脂肪，服用过多时不能随尿排出，只能储存于肝脏，最后积累到中毒水平。

缺乏维生素D会引发婴儿佝偻病

维生素D能促进钙、磷的吸收，也能促进骨骼的钙化。

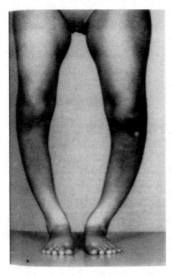

图2-1 佝偻病患者的O形腿

（引自Mader，1995）

人体获得维生素D的来源有两个：80％的维生素D是由阳光照射维生素D的前体（7-脱氢胆固醇）转化而来的。维生素D的前体存在于人体的皮肤中，没有生理活性，经阳光中的紫外线照射后转化成有生理活性的维生素D_3。紫外线不能穿透烟雾、窗玻璃、窗帘、衣服以及皮肤中的色素，这些因素都会妨碍维生素D的生成。因此在我国的北方地区，秋、冬季长期处于室内不直接受阳光照射的婴儿容易患佝偻病（图2-1）；当然，过度的紫外线照射也会造成损害。

维生素D的另一来源是食物。海鱼肝中的维生素D含量丰富。鱼肝油也是维生素D的丰富来源，每100克中的含量高达8500国际单位。其他的动物性食物只含少量的维生素D。单靠从食物中获得足够的维生素D是不容易的，还必须通过阳光照射皮肤在人体内合成。

正常、健康的成年人都可以通过阳光对皮肤内的维生素 D 的前体的作用而获得足够的维生素 D；每人每天摄入 100 国际单位的维生素 D 便可防止佝偻病。婴幼儿、青少年、孕妇等每人每天从食物中获得 300～400 国际单位的维生素 D 便能促进生长。长期大量服用维生素 D 可引起中毒。

维生素分为水溶性维生素与脂溶性维生素两类

前面讨论过的六种维生素可以分为两类：一类是水溶性维生素，包括维生素 B_1、维生素 B_{12}、维生素 C 和烟酸等；另一类是脂溶性维生素，包括维生素 A 和维生素 D 等。水溶性维生素中还有维生素 B_2（核黄素）、泛酸、生物素、维生素 B_6（吡哆醇）和叶酸等；脂溶性维生素还有维生素 E 和维生素 K。

不论动物性食物或植物性食物普遍都含有维生素 B_2，但以动物内脏中的含量最高，肉、蛋、奶类中的含量其次，再次为绿叶蔬菜。我国居民的膳食以植物性食物为主，比较容易发生维生素 B_2 供应不足的情况。维生素 B_2 也构成辅酶参加人体内的物质代谢。它的不足将引起物质代谢的紊乱，其症状表现为口角炎、舌炎、睑缘炎（俗称"烂眼边"）、阴囊炎等。

维生素 E 又称生育酚。动物试验表明维生素 E 对动物的生育是必需的。由于一般食物中的维生素 E 含量充分，成年人不易发生维生素 E 缺乏症。在临床试验中发现维生素 E 对男、女不育症和先兆流产等有一定的防治作用；近年来又用来预防衰老，但对其疗效有争议。

维生素 K 是血液凝固所必需的。维生素 K 在食物中分布很广，其中菠菜、白菜中的含量最高。细菌还可以在肠管中合成维生素 K，一般成年人很少发生维生素 K 缺乏症，只有新生儿有可能缺乏。因为新生儿的肠管中能合成维生素 K 的细菌尚未繁殖，而母乳中的维生素 K 的含量很低（只有牛奶中的 1/4），因此他们的血液凝固时间会更长些。可以通过肌肉注射维生素 K 预防新生儿的出血。

矿　物　质

19 世纪末人们就已认识到食物的不可燃烧部分，即由矿物质组成的部分，是维持生命所必需的。然而直到近几十年矿物质的重要性才日益显露出来。人们越来越认识到体内矿物质的平衡是保持健康的重要因素。

在必需的矿物质中所含的元素又可分为常量元素和微量元素两类:必需的常量元素为钙、磷、钾、硫、钠、氯、镁;必需的微量元素有铁、锌、硒、锰、铜、碘、钼、铬、氟、硅、矾、镍、锡等。

钙

人体含大量的钙(可达体重的 1%~2%),其中 99%存在于骨骼和牙齿中,其余的 1%则广泛分布在各种组织内。

钙是骨骼和牙齿的重要成分,磷酸钙占骨骼的 1/2。钙离子维持肌肉和神经的正常兴奋性,参与凝血反应;它还是多种生理反应的催化剂。

人体内的钙与食物中的钙处在不断的更新中,骨钙每年大约更新 1/5。因此,我们必须从食物中不断地摄入钙。乳和乳酪含钙丰富,又容易被吸收,是钙的最好来源。每 100 毫升鲜牛奶中约含钙 100 毫克;整条小鱼和鱼酱、罐头鱼制品(如沙丁鱼、鲮鱼)中的含钙量很高;芝麻和黄豆及豆制品也是钙的重要来源。如前所述,钙的吸收还必须有维生素 D 的协助,如果人体内缺乏维生素 D,即使食物中含钙丰富也不能被吸收。

成年人每人每天宜摄入钙 800 毫克,青少年、老年人、中期孕妇每人每天宜摄入钙 1000 毫克,晚期孕妇和哺乳期妇女每人每天宜摄入钙 1200 毫克。

成年人长期缺钙会出现骨质疏松症,表现在身高缩短、驼背、容易骨折等方面,中、老年妇女中最为常见。造成骨质疏松的原因除钙的摄入量长期不足外,缺少运动也是重要原因。长期卧床者的骨钙储备每月会损失 0.5%,这主要是因为其腿部承受的重量不足,减少了对形成骨骼的刺激。宇航员常出现体钙的损失,这是由于失重和活动减少的缘故。

磷

人体内的磷约占体重的 1%,其中 85%~90%以磷酸钙的形式沉积于骨骼和牙齿中,其余的 10%~15%则分布在所有的活细胞中。磷是一切细胞核和细胞质的组成部分,参与细胞的多项机能活动。

凡是蛋白质含量丰富的食物也含丰富的磷。一般情况下不会发生磷缺乏症。

钠和钾

钠和钾对保持细胞和细胞外液之间的电化学平衡起着重要的作用。细胞外液中的钠离子浓度高，而细胞内的钾离子浓度高。在细胞兴奋时细胞内、外的钾和钠离子的浓度迅速发生变化。钾还参与许多酶的催化活动。

钠与氯的化合物是食盐（NaCl）。盐广泛存在于土壤中，因此绝大多数的植物性食物都含盐，所有的动物性食物也含盐。人体能很好地保存体内的盐，因此食物中没有再加盐的必要。人们之所以在食物中加盐并不是由于身体的需要，而是出于对咸味的喜好。然而过多吃盐对人体有害。有调查表明，在食盐摄入量高的人群中心脏病发病率也高。在饲料中额外增加食盐饲养的鼠群引起了高血压，用相同的饲料而不加食盐饲养的鼠群则没有出现高血压。许多国家提倡"低盐饮食"，应尽量降低盐的摄入量。日本提出食盐的适宜摄入量为每人每天 10 克；美国建议饮食的用盐量为每人每天低于 5 克。我国北方的居民"口重"，喜欢咸食，食盐摄入量偏高。据 1986 年在北京居民中的一次调查，每人每天食盐 17.4 克，而 50 岁以上的居民中有 30.7％的人患高血压。这个问题必须引起重视，限制食盐的摄入量势在必行。每人每天的食盐量应降到 5 克以下，以预防高血压和心脏病，而且应从小养成少吃盐的习惯。

铁

铁是人体必需的微量元素，约占体重的 0.004％。所有的活细胞中都含有铁，但约 70％的铁集中在红细胞的血红蛋白中，3％在肌肉细胞的肌红蛋白中，其余的 20％～30％储存在肝、脾和骨髓中。

铁在体内的主要机能是作为血红蛋白的核心参与氧的转运。

肉类、豆类和谷类中的含铁量较丰富，其中猪肝中的含铁量最高，每 100 克中可高于 20 毫克。一般情况下，成年人不会发生铁缺乏症。

碘

人体中的碘含量极少，大约是体重的 0.00004％，相当于铁含量的 1％。70％～80％的碘集中在甲状腺中，在全身的活细胞中也都含有碘。

碘是甲状腺分泌的甲状腺激素的重要成分。甲状腺激素促进婴幼儿的生长与发育，促进成年人的代谢过程。如果饮食中的碘供应不足，成年人便会出现甲状腺肿大的症状,即单纯性甲状腺肿(俗称"大脖子病")。孕妇缺碘,婴儿的身体和智力发育都会受到阻碍,如不及时治疗会造成终身的遗憾。

世界上约有 2 亿人患单纯性甲状腺肿。我国也有许多缺碘的地区(主要是山区)流行单纯性甲状腺肿。

每人每天的碘需要量为 150 微克。人体所需的碘可由食物和水提供。海产品(如虾、海鱼、海带等)是碘最丰富的来源。我国政府规定在食盐中加碘,以保证居民有充分的碘供应,防止碘缺乏症。但食物中加碘过多也会引起碘中毒,近年来国内已经发生过这类事故。

锌

锌在人体内的含量很少,约占体重的 0.000 2%。它是许多酶的重要成分。人体缺锌会出现食欲不振、生长停滞、性成熟延迟、免疫机能障碍等症状。

根据北京市近年来对 303 名儿童头发含锌量的检测,发现其中 104 名儿童(约占 34.2%)体内的锌处于低水平,存在明显的缺锌迹象。

世界卫生组织推荐的锌的供给量(每人每天)如下:0~10 岁的儿童 6~8 毫克;11~17 岁的男性 14 毫克;18 岁以上的男性 11 毫克;10~13 岁的女性 13 毫克;14 岁以上的女性 11 毫克;孕妇 15 毫克;哺乳期妇女 27 毫克。

表 2-2 列出了一些食物的含锌量。

表 2-2 一些食物每 1000 克的含锌量

食　　物	含锌量/毫克	食　　物	含锌量/毫克
羊肉	39	鲜虾	53
牛肉	56	鲜牡蛎	1490
玉米面	21	小麦面	22
小米	25	蛋黄	25
脱脂奶粉	35	黄豆	35
土豆	15	胡萝卜	17
南瓜	18	扁豆	26
茄子	28	白萝卜	32
大白菜	42		

硒

硒是一种独特的微量元素。在天然食物中的含量太低时会引起硒缺乏症;然而含量太高时又会引起硒中毒。

硒是谷胱甘肽过氧化物酶的重要组成部分。这种酶能防止过氧化物造成的损害,保护红细胞免受破坏。硒还有保护心肌和血管的作用。国外有调查表明,在硒的摄入量充足的地区心血管病的发病率低。在我国克山病(一种地方性流行病)的流行地区,人体每毫升血液中的硒浓度为 0.005～0.01 微克;非病区为 0.02～0.05 微克。根据克山病的防治经验,成年人的硒的最低需要量(每人每天)为 40 微克。

食物中的硒含量受土壤中硒含量的影响很大。在土壤中硒含量很高的地区,所产粮食的硒含量也很高,甚至可以引起人、畜中毒。例如,我国湖北省恩施市的部分地区曾流行地方性硒中毒。这些地区的蔬菜、玉米以及人的头发、血、尿中的硒含量可达克山病地区的 1000 倍以上;中毒症状包括脱发、脱甲和麻痹等。

氟

氟是一种必需的营养素。已有资料表明,微量的氟是人体正常的钙化和正常的生殖活动所必需的;但摄入过多的氟会产生毒害。人体需要的氟量(每人每天)为:2 岁以下的婴幼儿 0.5 毫克;2～12 岁的儿童 1 毫克;成年人 1.5 毫克(最高不超过 4 毫克)。

含氟量不超过 1 ppm① 的饮水可使龋齿的患病率降低 50％～65％,而且牙齿的表面不会产生釉斑。1945 年曾在美国纽约做过一次对照试验,一个区域的饮水加氟,另一个区域的饮水不加氟。10 年后的结果表明,在饮水中加氟的地区,10 岁以下儿童的龋齿患病率比对照区少 60％～65％。

有些地区由于土壤、饮水、食物中的含氟量过高,会引发地方性氟病。我国二十多个省区中都有这种高氟地区。

---

① 1 ppm 是浓度单位:1 ppm 相当于 1 毫克/千克。

我国居民的膳食指南

在某些西方国家中,过去曾长时间流行所谓的"三高"(高热量、高脂肪、高蛋白质)的膳食结构。由于过量摄入热量、脂肪和蛋白质,又缺少运动,结果营养过剩,导致"文明病"的流行。美国是世界上高血压、肥胖病、冠心病、糖尿病等非传染病发病率最高的国家之一。此外,某些癌症的发病率高也与纤维素摄入太少有关。这种趋势到 20 世纪 60 年代中期才引起高度关注。现在美国人的饮食观念已发生很大的变化,在营养上强调多样、平衡和适度。他们的膳食原则是:食品多样化;少吃脂肪,特别是饱和脂肪和胆固醇含量高的食品;吃适量的含纤维和淀粉的食品;少吃糖和盐;保持理想的体重;等等。

我国是一个发展中国家,过去曾长时间处于物质短缺的状态,食品的供应不充足、不丰富。最近几十年,我国的经济状况有了很大的改善,食品的供应丰富、充足,改变了过去短缺的现象。在这种情况下,我们应该确立什么样的膳食结构就成为一个亟待解决的问题。有些人觉得过去太穷了,现在该吃好、喝好了,自觉不自觉地走上"三高"的道路,重复别人正在改正的错误。我们应该吸收他人的经验与教训,根据我国的国情确立自己的膳食结构。

华裔营养学家张蕴礼教授指出:"中国人'以谷果蔬菜食品为主,畜禽动物食品为辅'的膳食结构是比较符合现代营养学原理的。相对来说,中国人的'文明病'的发病率在世界上是比较低的。这不能不说与饮食习惯有关。美国人付出了很高的代价,在营养问题上才强调多样、平衡和适度。其实,这些对中国人并不新鲜。中国最早的医学典籍《黄帝内经》中就指出'五谷为养,五果为助,五畜为益,五菜为充'的膳食原则,这就是多样和平衡;中国人一向主张'食不过饱',这就是适度。中国传统的膳食结构和营养方法是对的,可以此为基础做些改进;但千万不要不顾国情,盲目照搬国外的做法。中国的膳食和营养还要更科学化,如不能吃太多的盐,食品中的防腐剂添加要有限制、有规定,等等。"(见 1988 年 7 月 18 日《光明日报》)

1977 年 4 月，中国营养学会的专家根据营养学原理，结合国情制定了《中国居民膳食指南》，提出了八条建议，2008 年 1 月又修改为 10 条建议：

(1) 食物多样，谷类为主，粗细搭配；

(2) 多吃蔬菜水果和薯类；

(3) 每天吃奶类、大豆或其制品；

(4) 常吃适量的鱼、禽、蛋和瘦肉；

(5) 减少烹调油用量，吃清淡少盐的膳食；

(6) 食不过量，天天运动，保持健康体重；

(7) 三餐分配要合理，零食要适当；

(8) 每天足量饮水，合理选择饮料；

(9) 如饮酒应限量；

(10) 吃新鲜卫生的食物。

《中国居民膳食指南》还根据这建议列出了每人每天应吃的各类食物，以宝塔式的图表直观地表现出来，称为"平衡膳食宝塔"(图 2-2)。

最后还要讨论一个问题，究竟是一日三餐好还是一日两餐好？一日三餐的膳食制度是否合理？过去曾有人主张一日两餐，不吃早餐。实际上现在不少的青年人和成年人常常不吃早餐，或只吃少量的食物就去上学、上班。美国依阿华大学进行过这方面的研究。他们的研究表明，不吃早餐会使强体力劳动者产生不良反应，如肌颤、疲倦、眩晕、恶心和呕吐等。只要吃少量的早餐，就能加快上午几小时的脑力反应速度，也能使体力活动得到改善。早餐的关键在于吃进多少蛋白质。高蛋白质的早餐比低蛋白质的早餐能更好地维持上午几小时的正常的血糖浓度。以植物性蛋白质为主的早餐(如面包、花生酱、豆浆等)和以动物性蛋白质为主的早餐(如肉、蛋、奶类等)在维持正常的血糖浓度方面的效果相同。从这些研究结果看来，不吃早餐是不妥的。我们应该每天吃早餐，更应吃蛋白质较丰富的早餐(如馒头、豆浆等)，最好再吃一个鸡蛋，要是能喝一杯牛奶就更好了。早、午、晚三餐的热量应如何分配呢？一般认为大体可按 25%：40%：35% 来安排。而晚餐不宜吃得太多、太饱，"饱食即睡，百病丛生"。所以还是一日三餐，大体均衡为好。

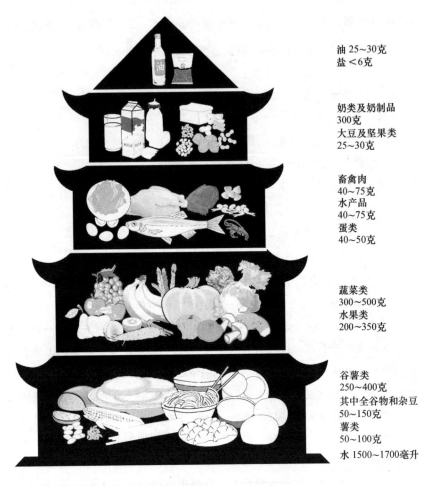

油 25~30克
盐 <6克

奶类及奶制品
300克
大豆及坚果类
25~30克

畜禽肉
40~75克
水产品
40~75克
蛋类
40~50克

蔬菜类
300~500克
水果类
200~350克

谷薯类
250~400克
其中全谷物和杂豆
50~150克
薯类
50~100克
水 1500~1700毫升

图 2-2 "平衡膳食宝塔"示意图

食物的消化与吸收

我们一日三餐吃进许多食物,还要喝进许多水。这些食物在体内是怎样被消化和吸收的? 我们吃进的食物是在人体的消化系统内被逐步消化、吸收的,所剩的残渣被排出消化系统之外;喝进的水也是在消化系统内被吸收的。人体的消化系统包括口腔、食管、胃、小肠、大肠、直肠等部分(图2-3),实质上就是从口腔到肛门的一条管道。食物进入消化系统后被管道的运动所推动,在移动中逐步被分割、分解,直到成为最简单的分子,穿过细胞膜进入细胞,再被运送到全身。大分子的食物成分(如糖、蛋白质、脂质等)都要在消化酶的作用下分解为组成它们的简单分子,如氨基酸、单糖、脂肪酸和甘油等。整条消化管道是通过口腔和肛门与人体外相通的。

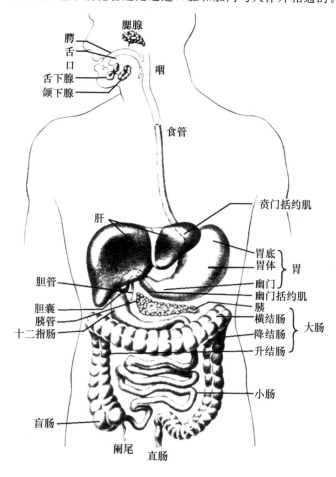

图 2-3　人体的消化系统

酶是活的生物体中的催化剂。

细胞内进行着成百上千种化学反应。在大多数化学反应中必须先投入一定量的活化能(激发反应的能量),反应才能发生。没有活化能的投入便不能产生相应的反应。这可以防止生物大分子(如蛋白质、核酸等)自发降解,因此是维持生命活动所必需的。当细胞的生命活动需要时,某些复杂的分子必须分解,因而需要投入活化能;解决方法有两种:一种是通过加热提供所需的活化能,但温度升高会杀死细胞。另一种是通过催化剂的作用来降低所需的活化能的能级,使反应能够在正常温度下进行。酶便起着细胞内的化学反应催化剂的作用。

口腔内的消化作用

在口腔内主要进行机械性消化。

咀嚼肌的收缩可使下颌进行向上、向下、向左、向右和向前的运动。此时上、下牙列相互接触,可以切割、磨碎食物。咀嚼时,切牙可以产生 25 千克的力,磨牙可以产生 90 千克的力。在正常情况下可以产生 1.5～3 千克的咬合力,最大可达 60 千克的咬合力。食物在口腔内被牙齿咬嚼、分割、研磨成小块。

同时,三对唾液腺(腮腺、舌下腺、颌下腺)(图 2-3)的唾液源源不断地流入口腔,与被研碎的食物混合形成食团,为吞咽做好准备。最后这团食物被吞咽下去,经过食管进入胃内。

唾液中的消化酶(唾液淀粉酶)可以分解淀粉成麦芽糖;但往往由于食物在口腔中停留时间不长便吞咽下去,唾液淀粉酶没有发挥很大作用。只有在口腔中较长时间咀嚼的情况下,含淀粉的食物才会被分解成麦芽糖,使人感到有些甜味。

食物在口腔中引起的咀嚼和吞咽实际上不全是随意活动,而是由神经系统控制的反射活动。因为食物进入口腔后被咀嚼时,这种上、下颌的咬合与舌头翻动食物的运动配合密切,并不需要有意识的指挥。一般情况下也不会出现牙齿咬舌头的"事故"。这是一种由神经系统控制的反射活动。

反射是动物体通过神经系统的活动对一定的刺激产生的规律性反应。它是神经系统最基本的活动形式。反射要通过一定的神经结构来进行。这种神经结构叫作反射弧,包括感受器、传入途径、神经中枢、传出途径和效应器五个环节。

将食物吞入食管是一种很复杂的活动,这是因为人的咽部相当于一个十字路口,上部有两条对外的通道:一条是经过口腔的通道,另一条是通过鼻腔的通道;而对下也有两条通道:一条通向气管和肺,另一条是通向食管和胃。吞咽时必须封闭通向鼻腔和气管的通道,将口腔中的食团挤入食管(图2-4)。这也是一种复杂的反射活动,因为吞咽活动需要一系列的肌肉有序地相继收缩才能完成。如果我们在吞咽的同时说话,声门打开通气,就有可能将食物挤入气管或鼻腔。

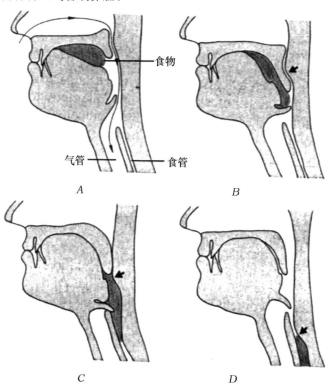

图 2-4　吞咽时食物经过咽和食管上部的图解(仿 Thews,1985)

食物在胃内的消化与吸收

食物从口腔到胃

口腔中的食团经过吞咽活动被挤进食管,便会引起食管的一种有特点的运动,即蠕动。蠕动是食管出现的一种收缩波,沿食管从口腔向胃的方向移动。这种收缩波将食管中的食团向胃的方向推移(图 2-5)。这种形式的运动不只在食管中出现,在胃、小肠、大肠中也都有这种形式的运动;不但在消化管道中存在这种形式的运动,还有在由一些平滑肌组成的中空管道(如子宫)中也有这种形式的运动。从口腔中吞咽的食团只需八、九秒就可经过食管到达胃内。

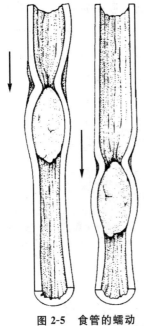

图 2-5 食管的蠕动

(仿 Eckert,1988)

胃的结构

从食管来的食团通过贲门进入胃腔。胃是消化管的膨大的部分,一端经贲门与食管相通,另一端经幽门与十二指肠相通。胃可分为胃底、胃体、胃窦、幽门、小弯、大弯等部分(图 2-6)。

胃和消化管的其他部分(如小肠、大肠)一样,由浆膜层、肌肉层、黏膜下层、黏膜层等组成(图 2-7),其中肌肉层又分为纵行肌层、环行肌层、斜行肌层。黏膜的上皮细胞中一部分为分泌细胞,分泌消化液,有的还集中形成消化腺。

消化管、输尿管、子宫等内脏器官中的肌肉组织是平滑肌。平滑肌由梭形细胞组成,核在细胞中心,在显微镜下看不到横纹。内脏器官中的平滑肌又称内脏平滑肌。内脏平滑肌能自发地、有节律地同步收缩,因为其细胞中有起搏细胞,起搏细胞的兴奋是自发的、有节律的,而细胞与细胞之间有缝隙连通,一个细胞的兴奋可以传到相邻的一群细胞。

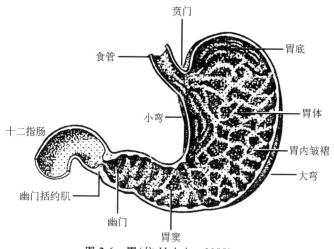

图 2-6　胃（仿 Hobsley, 1982）

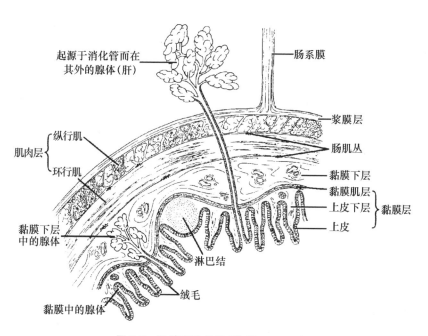

图 2-7　肠管壁的结构（仿 Ham, 1974）

肠壁包含四层，由外至内分别为浆膜层、肌肉层、黏膜下层、黏膜层。

胃的机能

在口腔中经过咀嚼，混有唾液的食团经过很短的时间就被送入胃中。刚进入胃腔的食团基本上是一层一层地堆叠在胃中，没有与胃液混合。因此，在口腔中来不及发挥作用的唾液淀粉酶便在胃中继续发挥作用，将淀粉

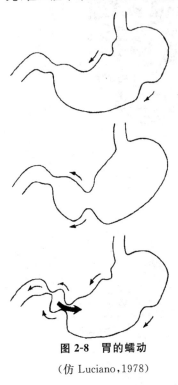

分解成双糖（麦芽糖）。直到酸性胃液与食团混合成为半液体状的食糜后，唾液淀粉酶因 pH 偏低而失活，这是因为它只在中性和微碱性的环境中发挥促进淀粉分解的作用。约 70% 的淀粉是在胃中被唾液淀粉酶分解的。食物进入胃中，使胃腔由空胃时的 50～60 毫升的容积扩张到几千毫升。胃的扩张刺激了胃体中的感受器，促使胃的蠕动增强。胃的蠕动波从胃底向下推移，越来越强，到幽门形成最强的收缩（图 2-8）。食物的刺激还促进黏膜中的腺体分泌胃液进入胃腔。胃腺的壁细胞向胃腔中分泌盐酸，而另一种分泌细胞（主细胞）则向胃腔中分泌胃蛋白酶原。胃蛋白酶原经胃液中的盐酸激活变成胃蛋白酶，便可将蛋白质分解成多肽。

图 2-8　胃的蠕动

（仿 Luciano，1978）

胃深藏在腹腔中，如何了解它的活动呢？如何探察它的消化机能呢？进行这种观察是很困难的，特别是观察人胃的活动；研究人胃的机能就更困难了。

历史上一次偶然的事故提供了极为难得的机会。1822 年加拿大的青年猎人圣马丁（A. St. Martin）遭受近距离枪伤，子弹击穿了他的腹壁和胃的前壁，伤势很重。经美国军医博蒙特（W. Beaumont，1785—1853）（图 2-9）抢救和长期治疗后，圣马丁基本恢复了健康，但腹壁和胃壁上遗留下一

个创口未能愈合,成为一个直通胃内的孔道,即一个永久性的胃瘘。三年后博蒙特通过这个胃瘘开始研究圣马丁的胃活动。他通过瘘孔放入食物或从胃中抽取胃液、食糜进行观察。经过八年中的二百多次实验观察,他证明在胃液中存在着盐酸,并认识到胃既分泌盐酸,又分泌黏液;环境因素和心理因素可以影响胃液分泌;不同的食物在胃内消化的时间不同。博蒙特描述了食物摄入量与胃液分泌量的关系;还描述了胃体和胃窦的运动情况;他甚至用当时简单的设备获得了胃液中除盐酸外还存在消化酶的证据。1833年博蒙特出

图 2-9　博蒙特

（引自王志均,1998）

版了名为《胃液的实验观察与消化生理学》的专著。他是人类历史上第一个观察、描述人胃的运动、分泌和消化的科学家。这本书也成为经典著作。圣马丁逝世后,加拿大的生理学会在他的墓碑上刻了一行字:"通过他的痛苦,他为全人类做出贡献。"

像圣马丁这样因枪伤而形成胃瘘的病例是极为罕见的,因此对胃的消化机能的研究还需另觅途径。生理学家利用动物,特别是与人类接近的哺乳动物,来研究胃的消化机能。

俄国生理学家巴甫洛夫（И.Павлов,1849—1936）（图 2-10）在前人的基础上,先将狗胃的一部分切割开来,但不完全切掉,再将大部分的胃与小部分的胃分别缝合,形成相连而又不

图 2-10　巴甫洛夫

（引自 Анохин,1949）

相通的大胃与小胃(图2-11)。这样,小胃与大胃既保留着同样的神经支配,但又互不相通。然后他又在小胃上安装瘘管使之与体外相通。这样,小胃分泌胃液的情况可以反映大胃的分泌情况,因而成为研究胃液分泌的重要模型,被命名为巴氏小胃。巴甫洛夫用生理外科手术的方法在狗身上制作了多种人工瘘管(如胰瘘、唾液瘘等)来研究消化液的分泌。他和他的学生经过20年的努力,奠定了近代消化生理学的基础。1897年巴甫洛夫写成一部《主要消化腺工作讲义》并获得了1904年诺贝尔生理学或医学奖。

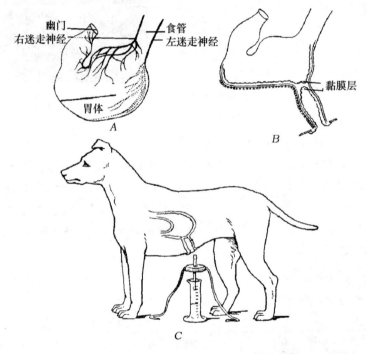

图 2-11　巴氏小胃

巴甫洛夫通过对狗的胃液分泌的研究发现,胃并不是在食物进入以后才开始分泌胃液的;而是在食物进入胃以前,当狗看到食物时就开始分泌。这就是后来被称为条件反射的现象。当然,食物进入胃以后,直接刺激胃引起大量的胃液分泌。

食物进入胃腔后，胃开始蠕动。胃的蠕动从胃体开始，再到胃窦，蠕动波越来越强烈。由于蠕动波向幽门推进时幽门同时缩小，所以每个蠕动波只能将几毫升的食糜挤过幽门进入十二指肠，大部分的食糜仍被挤回胃窦（图2-8），使这几毫升的食糜能在小肠中被充分消化。食物在胃内停留的时间为3~4小时。如果没有胃存储食物并控制食糜进入小肠的速度，大量食物将快速进入并通过小肠，不能被小肠充分消化和吸收，就会产生营养不良的后果。全胃切除或大部分胃切除的患者往往日渐消瘦，就是失去了胃调节食糜进入十二指肠速率的机能所引起的后果。

胃还有另一个重要作用，即分泌内因子。如前所述，内因子是胃黏膜的壁细胞分泌的。缺少内因子，维生素B_{12}便不能被吸收。这也是切除胃的患者会在手术几年之后出现恶性贫血症的原因。

哪些物质在胃内被吸收呢？蛋白质被胃蛋白酶分解的产物——多肽和唾液淀粉酶分解淀粉产生的双糖都不能被胃吸收。但胃能吸收酒精。空腹时饮酒，酒精很容易被胃吸收并进入血液循环，因此容易醉。

为什么胃液不消化胃壁自身呢？首先，在胃黏膜表面有一层由上皮细胞分泌的弱碱性的黏液，形成了一种化学屏障，把胃腔中的胃液与胃的上皮细胞的表面隔开。其次，胃壁上的黏膜上皮细胞不断地分裂、更新，这样就形成了保护胃壁不被消化的防线。但是在某些情况下胃壁保护机制受损，胃壁就会在局部区域被胃液自我消化，形成胃溃疡。

食物在小肠中的消化与吸收

人体小肠长约5~7米，分为十二指肠、空肠、回肠三部分。其中，十二指肠最短（只有20~25厘米），空肠和回肠分别约占小肠全长的2/5和3/5。

小肠的消化机能

小肠是人体很重要的消化、吸收器官。胰、肝都向小肠分泌消化液。酸性食糜从幽门进入十二指肠就会刺激肠黏膜，引起胰腺分泌大量的胰液。胰液含有碳酸氢盐，进入小肠后中和来自胃液的盐酸，使小肠内的环境保持碱性，便于各种胰消化酶发挥作用。

现在中、老年人广泛服用的防止血栓形成的阿司匹林肠溶片就是根据胃中是酸性环境而肠中为碱性环境的情况制成的。这种肠溶片是在药片外裹了一层不溶于酸性溶液、只溶于碱性溶液的薄膜,使药片只能在小肠中溶解,不能在胃中溶解,以免阿司匹林刺激胃黏膜使某些人产生不适。

胰液含有多种消化酶。几种主要的营养素都在胰液消化酶的作用下分解:淀粉在胰淀粉酶的作用下分解成麦芽糖、糊精等;脂肪在胰脂肪酶的作用下分解成脂肪酸、甘油;蛋白质、多肽在胰蛋白酶等的作用下分解成小肽、氨基酸;脱氧核糖核酸(DNA)和核糖核酸(RNA)分别在胰 DNA 酶、胰 RNA 酶的作用下分解成核苷酸;胆固醇酯、磷脂分别在胆固醇酶、磷脂酶的作用下分解成胆固醇、脂肪酸。

脂肪的水解还必须有肝分泌的胆汁参与。胆汁中的胆盐与脂肪的结合能降低脂肪滴的表面张力,使脂肪滴分散成脂肪微滴,从而增加胰脂肪酶对脂肪作用的表面积。由此可见,胆汁对脂肪消化的重要作用。

小肠特有一种混合性运动,即分节运动(图 2-12)。首先,在同一时间内肠管的多处环行肌收缩,将肠管中的食糜分成许多小段。然后,原来收缩处的环行肌舒张,而原本舒张处的环行肌收缩,又将食糜分成另一些小段。如此反复进行,使食糜与消化液充分混合,与肠壁广泛接触,有利于食物的消化与吸收。

小肠也有蠕动。蠕动波推动食糜经过小肠,以每秒 0.5～20 厘米的速度向大肠运动;每个蠕动波一般行进几厘米便消失了。因此,食糜在小肠中移动缓慢(平均每分钟只有 1 厘米),食糜从幽门到大肠需要几个小时。小肠的蠕动波不仅将

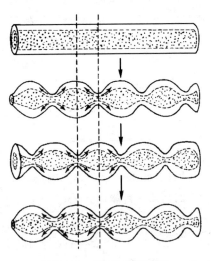

图 2-12　小肠的分节运动

(仿 Luciano,1978)

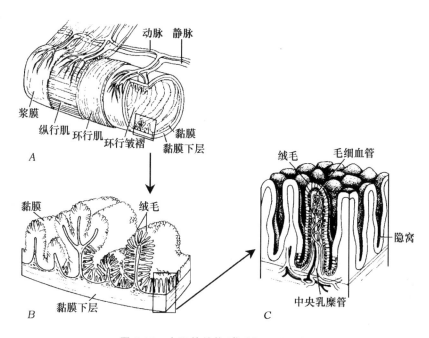

图 2-13　小肠的结构(仿 Moog, 1981)

食糜推向大肠,而且使食糜充分与小肠黏膜接触,有利于营养素的消化、吸收。此外,还有一种行进速度很快、行进距离较长的蠕动,叫作蠕动冲。小肠黏膜在受到微生物和化学物质的强烈刺激时常会引起蠕动冲。它可以快速地将有刺激性的物质排出小肠。

小肠的吸收机能

吸收是指食物经消化酶分解成简单的分子后,穿过消化管道的上皮细胞的细胞膜

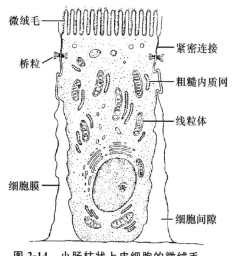

图 2-14　小肠柱状上皮细胞的微绒毛

(仿 Moog, 1981)

进入人体内的过程。小肠是消化管中担负主要吸收任务的器官。小肠在结构上也很有特色(图2-13),与其机能相适应,即通过三种方式增大吸收的表面积:(1)小肠黏膜的环行皱褶;(2)小肠黏膜形成的手指状突起,叫作绒毛;(3)绒毛上的柱状上皮细胞面向肠腔的一端细胞膜突起,形成很多的微绒毛(图2-14)。这三种结构使小肠的吸收表面积比小肠管的内表面增大600倍。

各种食物的消化和吸收

糖的消化与吸收

一般食物中的糖主要有蔗糖、乳糖和淀粉三种:蔗糖是双糖,小肠液中的蔗糖酶将其水解成葡萄糖和果糖。乳糖也是双糖,由小肠液中的乳糖酶水解为葡萄糖和半乳糖。淀粉是大分子多糖,由葡萄糖组成,先由唾液淀粉酶和胰淀粉酶水解成麦芽糖,再由小肠液中的麦芽糖酶水解为葡萄糖。

从多糖和双糖水解产生的单糖在小肠黏膜上皮细胞的微绒毛上被吸收。

蛋白质的消化与吸收

食物中的蛋白质基本上是在胃和小肠的上段被消化的。首先,胃蛋白酶将蛋白质分解为胨、胨和大分子多肽。然后,在小肠中的胰蛋白酶、糜蛋白酶、羧肽酶的催化下,进一步分解产生小分子多肽和少量氨基酸。最后,小分子多肽被小肠上皮细胞分泌的肽酶分解成氨基酸。

氨基酸也是在小肠黏膜上皮细胞的微绒毛上被转运进入上皮细胞的。

脂质的消化和吸收

食物中的脂肪主要是在小肠中经胰脂肪酶的作用水解的,即首先在胆盐作用下,脂肪的表面张力降低,然后经肠管的分节运动和蠕动将脂肪滴分散成微滴。这样极大地增加了脂肪的总表面积,使胰脂肪酶能够充分发挥分解作用。

脂肪酸和甘油单酯易溶于上皮细胞微绒毛的脂类双分子层并扩散到细胞内。因此,脂类消化分解的最终产物是通过扩散穿过细胞膜的。

水在小肠中的吸收

水的吸收是被动的渗透过程。当肠腔中的食糜内的溶质分子被肠壁吸收后,肠内溶液的渗透压降低,由于渗透压的差别使水向肠壁扩散。因此,水在肠管中是伴随着溶质的被吸收而进入体内的。

大肠的吸收机能与粪便的形成

大肠由升结肠、横结肠、降结肠、乙状结肠(统称结肠)和直肠构成。结肠有两项机能:一项是从食糜中吸收水和各种电解质;另一项是储存粪便物质,直到被排出。水和电解质的吸收主要在上半段进行,结肠的下半段的主要机能是储存。在结肠的上半段集聚着大量的细菌,特别是大肠杆菌。这些细菌可产生维生素 K、维生素 B_{12}、硫胺素、核黄素等物质以及气体。其中维生素 K 特别重要,因为它在正常食物中的含量较低,人体需要吸收细菌产生的维生素 K 以维持正常的血液凝固。

每天约有 500～1500 毫升的液态物质从小肠进入大肠。水和电解质被吸收后仅剩约 200 毫升的液态物质从大肠排出。粪便的气味主要是由细菌的活动产生的,它取决于结肠的细菌种类和吃进的食物。

大肠有类似小肠分节运动的混合性运动(不过规模更大些),使大肠内的物质充分与大肠黏膜接触,其中的水分和电解质逐渐被吸收。大肠还有一种集团运动,通常在横结肠和降结肠发生一段长约 20 厘米的收缩。在这一范围内将粪便压缩成团块并推向结肠的下半段。当集团运动把一团粪便推入直肠时,便会产生要排便的感觉。排便是一种反射活动。当直肠受到刺激时可引发强烈的蠕动波,促使降结肠、乙状结肠和直肠收缩,肛门的外括约肌舒张,将粪便排出。

消化机能紊乱引发的疾病

常见的消化机能紊乱的疾病主要有胃炎、消化性溃疡、便秘、腹泻、呕吐,以及消化管中产生大量的气体等症状。

胃炎与胃萎缩

胃炎是指胃黏膜的炎症。由酗酒、刺激性的食物和药物引起的胃炎叫作单纯性胃炎,一般不很严重。细菌感染引起的急性胃炎比较多见,一般在进食后几小时发病,大多有上腹部疼痛(甚至剧痛)、食欲减退、恶心、呕吐等症状,常伴有急性水样腹泻,严重的可有发热、失水、休克等中毒症状。治疗急性胃类需要除去病因,短暂禁食,多饮水,卧床休息。

慢性胃炎的病因不明,目前也没有特殊的疗法。许多慢性胃炎患者的胃黏膜逐渐萎缩,使能分泌胃液的胃腺减少,从而引起胃酸缺乏。由于胃蛋白酶的活性需要酸性环境,缺乏胃酸就会使胃蛋白酶的机能发生障碍,胃消化蛋白质的机能也就基本丧失。

恶性贫血是胃萎缩的并发症。维生素 B_{12} 的吸收需要胃黏膜壁细胞分泌的内因子的协助。胃萎缩使内因子缺乏,维生素 B_{12} 不能被吸收、利用,使骨髓的造血机能发生障碍,从而引起恶性贫血。

消化性溃疡

消化性溃疡是一种常见的慢性消化系统疾病,包括胃溃疡和十二指肠溃疡;最易发生的部位为十二指肠的前几厘米处,胃窦部沿胃小弯处也常发生,食管下端时有发生。近一个世纪以来医学界认为消化性溃疡是由胃液的消化作用而引起的黏膜损伤;其根源是胃液分泌过多,超过了胃分泌的黏液对胃的保护程度以及十二指肠液中和胃酸的能力。因此,产生了"无酸则无溃疡"的信条,而对消化性溃疡的治疗原则是以抑制胃酸为主。按这种原则研制出的一系列药物也能使溃疡愈合,但不能根治,停药后的复发率很高(两年内的复发率高达100%)。

1979 年 6 月澳大利亚病理学家沃伦(J. Warren,1937—)偶然从一位慢性胃炎患者的胃窦黏膜的切片中发现了一种螺旋形细菌的新种。他认为这种细菌很可能与胃炎有关。1981 年他和年轻医生马歇尔(B. Marshall,1951—)合作研究,从 100 位同类患者的胃黏膜的切片中发现 58 位有这种新细菌,现在称为幽门螺杆菌。不过当时一般认为人体的胃内环境不适合细菌生长,医学界人士大多不接受沃论和马歇尔提出的幽门螺杆菌产生溃疡的观点。于是马歇尔决心在自己身上做试验,将幽门螺杆菌加入肉汤中喝下去,72 小时后出现了急性胃炎症状:胃痛、呕吐、不能入睡。他做了胃窦组织的活体检查,被确定为胃炎。几天后他用传统治疗胃溃疡的铋剂和抗生素结合,治好了自己的胃病。一些临床医学家接受马歇尔的观点,也用抗生素加原有的药物治疗十二指肠溃疡,发现复发率为 12%,而单独使用原有的药物治疗的复发率高达 95%。

近几年来国际医药界对幽门螺杆菌进行了大量的研究,高度评价了马歇尔等的重要发现,明确了幽门螺杆菌的感染与消化性溃疡密切相关,从而把治疗溃疡病的战略由制酸转变为根除幽门螺杆菌的感染。2005 年马歇尔与沃伦获诺贝尔生理学或医学奖。

便秘

便秘是指排便间隔延长、粪便干硬难解的情况,这是由于粪便在大肠内运动缓慢,其中的液体被吸收的时间过长,常形成大量干燥、坚硬的粪块积聚在降结肠内。

便秘的原因往往是由于不规律的排便习惯以及长期抑制正常的排便反射而形成的。因此我们应该在年轻时养成有规律地定时排便的习惯,这样可以预防中、老年时出现便秘。

腹泻

与便秘相反,腹泻是粪便快速通过大肠的结果。腹泻的原因一般是胃肠管有感染(即肠炎),感染主要发生在回肠的中、末端及大肠。感染部位的黏膜的分泌速率大增,小肠的运动也加快;其结果是肠内分泌大量液体,强烈的推进性运动把这些液体向肛门推进,有利于把感染因素排出肠管外。因此我们可以说腹泻是人体排除感染、清洁肠管的重要机制。特别值得注意的是霍乱引起的腹泻。霍乱是霍乱弧菌引起的烈性肠管传染病。霍乱弧菌产生的肠毒素刺激小肠,使之分泌大量的电解质和液体;而电解质和液体的大量丧失短期就可使机体衰弱甚至死亡。所以治疗霍乱的关键是尽快补充机体丧失的液体和电解质。及时治疗可以使患者的死亡率下降到低于 1%;如不及时治疗,50%以上的患者可能死亡。

呕吐

呕吐是指胃肠管受到强烈刺激,上段胃肠管将本身的内容物从口腔排出的活动。这是一种反射活动。一旦呕吐反射的中枢受到足够的刺激,就会出现呕吐的动作:首先是深呼吸时,食管括约肌开放,声门关闭,软腭抬起关闭后鼻腔;然后膈肌强烈收缩而向下压,同时伴有腹部肌肉的收缩,通过两方面挤压胃使胃内压升高;最后胃食管括约肌舒张,胃内容物向上通过食管、口腔被排出。

胃肠管中的气体

在胃肠管中不同部位的气体来源不同。胃内的大部分气体是吞咽进来的空气,通过打嗝从口腔排出。小肠中也有少量气体,主要是从胃进入小肠的空气。

大肠中的大部分气体来自细菌的活动。细菌在大肠中的活动可以产生二氧化碳、甲烷和氢气。有些食物在大肠中容易产生大量气体,如豆类、黄芽菜、洋葱、玉米等。食物中的一些成分是产气菌适宜的培养基,特别是某些不能被吸收又能发酵的糖类。大肠中的气体大部分被吸收,小部分被排出。

人是水做的
——体液、血液与血液循环

人体内的水

体液——人体内的水及其分布

读过《红楼梦》的人都知道贾宝玉说"女人是水做的"。其实,从生物学

的角度看来,男人也是水做的。因为不论男性还是女性体内都含大量的水,
而且男性体内的水比女性的还要多一些。成年男性体内的含水量为体重的
60%;成年女性体内的含水量为体重的50%。人体内含水最多的时期是初
生时,出生一天的婴儿含水量为体重的79%。

　　人是由细胞构成的。人体内的水既分布在细胞内,也分布在细胞外。
在人体内的水中含有各种对身体不可缺少的离子、化合物以及代谢产物,叫
作体液(图3-1)。包含在细胞内的体液叫作细胞内液;存在于细胞外的体液
叫作细胞外液。细胞内液约占成年人体重的40%(男性)或30%(女性)。
细胞外液包括存在于组织间隙中的组织液和存在于血管、淋巴管等处的管
内液(血浆、淋巴等),其中组织液约占体重的16%,管内液约占体重的4%。

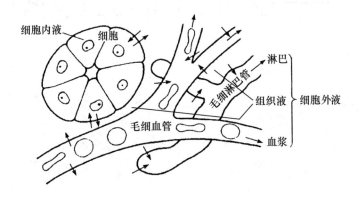

图3-1　体液的分布(仿 Bell,1980)

　　水对人体至关重要,没有水就没有生命。人可以几天甚至几十天不吃
饭,但不能几天不喝水,因为生命活动的许多反应都是在水溶液中进行的,
人体内必须保持充分的水量。

　　人体内的水都包含在食物和饮料中,通过喝水、吃饭进入身体,也有少
部分是食物在体内氧化产生的。成年人每人每天需摄取平均2000～3000
毫升的水。人体内的水主要通过尿液排出,但出汗与呼气也是排出的途径。
在正常情况下,人体内的水的摄入量与排出量是相等的。

人体的内环境是稳定的

单细胞的原生动物(如变形虫)和简单的多细胞动物(如水螅)的细胞能直接与外部环境接触,所需的食物和氧直接取自外部环境,而代谢产生的废物也直接排到外部环境中。但复杂得多的多细胞动物的绝大多数细胞并不能直接与外部环境接触,它们周围的环境就是细胞外液(图 3-1),首先是组织液。组织液充满了细胞与细胞之间的间隙,又称细胞间液。一方面,细胞通过细胞膜直接与组织液进行物质交换;另一方面,组织液又通过毛细血管壁与血浆进行物质交换。血浆在全身血管中不断流动,通过胃、肠、肾、肺、皮肤等器官与外部环境进行物质交换(图 3-2)。

1857 年法国生理学家贝尔纳(C. Bernard,1813—1878)(图 3-3)首先提出"内环境稳定"的概念。他指出,细胞外液是机体细胞直接生活于其中的环境,而这种细胞外液就是机体的内环境。虽然机体的外部环境经常变化,但内环境基本不变,这给细胞提供了一个比较稳定的物理、化学环境。他认

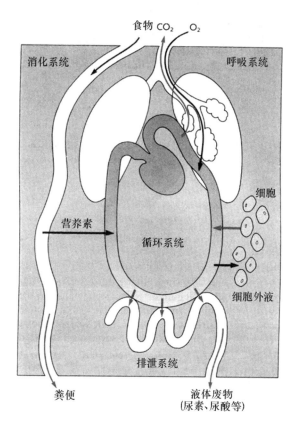

图 3-2　动物的外环境与内环境(仿 Campbell,1995)

图 3-3　贝尔纳(引自 Bernard,1947)

为,"内环境的稳定是独立自由的生命的条件"。贝尔纳关于"内环境相对稳定是细胞正常生存的必要条件"的论断是生物学的一个重要的基本概念。这主要是由于细胞的代谢过程基本上都是酶促反应,要求最合适的温度、pH,并要求一定的离子浓度、底物浓度等。失去了这些条件,代谢活动就不能正常进行,细胞的生存就会出现危机。1929年美国生理学家坎农(W. Cannon,1871—1945)发展了"内环境稳定"的概念。他认为内环境的任何变化都会引起人体自动调节组织和器官的活动,并产生一些相应的反应来减小这种变化。他提出"稳态"来概括由这些代偿性调节反应所形成的内环境稳定状态。

血　液

血液是由细胞外液中的血浆混悬着血细胞构成的,它起着多方面的重要作用。人体的血液存在于心血管系统中,被心脏的搏动所推动,不断地在血管系统中循环流动,以细胞间隙中的组织液为中介与细胞进行物质交换。人体血液的总量叫作血量。人体的血量是很稳定的,约占体重的 7%～8%,例如,一个体重 60 千克的男性的血量为 4.2～4.8 千克。人体的血量不会由于饮水、注射或者少量出血而受到影响。

在显微镜下,我们可以看到均匀的血液中有许多细胞(红细胞、白细胞等)。通过离心分离,细胞因较重而沉到下部,血液分成血浆和有形成分(细胞成分)两部分(图 3-4)。

血　浆

人体的血浆是淡黄色的液体,约占血液体积的53%(男性)或58%(女性),其中水分约占92%,还有溶于水的晶体物质、胶体物质等。

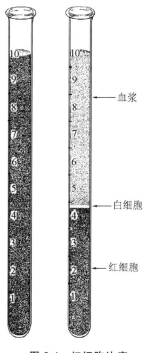

血浆中的晶体物质主要是盐类,包括氯化钠、氯化钾、碳酸氢钠、碳酸氢钾、磷酸氢二钠、磷酸二氢钠等。当体温为37℃时,人体的血浆渗透压为770千帕(即7.6个大气压或5776毫米汞柱[①])。渗透压的大小是由单位体积溶液中的溶质颗粒数所决定的,与颗粒的大小和化学性质无关。血浆渗透压绝大部分来自溶解于其中的晶体物质,特别是电解质。由血浆中晶体物质形成的渗透压叫作晶体渗透压。晶体物质比较容易通过毛细血管壁,因此血浆和组织液之间的晶体渗透压保持动态平衡,而细胞外液渗透压的相对稳定对于保持细胞内、外的水平衡极为重要。如果细胞外液渗透压低于正常值,则将导致水流入细胞而使细胞肿胀,甚至细胞膜破裂;如果细胞外液渗透压高于正常值,则会由于水的流出使细胞萎缩。这两种情况都会严重影响细胞的机能。

图 3-4　红细胞比容

(仿 Junqueira,1980)

血浆中的胶体物质是血浆蛋白,其含量为6%~8%,即每100毫升血液中约含4克。这些血浆蛋白形成的渗透压很低,只占血浆渗透压的很小一部分(约3.3千帕,即25毫米汞柱),叫作胶体渗透压。胶体渗透压虽然很低,但由于血浆蛋白不能通过毛细血管壁,因此

---

① 1毫米汞柱=133.322帕,1毫米水柱=9.806 65帕,1大气压=101 325帕。

对于血管内、外的水平衡有重要的作用。如果血浆蛋白量低于正常值,血管内的渗透压低于血管外的渗透压,水便会向血管外转移,组织间隙充水,形成水肿。如果一个人长期营养不良,蛋白质摄入量不足,便会出现水肿。

血浆蛋白中主要有三种蛋白质:

(1)清蛋白,相对分子质量约为67 000,血浆中约含4%。清蛋白相对分子质量较小,但分子数目多,而且含量高,80%的血浆胶体渗透压是由它产生的。

(2)球蛋白,相对分子质量为5万~300万,血浆中约含2%。球蛋白与某些物质的运输及机体的免疫机能有关。

(3)纤维蛋白原,相对分子质量约为34万,血浆中仅含0.2%~0.4%。纤维蛋白原主要是在血液凝固中起作用。

此外,人体的血浆中还有一些其他物质,如葡萄糖、氨基酸、少量的脂肪、酶、激素以及尿素、尿酸等。在空腹时每100毫升血液中的葡萄糖含量为100毫克左右。

血液中的细胞——血细胞

血液通过离心分离可以分成血浆和有形成分两部分,其中有形成分又可分为上层的白细胞和血小板以及下层的红细胞(图3-4)。用这种方法可以测出红细胞在血液中所占的容积百分比,叫作红细胞比容(图3-4)。成年男性的红细胞比容为40%~50%,成年女性的红细胞比容为35%~45%。红细胞比容可因人体的生理或病理变化而改变,如严重腹泻时血浆量减少,红细胞比容升高;贫血时红细胞数量减少,红细胞比容降低。

低等脊椎动物的红细胞有细胞核,但人和其他哺乳动物的红细胞在成熟的过程中失去了细胞核、高尔基体、中心粒、内质网和大部分线粒体。人体的红细胞像一个双凹形圆饼,周边厚而中间薄,平均直径约7微米,周边厚约2微米,中间厚约1微米(图3-5)。红细胞的特点是含有血红蛋白(Hb),约占细胞重量的1/3。血红蛋白中含有铁,可与氧结合。红细胞中的另一种重要物质是碳酸酐酶,它有助于二氧化碳的运输。红细胞主要的机能是运输氧和二氧化碳;它的形状和大小有利于氧和二氧化碳迅速穿越细胞。

我国成年男性每立方毫米血液中的红细胞数为 450 万～550 万个，平均约 500 万个；成年女性每立方毫米血液中的红细胞数为 380 万～460 万个，平均约 420 万个。婴儿和儿童的红细胞数没有性别的差异，新生儿每立方毫米血液中为 510 万～660 万个。

人体的白细胞可以根据细胞质内有无颗粒分为颗粒细胞和无颗粒细胞。按照颗粒对染料的反应，颗粒细胞又可分为中性粒细胞、嗜酸性粒细胞和嗜碱性粒细胞。无颗粒细胞又分为淋巴细胞和单核细胞（图 3-5）。白细胞的主要机能是保护机体，抵抗外来微生物的侵袭。我国健康的成年人每立方毫米血液

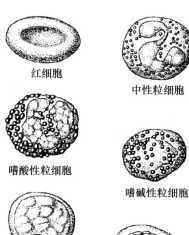

图 3-5　血细胞（仿 Sherman，1989）

中的白细胞数为 4000～10 000 个，平均为7000个左右。其中，中性粒细胞占 50％～70％，嗜酸性粒细胞占 1％～4％，嗜碱性粒细胞占 0～1％，淋巴细胞占 20％～40％，单核细胞占 1％～7％。

血小板比红细胞小，直径约 3 微米，呈碟形，内含许多颗粒（图 3-5）。血小板起源于人体骨髓内的巨核细胞。当一个巨核细胞成熟时，其细胞质分裂成几千个近似圆盘形的血小板。因此血小板没有细胞核，实际上不是完整的细胞，而是巨核细胞的细胞质的碎片。但它具有进行独立代谢活动的必要结构，所以具有活细胞的特性。成年人每立方毫米血液中的血小板数为 10 万～30 万个，平均约 15.6 万个。血小板主要是在凝血中发挥作用。

血液的成分是相对稳定的

血液作为机体内环境的一部分，它的相对稳定性表现在很多方面，包括

血液的含水量、含氧量、含盐量、营养物含量、渗透压、酸碱度、温度以及血液的有形成分(血细胞)等的相对稳定。这种稳定性是相当惊人的。例如,每天人的细胞呼吸所释放的热量为 3000 千卡左右,而每天的体温变动范围一般不超过 1℃;又如,人每天的产酸量非常大,每天产生二氧化碳约 900 克,而血液中的 pH 平均为 7.40,体动脉血和体静脉血的 pH 之差仅仅是 0.02 或 0.03。这些稳定性都是复杂的调节过程作用的结果。

红细胞数量的相对稳定——为什么运动员要到高原去训练?

红细胞是人体血液中最多的一种有形成分。红细胞的寿命为 100～120 天,大约每四个月全部更新一次,每天约更新 1%。但红细胞计数却比较稳定,上、下浮动一般不超过 ±10%,这表明其生成率等于破坏率。人体主要靠调节红细胞的生成率来适应体内、外情况的变化,维持红细胞计数的相对稳定。红细胞的重要机能是运输氧气。在失血后,血液中的红细胞数量下降,体动脉血的含氧量降低,就会刺激机体促进红细胞的生成。例如健康的人由平原地区进入高原地区,虽然没有失血,红细胞计数未减少,但由于高原空气稀薄,体动脉血中的氧含量降低,也可刺激造血器官,促进造血机能,增加红细胞的数量。因此,对红细胞生成的主要生理刺激是体动脉血中氧含量降低。这就是运动员要到高原去训练的原因。运动员经过高原训练后,红细胞数量增加,供氧能力增强,回到平原就可以创造更好的成绩。我们已经知道,体动脉血缺氧可以促使肾脏的某些细胞产生促红细胞生成素(EPO)。促红细胞生成素是一种糖蛋白,作用于骨髓,促进红细胞生成,可以在 2～3 天内提高红细胞数量。现在已经有人利用 DNA 重组技术生产促红细胞生成素,用来治疗由于肾衰竭引起的贫血症。不过也有人把促红细胞生成素作为一种兴奋剂,用来提高运动员的成绩。

血量的相对稳定——适量献血不会影响健康

人体的血量是很稳定的,约占体重的 7%～8%,例如,一个体重 60 千克的男性的血量为 4200～4800 毫升。如果他失血 10% 左右(即 400～500 毫升),首先引起心脏活动加快、加强,血管普遍收缩,肝、肺、腹腔静脉和皮下静脉丛中的大量血液加速回流,因此对循环中的血量没有明显的影响。在失血后 1～2 小时内,血浆中的水分和电解质由组织液渗入血管中来补充,血量得以恢复。再经过一天左右,血浆中的蛋白质可以恢复,这是肝脏在失血后加速合成蛋白质的结果。而血液中的红细胞约需一个月左右才能恢复。实际调查发现,一个体重50~60千克的成年人,若一次抽血200~300毫升,其血液中的红细胞数量在一个月内可以完全恢复,甚至还可超过抽血前的水平。这是由于失血造成缺氧,引起促红细胞生成素增多,加速红细胞生成的缘故。由于人体能及时补充所损失的血液,所以健康的成年人一次献血200~300毫升不会影响身体的健康。至于大失血(失血量超过全部血量的20%以上),已不能由机体内部的调节和代偿机能来维持正常的血压水平,将会出现一系列的临床症状,这时必须采取治疗措施(包括输血等)。

血液的重要作用

血液的机能可以概括为三方面:运载作用与联系作用,防御作用以及维持内环境的稳定。

运载作用与联系作用

由于心脏的搏动,血液在心血管系统中循环运行,使血液中包含的各种物质也随之流动,分布到人体全身,在不同的器官中有的被吸收,有的被排除。血液运送的各种物可分为两大类:一类是从体外吸收到体内的物质,其中有由消化管所吸收的营养物,包括葡萄糖、氨基酸、脂肪、水、无机盐、维生素以及由肺部所吸收的氧。这些物质都是细胞新陈代谢所必需的,通过血液循环运送到全身各部分,分别被各种细胞所吸收。另一类是体内细胞代谢的产物,又可分为两部分:一部分是代谢所产生的废物(如二氧化碳、尿素等),由血液运送到呼吸器官及排泄器官排出体外;另一部分是激素,即某些细胞或组织所产生的具有特殊生理作用的物质,由血液运送到它们所作用的组织或器官,使之发生一定的反应。因此,血液在人体中有运载物质和联系机体各部分机能的作用,与体内各种组织的代谢和机能都有密切的关系。

防御作用

人体具有消除或削弱侵入的异物、病原体对身体的危害的能力。这种自我保护机能与血液中白细胞的吞噬作用和免疫作用是分不开的(我们将在第八讲中讨论)。

维持内环境的稳定

虽然血浆只占细胞外液的 1/5,但对维持机体内环境的稳定起着重要的作用。首先,如前所述,血液本身的成分相当稳定,而这种相当稳定的血液又迅速地在心血管系统中流遍人体各部分,因此对机体内环境的稳定发挥着其他体液成分不能起到的作用。虽然各种化学物质和多种细胞成分不断地进、出血液,但高等动物的血液成分仍然保持相当高的稳定性和均匀一致。这是许多调节过程作用的结果,也是血液在体内迅速循环的结果。

防止血液流失——血液的凝固

血液迅速地在心血管系统中流动,发挥着重要作用,人体必须防止体内血液的流失。血液的凝固就是防止血液流失的重要机制。

如果组织受到损伤,血液从血管流出后几分钟就由液体变成胶状体,这便是血液的凝固。这种由血液凝成的血块大约在 30 分钟后开始回缩,18~24 小时回缩完成。回缩时从血块中挤出的液体叫作血清。血清和血浆的区别是血清中除去了纤维蛋白原和少量的参与凝血的血浆蛋白,增加了血小板释放的物质。

血液的凝固是一个复杂的过程,许多因素与凝血有关;其基本过程是血浆中的可溶性纤维蛋白原在凝血酶的作用下,成为纤维蛋白单体,许多纤维蛋白单体连接成纤维蛋白,使血液从液体变成凝胶(图3-6)。由于纤维蛋白原经常存在于血液中,在正常情况下,血液中不能含有凝血酶。血液中原来只含有由肝脏所产生的

1微米

图3-6　纤维蛋白网中的红细胞

(引自 Singer,1978)

凝血酶原。凝血酶原在凝血酶原激活物的作用下变成凝血酶。凝血酶原激活物又是怎样形成的？凝血酶原激活物是由原来没有活性的凝血酶原激活物被另一种因素所激活的。如此上推，有一连串的这种反应。现在至少已发现12种重要的凝血因子参与凝血过程，这些因子按照发现的先后用罗马数字命名。是什么原因诱发这一连串的连锁反应中的第一个反应呢？这是由于有关的凝血因子与损伤的血管内皮接触，很可能是与损伤的内皮下的胶原纤维接触，就被激活成有活性的凝血因子，引起了凝血的连锁反应。

血液内还有一个对立的过程，即纤维蛋白分解和溶解的过程。纤维蛋白溶解作用是靠纤维蛋白溶酶（纤溶酶）作用于纤维蛋白，使之水解成为可溶性的纤维蛋白降解产物。纤维蛋白溶酶是由纤维蛋白溶酶原（纤溶酶原）被激活物所激活的。机体内绝大多数组织都含有组织纤溶酶原激活物可以激活纤溶酶原，其中以子宫、肾上腺、前列腺、甲状腺、肺、肾脏等器官含量较高。这些器官受损伤时释放大量组织纤溶酶原激活物到血液中，使纤维蛋白溶酶原转变为纤维蛋白溶酶。这可以说明为什么女性月经流出的血液经常是不凝固的，以及为什么进行子宫、前列腺、甲状腺、肺部外科手术时患者出血不易凝固。肾脏合成的纤溶酶原激活物活性很强，可以防止纤维蛋白附着在肾小管内壁上。这种激活物可以从尿中提取，叫作尿激酶；提纯后应用于临床治疗，可以消除已形成的血管栓塞。

人的血液分哪几种类型？

血液有重要的生理作用，失血后能不能向心血管系统输送他人的血液以补充失去的血液呢？试验表明，将某个动物的血液输送给同种的另一动物有时会造成受血动物的死亡。后来发现，动物的血清有时能使同种的其他动物的红细胞凝集并溶血，这就是造成受血动物死亡的原因。

在正常情况下红细胞是均匀分布在血液中的。如果加入同种其他个体的血清而使均匀悬浮在血液中的红细胞聚集成团，这便是凝集。这种红细胞的凝集也是一种免疫反应。1901年兰德施泰纳（K. Landsteiner，1868—1943）根据人体红细胞与他人的血清混合后有的发生凝集，有的不发生凝集的现象,发现人类血液存在着不同的类型,即血型。

在人类的红细胞膜上有两种凝集原(抗原),即凝集原 A 和凝集原 B,这是由镶嵌在红细胞膜上的糖蛋白和糖脂形成的。在血清中也有两种凝集素(抗体),即凝集素抗 A 和凝集素抗 B。兰德施泰纳按照红细胞膜上和血清中凝集原与凝集素的不同,将血液分为四种主要类型(称为 ABO 血型系统):① O 型血液,即红细胞膜上无凝集原,血清中有凝集素抗 A 和抗 B;② A 型血液,即红细胞膜上有凝集原 A,血清中有凝集素抗 B;③ B 型血液,即红细胞膜上有凝集原 B,血清中有凝集素抗 A;④ AB 型血液,即红细胞膜上有凝集原 A 和 B,血清中没有凝集素(表 3-1)。这一发现使输血成为安全的医疗措施因而被广泛应用。

表 3-1　血型

血型	红细胞凝集原	血清凝集素
O	无	抗 A、抗 B
A	A	抗 B
B	B	抗 A
AB	A、B	无

同血型的人之间由于血液中的凝集原与凝集素相同,可以互相输血。O 型血中没有凝集原,可以给其他三种血型的人输血。AB 型血液中没有凝集素,可以接受其他三种血型血液的输入。由于 O、A、B 三种血型的血清中含有凝集素以对抗本身红细胞所没有的凝集原,如果将 O 型以外的非同血型的血液输入,就会使输入血液中的红细胞凝集,产生严重的反应。因此,在输血前必须检查供血者和受血者的血型,了解供血者的红细胞能否被受血者的血清所凝集。检查血型的方法是将受检者的血液分别滴入抗 A 和抗 B 的鉴定血清中,混合后在显微镜下观察是否出现凝集现象(图 3-7)。不同血型的凝集情况如表 3-2。

考虑到血液中还有许多其他的凝集因素,即使在 ABO 血型系统中同血型者之间输血也不是完全安全的。最好在输血前将供血者与受血者的血液进行交叉配血试验,即先将供血者的红细胞与受血者的血清混合,并将受血

表 3-2　凝集反应

受检者的红细胞是否凝集		受检者的血型
抗 A 血清	抗 B 血清	
－	＋	B
＋	－	A
－	－	O
＋	＋	AB

者的红细胞与供血者的血清液混合,在 37 ℃下静置 15 分钟,再用显微镜检查是否凝集。如果两种混合都没有凝集反应,则配血相合,可以输血;如果供血者的红细胞与受血者的血清混合有凝集反应,则配血不合,不能输血;如果供血者的红细胞与受血者的血清混合没有凝集反应,而受血者的红细胞与供血者的血清混合发生凝集反应,也可认为配血基本相合,但输血时要特别小心,不可过快、过多。这样可使供血者的血清中的凝集素

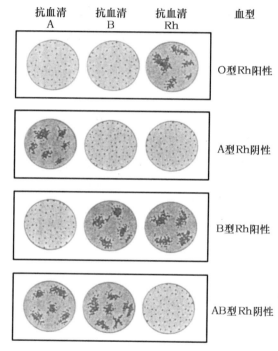

图 3-7　检查血型的方法(仿 Mader,1995)

将受检者血液分别滴入抗 A、抗 B 和抗 Rh 血清中,

观察是否出现凝集现象,可以区分出不同的血型

进入受血者体内后很快被稀释,不会造成受血者红细胞的凝集。

兰德施泰纳发现的四种血型(ABO 血型系统)消除了输血中主要的危险;但后来人们发现,在正常的红细胞上还有其他的抗原。反复注射猕猴的

红细胞到豚鼠体内会产生抗体,叫作抗 Rh 凝集素。这种抗体不仅可以使猕猴的红细胞凝集,还能使大部分人类的红细胞凝集,因此把猕猴和大部分人类红细胞中的这类抗原叫作 Rh 因子。85％的白种人的红细胞上存在 Rh 因子,与抗 Rh 血清混合则发生凝集反应,这些人是 Rh 阳性(记作 Rh^+);15％的白种人的红细胞上不存在 Rh 因子,与抗 Rh 血清混合不发生凝集反应,这些人是 Rh 阴性(记作 Rh^-)。在我国汉族和大部分少数民族中,99％的人的红细胞上含有 Rh 因子,是 Rh 阳性,只有 1％的人是 Rh 阴性;但有些少数民族中,Rh 阴性的人较多,如苗族有 12.3％,布依族有 8.7％,塔塔尔族有 15.8％,乌孜别克族有 8.7％。

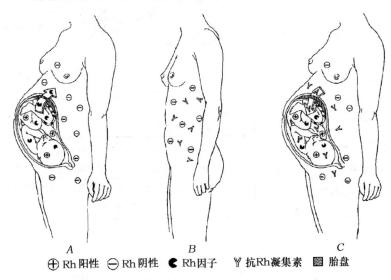

$\oplus$ Rh阳性 $\ominus$ Rh阴性 $\blacktriangleleft$ Rh因子 Y 抗Rh凝集素 ▩ 胎盘

图 3-8　Rh 因子不配合的后果(仿 DeWitt,1989)

A. Rh 阴性的女性第一次怀上 Rh 阳性的胎儿,分娩时胎盘破裂,胎儿的红细胞进入母体循环;B. Rh 因子使母体产生抗 Rh 凝集素;C. 在怀第二胎时,抗 Rh 凝集素经过胎盘进入胎儿循环,使胎儿的红细胞凝集破坏

大多数人的红细胞上含有 Rh 因子(Rh 阳性),血清中没有抗 Rh 凝集素。但是 Rh 阴性者如果通过输血输入 Rh 阳性者的血液,即使 ABO 血型相配合,但因红细胞上有 Rh 因子,血清中也会产生抗 Rh 凝集素。如果再

一次输入 Rh 阳性者的血液,就会发生凝集反应,造成危害。所以在临床上给患者重复输血,即使是同一供血者也应重作交叉配血试验,以免由于 Rh 血型不配合发生意外事故。如果 Rh 阴性的女性与 Rh 阳性的男性结婚,由于 Rh 因子是显性遗传,胎儿将是 Rh 阳性。Rh 阳性胎儿的红细胞上的 Rh 因子如果由于某些原因进入母体血液(图 3-8A)。母体由此产生抗 Rh 凝集素(图 3-8B),经过胎盘又进入胎儿循环,使胎儿的红细胞凝集、破坏(图 3-8C),可能导致胎儿严重贫血,甚至死亡。这种严重的胎儿贫血症往往发生在第二胎,因为在第一胎分娩时胎盘从子宫分离,引起流血,胎儿的部分血液进入母体循环,使母体产生抗 Rh 凝集素,再作用于第二胎产生严重的后果。由于母体血液中已具有抗 Rh 凝集素,如果再输入 Rh 阳性者的血液也会使红细胞凝集,发生严重的反应。因此,对于这类妊娠可能产生的后果,在临床上必须早作准备。

我们已经知道在人的红细胞内还存在着几十种抗原,每种抗原都能引起抗原-抗体反应。不过除了 ABO 抗原系统和 Rh 系统以外,其他的因子很少引起输血反应,但具有理论上和法医上的意义。

血 液 循 环

血液循环是人体最重要的机能之一

人体的血液是在全身的心血管系统内周而复始地循环流动。血液只有在全身循环流动才能发挥它的多方面的重要作用。因此,血液循环是人体最重要的机能之一,血液循环的停止就是死亡的先兆。心血管系统的疾病是危害人类健康最大的疾病之一。

人体的血液循环系统包括一套运输血液的管道(血管)和一个推动血液流动的泵(心脏)(图 3-9)。人和其他哺乳动物有两个循环:体循环(又称大循环)和肺循环(又称小循环),都是起源于心脏,又回到心脏。人和其他

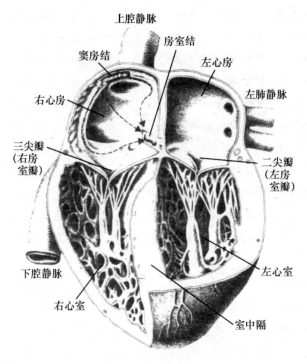

图 3-9　人的心脏（切去前壁以显示内部结构）

哺乳动物的心脏是一个中空的肌肉器官,被纵中隔和横中隔分为四部分。纵中隔将心脏分为左心、右心,而横中隔又将这两部分分为心房和心室。

　　心脏有节奏地收缩把血液挤出去,血液从右心室流出,经过肺回到左心房,这是肺循环（图3-10）。血液由左心房进入左心室,再由左心室流出,经过各种器官组织回到右心房,这是体循环

（图 3-10）。血液从右心房进入右心室再流出,又开始了另一次肺循环。在这两个循环中,从心脏输送血液出去的管道叫作动脉,从肺或其他组织输送血液回心脏的管道叫作静脉。

　　在体循环中,从心脏发出的大动脉叫作主动脉,从主动脉分出动脉到各器官和组织,动脉再分出微动脉。动脉管壁（包括微动脉的管壁）都是由内皮细胞、肌肉层和结缔组织层所组成的,因此血液中运送的各种物质不能透过动脉壁与组织交换。微动脉再分成大量的很细、很薄的管道,叫作毛细血管。毛细血管只由单层内皮细胞组成,厚度不超过 0.005 毫米,血液和组织之间的物质交换都是通过毛细血管进行的。毛细血管汇合成微静脉,进一步再汇合成静脉。从不同的器官和组织来的静脉汇合成两条大静脉:来自上半身的叫上腔静脉;来自下半身的叫下腔静脉。上、下腔静脉再通到右心

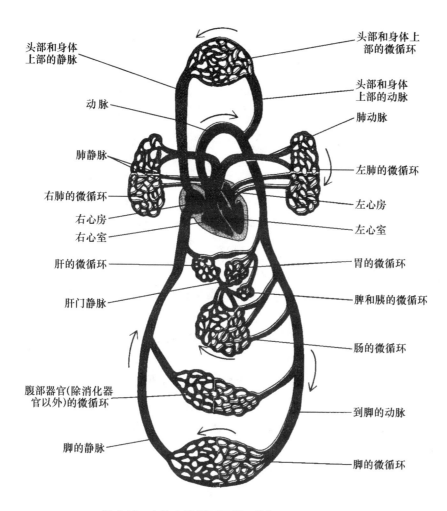

図中标注文字：

头部和身体上部的静脉

头部和身体上部的微循环

动脉

头部和身体上部的动脉

肺动脉

肺静脉

左肺的微循环

右肺的微循环

左心房

右心房

左心室

右心室

肝的微循环

胃的微循环

肝门静脉

脾和胰的微循环

肠的微循环

腹部器官(除消化器官以外)的微循环

到脚的动脉

脚的静脉

脚的微循环

图 3-10　人体血液循环图解（引自 Mason,1987）

房。肺循环也是如此,血液从右心室出发,经过肺动脉,再到两侧的肺,流经微动脉、毛细血管,汇合到左、右各两条肺静脉,再通到左心房。左心室和右心室在一定时间内泵出的血量相等。

　　这里还应该指出,心血管系统中有一套瓣膜(图 3-11),对于保证血液循环起着重要的作用。在右心房与右心室之间有三尖瓣(右房室瓣),在左心

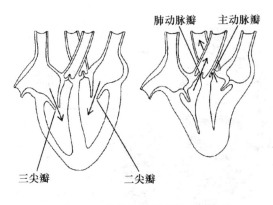

图 3-11　人体心脏瓣膜与血流方向

(仿 Luciano,1978)

房与左心室之间有二尖瓣(左房室瓣),统称房室瓣。在右心室与肺动脉之间有肺动脉瓣,在左心室与主动脉之间有主动脉瓣,统称半月瓣。这些瓣膜随着心室的收缩或舒张而启开或关闭,阻止血液倒流。当心室舒张时,心室内压力降低,房室瓣启开,半月瓣关闭,血液由心房流入心室;当心室收缩时,心室内压力升高,房室瓣关闭,半月瓣启开,血液由心室流入肺动脉和主动脉(图 3-11)。外周静脉中也有瓣膜,也可阻止血液倒流。

血液循环的发现

血液循环的发现是科学发展史上的重大成就之一。

古希腊的医生虽然知道心脏与血管的联系,但是他们认为动脉内充满由肺进入的空气。因为他们解剖的尸体中动脉中的血液都已流到静脉,动脉是空的。

2 世纪罗马医生加伦(Claudius Galen,129—199)解剖活动物,将一段动脉的上下两端结扎,然后剖开这段动脉,发现其中充满了血液,从而纠正了古希腊传下来的错误看法。加伦对西方医学的发展有重要的贡献,他的学说在 2 世纪到 16 世纪时被信奉为医生和解剖学家的"圣经",不可逾越,对西方医学影响很大。加伦认为,从消化管吸收的食物经门静脉运送到肝脏,在肝中转变成血液。血液由腔静脉进入右心,一部分通过纵中隔上无数的看不见的小孔由右心室进入左心室。心脏舒张时,通过肺静脉将空气从肺吸入左心室,与血液混合,再经过心脏中由上帝赐给的热的作用,使左心室的血液充满着生命精气(vital spirits)。这种血液沿着动脉涌向身体各部分,使各部分能执行生命机能,然后又退回左心室,如同涨潮和退潮一样往复运动。右心室中的血液则经过静脉涌到身体各部分提供营养物质,再退回右心室,也像潮水一样运动。

16世纪比利时医生、解剖学家维萨里(Andreas Vesalius,1514—1564)指出,在心室的中隔上没有从右心室通向左心室的小孔,因此他怀疑血液究竟通过什么人的视觉不能察觉的途径从右心室进入左心室。西班牙医生、神学家塞尔维特(Michael Servetus,1511?—1553)在1553年出版的一本神学著作中发表了他对人体血液循环的发现,他明确地否定了加伦关于血液从右心室穿过中隔进入左心室的学说,而提出了血液从右心经过肺到左心的看法,也就是肺循环的概念。意大利博物学家、医生西萨皮纳斯(Andreas Caesalpinus,1519—1603)认为在心脏收缩时将血液排放到动脉,而在心脏舒张时则从腔静脉和肺静脉接受血液。他还认识到,流向组织的血液只能通过动脉,而流回心脏的血液只能通过静脉。可以说,西萨皮纳斯不但形成了肺循环的观点,而且也具有体循环的概念。但是他的学说在当时并没有受到重视,也没有产生重大的影响。他的同时代的解剖学家法布里齐乌斯(Hieronymus Fab-

图3-12　哈维(引自Bayliss,1924)

ricius ab Aquapendente,1537—1619)在1574年详细描述了静脉中瓣膜的结构、位置和分布,但是他并没有认识到瓣膜的真正的机能,他仍然信奉加伦的学说。科学的血液循环学说的建立还要留待他的一位学生在他逝世后9年来完成。这位学生就是英国人哈维(William Harvey,1578—1657)(图3-12)。

哈维曾在意大利帕多瓦大学向法布里齐乌斯学习解剖学,1602年毕业于帕多瓦大学医学院。哈维不受传统的加伦学说的束缚,致力于用活体解剖的方法,从实际观察中来研究心脏的活动及其作用。1628 年哈维发表了《动物心脏及血液运动的解剖学研究》,从三方面论证他的新学说:

(1) 由于心脏的活动,血液被不断地从腔静脉输送到动脉,其量之大是不可能由被吸收的营养物来提供的,而且全部血液是以很快的速度通过心脏的。哈维通过动物实验测算了每次心脏收缩射入大动脉的血量,只要半小时心脏射入大动脉的血量就相当于或超过全身的血量。这样大的血量绝不可能是同一时间内消化管所吸收的营养物变成的,也不可能是同一时间内静脉所储存的。

(2) 血液在动脉脉搏的影响下连续不断地、均匀地流经身体各部分,其量大大超过提供营养之需,也不是全身液体所能供给的。哈维用捆扎手臂的实验证明,血液是从动脉流到四肢以及身体其他各部分的。

(3) 静脉从身体各部分把血液不断地送回心脏。哈维阐明了静脉中瓣膜的真正意义在于防止血液从较大的静脉流至较小的静脉;防止血液由中心部位流向四周部位,只让血液由较小的静脉流向较大的静脉,由四肢、头部等处流向心脏。哈维还利用手臂的皮下静脉演示了静脉中的血流方向与瓣膜的关系。图 3-13 上图的手臂在 AA 处扎紧,可见到在静脉的分支处(B、

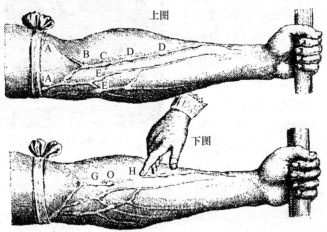

图 3-13　示静脉中的血流方向与瓣膜的关系

从哈维《动物心脏及血液运动的解剖学研究》(1639 年)复制

(仿 Luciani's Human Physiology, 1911)

E、F)以及无分支处(C、D)出现隆起,这些都是瓣膜所在处。如用手指按住下图 H 处的静脉,再用另一手指从 H 到 O 将静脉中的血液挤出,则 H 点与瓣膜 O 之间的静脉消失,而在瓣膜前的 OG 段静脉继续膨胀。如果在 G 处沿 GO 方向稍稍挤压静脉,则 OG 段更加膨胀,而 OH 段仍是空的。挪开 H 处手指,可以看到血液从远心端向心脏方向流动,OH 段立即膨胀起来。这说明在静脉中,由于瓣膜的作用血液是向着心脏流的。

哈维关于血液循环的见解简述如下:"无论从辩论和直观演示都已证明,血液由于心室的活动流经肺和心脏,并输送到身体各部分,从而进入静脉和肉质小孔,再由各处的静脉送回中央,先自小静脉汇合到大静脉,最后流到腔静脉和右心房。这样大的血量,由动脉流出,由静脉流回,绝不是被吸收入的营养物所能提供的,而且也远远超过仅只是为了营养的目的。所以绝对需要做出如下的结论:动物体内的血液是循环不息地流动着的,这就是心脏搏动所产生的作用或机能,这也是心脏运动和收缩的唯一目的。"

哈维发现了血液循环,但是在当时的条件下,他并不能清楚地了解血液是怎样由动脉流到静脉的。当时的显微镜还不完善,不能观察到动脉与静脉之间的毛细血管。尽管如此,哈维还是根据他的观察和实验做出了正确的推断,血液是由心脏经过动脉到静脉再回到心脏这样循环不息地流动的。他的基于事实的想象力帮助他跨过动脉和静脉之间的空缺。在他逝世之后,显微镜得到改进,意大利的解剖学家马尔皮基(Marcello Malpighi,1628—1694)在 1661 年发现了动脉与静脉之间的毛细血管,观察到血液通过毛细血管网。哈维关于血液循环的学说的正确性就更没有什么可怀疑的了。

为什么心脏能终生不停地跳动?

人的心脏每分钟大约搏动 70 次,终生不停,每次搏动包括心脏的收缩与舒张。心脏收缩时将心室中的血液喷射到动脉管中去。在人的一生中心脏的搏动不能有片刻的停息。如果心脏停止搏动就意味着血液不再在血管中流动,人体全身的组织不能得到氧和营养素,代谢废物也不能排出。此时

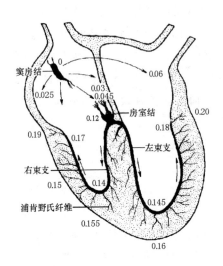

图 3-14　心肌的特殊传导系统

图中数字表示兴奋从窦房结传播
到该处所需的时间(单位:秒)

如果不能及时重新启动心脏的搏动,就意味着死亡的到来。因此,心脏有节奏的不断搏动是维持我们生命活动的必要条件。

心脏能维持长久的有节奏的搏动,是由于心脏所具有的结构上与机能上的特性。

心脏由心肌构成。心肌也是横纹肌,其基本结构与骨骼肌相似。但是心肌有三个区别于骨骼肌的特征:

(1)心肌收缩具有自动节律性。

哺乳动物的心肌分化出一类特殊的心肌细胞,构成特殊传导系统(图3-14)。这类细胞大多具有自动产生节律性兴奋的能力。特殊传导系统包括窦房结、房室结、房室束和浦肯野氏(Purkinje)纤维。兴奋由右心房壁上的窦房结开始,一方面向四周的心房肌传播,引起心房肌收缩;另一方面传到房室之间的房室结,引起房室结兴奋。然后兴奋通过房室束及其左束支、右束支以及浦肯野氏纤维迅速传播到两个心室的全部细胞,引起心室收缩。当窦房结由于疾病遭受损伤不能正常起搏时,房室结就取而代之。房室结的最大节律为每分钟40~50次,虽然比窦房结的节律慢一些,但仍可驱动整个心脏。有位患者在窦房结丧失功能后依靠房室结又生活了 20 年。如果两个起搏点都受到损害不能工作时,现在仍然可以人工起搏,即在体内安装起搏器,起搏器发出有节律的电脉冲使心脏产生有节律的搏动。

(2)心肌具有机能合体性。

心肌的细胞与细胞之间存在缝隙连接,兴奋可以通过缝隙连接在细胞间传递,使得心肌细胞同时收缩、同时舒张,在机能上如同一个大细胞一样发生反应。

(3)心肌的不应期很长。

心肌受到一次刺激引起兴奋以后,在一段时间内,第二次刺激不再引起心肌的兴奋,这一段时间叫作不应期。骨骼肌的不应期很短(只有1～2毫秒);而心肌的不应期长达250毫秒。如此长的不应期使得心室肌只能在完成一次收缩与舒张后才接受下一次刺激发生反应。这样就保证了心脏只能一次又一次地进行有节奏的收缩与舒张,不会持续收缩而不舒张。心脏在一次收缩后便立即舒张,为下一次的收缩做好准备,才能不疲劳地不断搏动。

心动周期　心音与心电

人体血液循环的动力来自心脏的收缩。由心脏收缩产生的压力推动血液流过人体全身各部分,心脏起着肌肉性泵的作用,而心脏和静脉管中的瓣膜则决定血液流动的方向。每次心脏搏动,由收缩到舒张的过程叫作心动周期。首先两个心房同时收缩,接着心房舒张;然后两个心室同时收缩,接着心室舒张(图3-15)。人的心脏每分钟大约收缩70次,每次大约0.85秒。正常成年人的心搏率在每分钟60～100次的范围内变动。

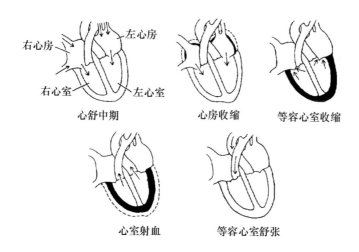

图3-15　心动周期中心房、心室收缩和舒张的变化(仿 Luciano,1978)

心音与脉搏

在心搏时可以听到心脏连续发出的两个声音:第一个心音是由于心室收缩时房室瓣关闭引起的瓣膜和心室的振动所产生的;第二个心音则是由心室舒张时关闭的主动脉瓣和肺动脉瓣以及主动脉壁和肺动脉壁的振动所产生的。某些情况下还可以听到第三个、第四个心音,这也是正常的(图 3-16)。如果在第一个或第二个心音后出现不正常的心音(杂音),则可能是心脏瓣膜不能正常关闭、血液回流所引起的声音;或是心脏瓣膜狭窄、血液高速喷射出去所造成的。心脏瓣膜不

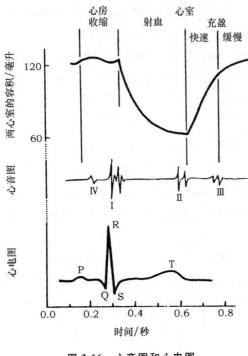

图 3-16　心音图和心电图

正常的情况有的是先天性的,有的是由于风湿性瓣膜病引起的,可以通过外科手术治疗;不能通过手术治疗的,还可以安装人工瓣膜来代替已经损坏的瓣膜。

当心室收缩血液射入主动脉时,血管壁先突然扩张,接着因弹性而回缩。这种血管壁的扩张与回缩形成的搏动叫作脉搏。脉搏可以沿着动脉管壁向外周传播,其速度远比血流速度为快;还可以用手指在体表的桡动脉处(手腕的掌心侧)和颈动脉处(颈部的气管两侧)摸到。脉搏率一般就是心搏率。

心电图

由于心肌的机能合体性,当心肌有节律地兴奋时,数目巨大的心肌细胞所产生的电位变化可以直接在心脏上记录到;又由于人体可以导电,也可以

在身体表面记录到。这种记录到的心脏电位的变化叫作心电图（ECG）（图3-16、图3-17），一般可区分为 P、Q、R、S、T 五个波。心电图反映出兴奋在心脏内传播的过程和心脏的机能状况，已在临床上广泛应用于诊断心脏活动的病理变化。

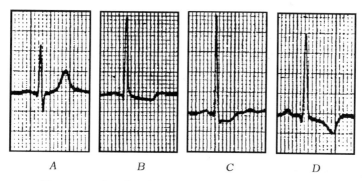

图 3-17　正常心电图与异常心电图样例（引自 Bell，1980）

A. 正常心电图；B. 接受洋地黄糖苷治疗；

C. 血浆钾离子水平低；D. 左心室肥厚

血液在血管中流动

动脉

心脏每次收缩时将心室中的血液射入与它相连接的动脉（图3-18）。这些动脉有两方面的机能：一方面是把血液从心脏引导到机体的各部分。它们的管径较粗，对血流的阻力很小。另一方面是作为有弹性的血库调节血量和血压。在心室收缩期，一定量的血液突然射入主动脉和主要的动脉，如果主动脉和主要的动脉没有弹性，不能膨胀，则这种突然的射入会使整个动脉系统的血压和血量大为增加。由于这些动脉有一厚层弹性组织，当血液射入时可以扩张，容纳心脏射入的血液，使血压不致过高，血液不致突然涌入较小的动脉。在心舒期，射血停止，主动脉瓣关闭，被扩张的动脉由于弹性而回缩，把在心缩期储存的位能释放出来，维持血压相对的稳定，推动血液继续流向外周。由于主动脉和其他一些主要动脉的

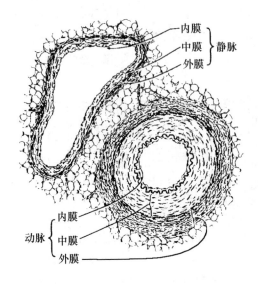

图 3-18　动脉与静脉(仿 Bell,1980)

弹性血库的作用,使心脏的间断性射血转变成动脉中持续不断的血流。动脉管壁的弹性随年龄的增长而降低。

由于心脏的收缩与舒张,在心脏的动脉端和静脉端形成压力梯度,推动血液在心血管系统中循环。在人的体循环中,动脉端的压力在心缩期为 110～120 毫米汞柱,心舒末期为 80 毫米汞柱,静脉端的压力为 0,动、静脉端的压差平均为 100 毫米汞柱。在肺循环中的压力低得多,动脉端的压力在心缩期和心舒末期分别为 27 毫米汞柱与 10 毫米汞柱,静脉端的压力也是 0。

血压的测量

血压是指血液对血管壁的压力。一般测定的人体血压是肱动脉的血压。在人体上一般用间接法测量血压(图 3-19)。先将血压计的橡皮袖带缠在手臂上部,打气入带,使带内压力升高到 200 毫米汞柱左右,完全阻断血流。再将听诊器放在袖带下肱动脉上,逐渐放出带内空气,当袖带压刚好低于心缩压时,血液以很快的速度穿过部分阻塞的动脉,高速的血流产生湍流和振动,可以听到第一声响。这时血压计上的压力读数相当于心缩压。然后继续降低带内的压力,血液流过袖带阻滞区的时间延长,产生的声音增大。当袖带内压力相当于心舒压时,听到的声音低沉,持续时间更长。当带内压力下降到刚低于心舒压时,则声音全部消失。这是由于血液平静地流过完全开放的血管,没有湍流,也没有噪声。

微动脉

微动脉的管壁内的肌纤维成分相对比较多,大多是环行平滑肌纤维。

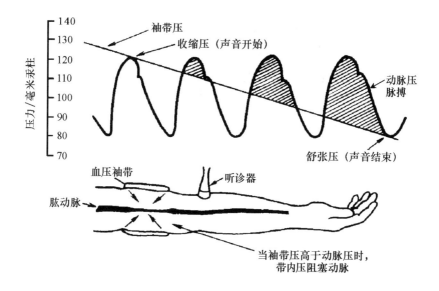

图 3-19 人体血压测量图解（仿 Rushmer，1970）

环行平滑肌纤维长度的变化可以迅速改变这些血管的口径。微动脉位于动脉与毛细血管之间。它的口径的变化一方面可以调节血液从动脉流出的速度，从而调节动脉内的血量和血压；另一方面又可控制进入器官组织的血量，调整血液的分布。

在整个人体血管系统中，在主动脉、动脉等部分的血液压力下降很少，而微静脉与右心房之间的压力下降也很少，大部分压力下降发生在微动脉和毛细血管的两端（图 3-20）。

静脉

静脉首要的机能是从人体各部分的毛细血管将血液引导回心脏。在静卧的人体中，毛细血管微静脉端的血压平均约为 150 毫米水柱，而大静脉进右心房端的血压为 50 帕(5 毫米水柱)，它们之间的压差促使血液流回右心房。

骨骼肌收缩时，挤压旁边的静脉，促使血液回流心脏；肌肉松弛时，虽然挤压静脉的压力降低，但由于静脉中瓣膜的作用，血液不会倒流（图 3-21）。

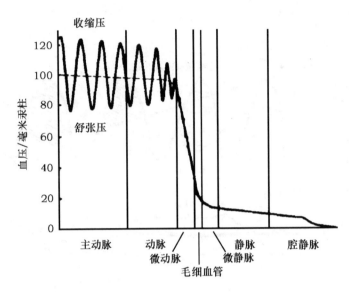

图 3-20　人体血液循环系统各部分的血压

所以骨骼肌的收缩有助于静脉血流回心脏。

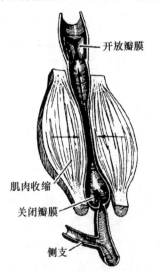

图 3-21　肌肉收缩与静脉血流

（仿 Grollman，1964）

静脉的管壁比动脉的管壁薄得多，弹性也较低。主要的静脉的管内横切面积是相应动脉的两倍，从组织接纳血液的小静脉的内切面积是供应血液的小动脉的内切面积的 6～7 倍。所以，静脉系统是一个大容积的低压系统。静脉中的血量约为血液总量的 1/2，而且血压很少超过 10 毫米汞柱。因此，静脉系统还起着血库的作用。静脉管壁中分布着多单位平滑肌，它们的活动完全受神经控制，没有自发的收缩活动。失血时，静脉反射性地收缩，容积减小，以维持动脉压和毛细血管血流。

微　循　环

　　微循环是指在人体的封闭式血液循环系统中介于微动脉与微静脉之间的一套微细的血管系统(包括微动脉、毛细血管、微静脉等)中的血液循环(图3-22)。微循环的机能是实现血液、组织液和细胞之间的物质交换。心血管系统的各种机能最终都归结到维持组织间隙中体液环境的相对稳定性,包括物质成分和温度的稳定。只有血液在全身不断地循环,补充组织所消耗的物质,清除代谢所产生的废物,才能维持这种相对稳定性。血液和组织液之间的物质交换是通过微循环中的毛细血管来进行的。因此有人认为,通过毛细血管进行的物质交换就是心血管系统存在的根据。

　　毛细血管一般长约1毫米,直径为7～9微米,恰好可使红细胞通过。它遍布人体全身,伸入每个器官和组织,形成一个非常庞大的毛细血管网。在人体内很少有细胞与毛细血管的距离超过25微米。有人估算,人体的毛细血管的全长大约有96 000千米,可以说是人体最大的器官。

　　毛细血管的结构很适于在血液和组织液之间交换液体、溶解的气体和小分子的溶质。这些血管的管径很小,因而形成了最大的扩散表面。由于毛细血管的数目很大,其总的横切面积也大,使毛细血管中的血流速度变慢,大约平均每秒流动 0.07 厘米。血液流经毛

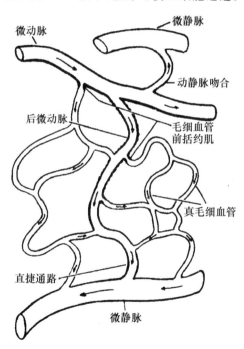

图 3-22　微循环模式图(仿 Little,1981)

细血管的时间为 1.5～2.0 秒,给物质交换提供了足够的时间。此外,毛细血管壁具有很大的通透性。研究脊椎动物的血浆和组织液发现,除蛋白质含量外,其他的成分相同。

毛细血管中的血液与细胞间隙中的组织液之间的物质交换绝大部分是通过扩散进行的。通过毛细血管壁的交换是很迅速的,这是由于细胞之间存在裂隙,细胞上有孔道,细胞膜的通透性很大,扩散距离很短(不超过 25 微米)。通过扩散,循环的血液向细胞供给营养物质,清除新陈代谢所产生的废物。

与血管有关的问题

高血压

人体血压超过 140/90 毫米汞柱就算是高血压。高血压既普遍,又具有潜在的危险。大多数情况起因不明,被称为原发性高血压。原发性高血压可能与高血压病家族史、肥胖、高盐饮食、吸烟、情绪和精神压力等因素有关。高血压如不治疗会引起心脏的劳损,因为心脏要加强收缩才能把血液泵过狭窄的血管,长期下去,常引起心脏肥大,有可能引起衰竭。此外,持续的高血压会损害微动脉,使肝、肾、脑和心脏等重要器官的血液供应发生障碍。高血压最主要的病损器官是心、肾、脑。心力衰竭、肾功能衰竭和出血性脑中风是晚期高血压的三大并发症。因为早期高血压可以在多年内无明显症状,故有"冷静杀手"之称。在原发性高血压的早期,可以通过低盐饮食、减肥、戒烟、保证睡眠、适度运动、控制情绪等来降低血压。如果这些措施不见效,可通过服用降压药物来治疗。现在治疗高血压的有效药物有多种,不过一旦开始服用这些降压药就必须持续服用,切不可随意停药。

粥样动脉硬化

粥样动脉硬化是动脉内膜中沉积含胆固醇的脂肪,形成粥样斑块(图3-23)。随着粥样斑块的扩大和增多,造成动脉管径变窄,使血流受阻,甚至堵塞;血管壁弹性降低而使血压升高;内膜破坏,因而引发血栓形成。在冠状动脉中的粥样斑块可使管腔变窄,心肌供血不足,因而引发心绞痛。更为严重的是如粥样斑块或由其引发的血栓将冠状动脉完全堵塞,就会造成局部心肌梗死。冠状动脉粥样硬化的现代治疗技术有冠状动脉搭桥手术和动脉气囊成型术。粥样动脉硬化也可在脑中造成脑梗死,即中风。中风的症状是出现偏瘫、失语、意识障碍等。粥样动脉硬化的预防是关键,包括积极治疗高血压,降低血液黏度,降低血液中过高的低密度胆固醇含量,抑制血小板的机能,防止血栓形成等。

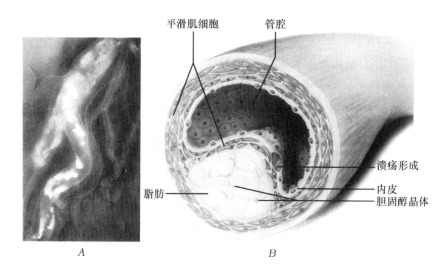

平滑肌细胞　管腔

溃疡形成

脂肪　　内皮
胆固醇晶体

A　　　　　　　　　*B*

图 3-23　粥样动脉硬化(仿 Mader,1995)

A. 一位心脏病患者冠状动脉中的粥样斑块;*B.* 粥样斑块处的横切面

心血管疾病的治疗

心血管疾病是危害人类最严重的疾病之一。在过去的 20～30 年中,由于采取了下列的一些疗法,明显地降低了这类疾病的死亡率:

(1)阿司匹林(乙酰水杨酸)可降低血小板的黏性,抑制血小板的聚集,减少血栓形成的可能性。小剂量(每天 50 毫克)用于预防心、脑血管的血栓性疾病。

(2)硝酸甘油已经用于治疗心绞痛多年。它使动脉、静脉管壁上的肌肉舒张,因而扩张冠状动脉的管径,使更多的血液达到心肌。全身血管的扩张使流回心脏的血液减少,血压降低,减轻了心脏的负担。

(3)倍他阻断剂主要用于心绞痛、高血压患者。它干扰了交感神经系统的活动,对抗心脏活动加强和动脉管收缩的趋势。

(4)钙通道阻断剂是一种广泛用于心绞痛患者的新药。它阻断心肌和血管平滑肌细胞膜上的钙通道(当心肌和平滑肌活动时,钙离子经过细胞膜上的通道进入细胞)。这种药物阻止冠状动脉收缩,扩张冠状动脉,降低心脏的活动,降低血压;同时还扩张周围小动脉,降低外周血管阻力,使血压下降。

(5)溶栓剂通常用来溶解心脏病发作后患者冠状动脉中的血栓,使血液能重新流到整个心脏。这种疗法可以大幅度降低心脏病发作所引起的死亡率。组织溶纤酶激活物是常采用的药物,现在可以通过基因工程大量生产。

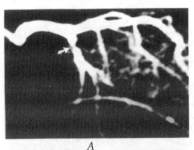
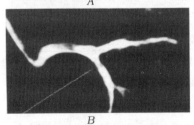

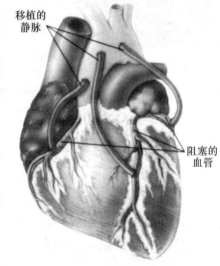

图 3-24　血管成形术(引自 Farish,1993)

A. 箭头所指为动脉狭窄处;

B. 波纹线所指为扩大后的动脉

图 3-25　冠状动脉搭桥术

(仿 Mader,1995)

（6）血管形成术用来治疗冠状动脉粥样硬化造成的动脉狭窄（图3-24）。这种手术是先从患者大腿股动脉插入一条细导管，导管头部装有气球。然后将导管顺这段动脉插入冠状动脉直到粥样硬化部位。再向气球充气，挤压胆固醇斑块，扩张动脉管径；还可以在狭窄处安装支架，将血管扩张并维持较长时间。

（7）冠状动脉搭桥术是冠状动脉狭窄的一种外科疗法，即在主动脉和冠状动脉之间移植血管，绕过动脉受阻塞的部位，构成动脉血流新通道（图3-25）。移植的血管常采用患者腿部的静脉。这种手术可以减轻心绞痛，自20世纪60年代以来已得到广泛应用。

第四讲

生命活动需要能量

能量的来源与转化

细胞呼吸释放能量

生命活动需要能量。人的生命活动所需的能量都是通过营养素中的能源物质在细胞内氧化所取得的。能源物质在细胞中氧化释放出能量的过程消耗氧,产生二氧化碳。这个过程又称为细胞呼吸。

细胞代谢所需的能量都是由 ATP 分解成 ADP 所提供的;而 ATP 是细胞中的能源物质氧化过程的产物。

细胞代谢所消耗的能源物质主要是葡萄糖。葡萄糖的氧化消耗氧,产生二氧化碳和水,并释放出能量。这个过程可以用下列反应式表示:

$$C_6H_{12}O_6 + 6O_2 \longrightarrow 6CO_2 + 6H_2O + 能量。$$

葡萄糖如果在空气中燃烧,便会直接产生二氧化碳和水并释放能量(光和热)。葡萄糖在细胞内的氧化则是依靠一系列的酶的催化作用在较低的温度条件下(人体体温 37℃)逐步进行的;而所释放出的能量一部分是热能,另一部分是化学能。化学能转移到 ATP 的高能磷酸键中作为机体各种活动的能源,最终一部分转化为机械能用于做功,还有一部分转化为热能。图 4-1 简要说明了人体内的能量转移。

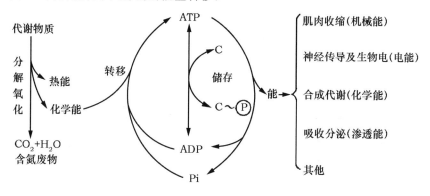

图 4-1　人体能量转移图解

总之,人体活动时消耗了营养物质,释放了其中的能量,用于做功、维持体温等;还可能将一部分营养物质(包括其中的能量)储存在体内。

根据能量守恒定律,输入的能量应该等于输出的能量与储存的能量之和,即:

$$能量输入 = 能量输出 + 能量储存 \tag{4.1}$$

或

$$能量输入 = 输出的热能 + 所做的功 + 能量储存。 \tag{4.2}$$

人体除维持体温和做功之外,还可能有电能或其他辐射能输出,不过数量很少,可以忽略不计。

如果能量输入高于能量输出,则能量储存为正数,组成机体的物质增加,体重增加。

如果在禁食和静息的条件下,既没有通过吃食物而输入能量,也没有通过做功而输出能量,则公式(4.2)应为

$$0 = 输出的热能 + 能量储存$$

或

$$输出的热能 = -能量储存;\qquad(4.3)$$

即机体产生的热量来自消耗体内储存的物质,体重减轻。

代 谢 率

单位时间内人或其他动物所释放的全部能量叫作代谢率。测定人或其他动物在一定时间内所产生的热量是研究代谢率的常用方法。测定热量的方法分为直接测热法与间接测热法两种。

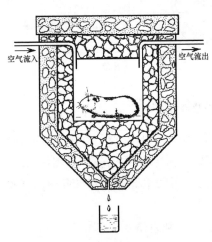

图 4-2 拉瓦锡的冰套热量计

(仿 Eckert,1988)

直接测热法是利用一定量的水吸收受试者(人或实验动物)在一定时间内释放的热量,通过测量水温的改变就可算出释放的总热量。最早、最简单的动物热量计是拉瓦锡在 18 世纪 80 年代设计的(图 4-2)。在这种热量计中,动物释放热融化小室周围的冰块,释放的热量可由融化的水量和冰的熔解热计算出来。现代人体热量计就是根据这样的原理设计的。直接测热法原理简单,但实际操作困难,一般多用间接测热法。

在静息、禁食的条件下,人体的

热量来自体内储存的营养物质(糖、脂肪和蛋白质)的消耗。糖和脂肪在体内氧化,产生二氧化碳和水;蛋白质的氧化除产生二氧化碳和水外,还产生含氮废物。

科学家用热量计准确地测量了糖、脂肪和蛋白质三种主要食物成分燃烧时所释放的热量。1克葡萄糖燃烧时所释放的热量为 3.74 千卡;1克蔗糖燃烧时所释放的热量为 3.94 千卡;1克淀粉燃烧时所释放的热量为 4.18 千卡。各种脂肪燃烧时所释放的热量依其脂肪酸成分而定:1克软脂酸为 9.28 千卡;1克硬脂酸为 9.55 千卡;1克油酸为 9.74 千卡。1克动物蛋白质燃烧时所释放的热量在热量计中为 5.6 千卡,但在人体内仅释放 4.3 千卡。因为蛋白质在体内并未完全氧化,这两个数值之差(1.3 千卡)代表了 1克蛋白质在体内的最后产物(主要是尿素和氨)所含的热量。在生理学中,常用这三种物质燃烧时所释放的平均热量,即 1克糖和蛋白质的体内释放的热量都是 4.1 千卡,1克脂肪释放的热量为 9.3 千卡。

只要测出一定时期内人体的耗氧量、二氧化碳产量和尿氮排泄量,就可以先推算出所耗用的代谢物质的成分和数量,再由这些数据计算出总的热量。这就是间接测热法。

影响代谢率的因素很多,如年龄、性别、体重、生长、妊娠、月经、哺乳、疾病、体温、食物、肌肉活动、情绪状态、睡眠等。因此,为了比较不同的人的代谢率,需要确定一个标准状态来测定,这种状态应该尽可能地控制影响代谢率的因素。在临床上和生理学实验中,规定受试者至少有 12 小时未吃食物,在室温(20℃)、静卧休息半小时、保持清醒状态、不进行脑力和体力活动等条件下测定的代谢率称为基础代谢率。在这种情况下既没有能量的输入,也没有做功,人所释放的能量全部转化为热能散发出来,而能量的来源则是体内储存的物质。基础代谢率意味着在单位时间内维持清醒状态的生命活动所需的最低能量。这些能量绝大部分用于维持心脏、肝、肾、脑等内脏器官的活动。一个人的基础代谢率是相当稳定的,即使在不同的日子测定也是一样。

人的年龄与性别对基础代谢率都有一定的影响。正在发育、成长的少年儿童的基础代谢率高于成年人,因为大量的能量用于合成新的组织;老年人的基础代谢率降低。女性的基础代谢率一般比男性低,但在妊娠、哺乳期间显著提高。

在所有影响代谢率的因素中以肌肉活动最为显著。轻微的肌肉活动就可提高代谢率,强烈的运动或劳动时所释放的热量比安静时增加好几倍,甚至十余倍(表4-1)。睡眠时代谢率降低,一部分原因是肌紧张降低所引起的。环境温度降低时代谢率升高,是由于肌紧张升高和战栗所引起的。情绪激动时代谢率升高,一部分原因是不自觉的肌肉紧张所引起的。

表 4-1　体重 70 千克的男性在不同的活动中释放的能量

活动形式	千卡/小时	活动形式	千卡/小时
静坐	100	站立,放松	105
快速打字	140	步行(4.2 千米/小时)	200
木工	240	锯木头	480
游泳	500	跑步(5.3 千米/小时)	570
快速步行(5.3 千米/小时)	650	上楼梯	1100

过度肥胖与减肥

过度肥胖又称肥胖症,是人体过度蓄积脂肪的一种病态。一个人的体重超过正常标准10%还不能算是过度肥胖;超过 20%才算是过度肥胖。近几十年来我国居民的生活水平日益提高,过度肥胖者逐渐增多。过度肥胖往往是由不恰当的生活方式、生活习惯造成的。在生活水平较高的人群中,由于食用过多的高热量食物和饮料,同时日常体力活动又少,摄入的能量大大超过了人体的需要,脂肪便在体内储存下来,体重逐渐增加,出现不同程度的肥胖。过度肥胖者较易患动脉硬化、高血压、冠状动脉疾病和糖尿病等。

现在并没有立竿见影的"魔术般的"减肥方法,一些减肥药的长远效果也是很可疑的。唯一合理的、有效的方法就是减少摄入的能量和增加体育活动以提高代谢率。它强调了一个常常被忽略的事实,即能量平衡方程(4.2)既包括能量的输入,也包含能量的输出。因此,减肥应在饮食和运动两方面都做出正确的改变,并养成良好的生活习惯,终身坚持下去。

此外,还应该指出,有些人为了追求苗条的体形而盲目节食以致营养不良,影响身体健康。个别人甚至出现精神性厌食症,后果严重。

人体怎样维持体温的稳定?

人体的体温

人是恒温动物,体温是相当稳定的,但并不是全身各部分的体温都相同。人体表层的温度叫作体壳温度,人体内部的温度叫作体核温度(图4-3)。体壳温度可随环境温度和衣着情况的不同而有所变化,大约为 32 ℃左右。在临床上通过测量直肠、口腔和腋窝三处的温度来表示体核温度。直肠温度的平均值为 37.5 ℃;口腔温度比直肠温度低 0.2～0.3℃;腋窝温度又比口腔温度低0.3～0.5 ℃,平均值为 36.8 ℃。必须指出,人体的正常体温并不是一个固定的温度水平,而是在一个范围内变动。例如腋窝温度的范围是 36.0～37.4 ℃,36.8 ℃只是一个平均值。

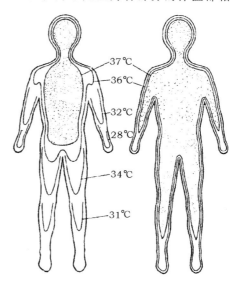

图4-3　人体的体壳温度与体核温度

(仿 Schmidt-Nielsen,1995)

此外,人体的体温还有周期性的变化:在一昼夜中,凌晨的体温最低;17～19 时体温最高,以后下降(图4-4)。

恒温动物在低温环境中要及时减少从身体散发出去的热量,增加细胞

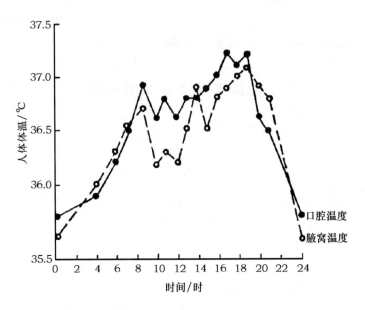

图 4-4　人体体温的昼夜变动

(引自上海第一医学院,《人体解剖生理学》,1981)

呼吸所释放的热量;在高温环境中要减少细胞呼吸所释放的热量,增加从身体散发出去的热量,才能维持体温相对稳定。

人体是怎样供热的?

人体在安静时主要由内脏、肌肉、脑等组织的代谢过程提供热量。人体有几条途径可增加热量的释放,最主要的是增加肌肉活动。在体温调节中骨骼肌是主要的供热器官。骨骼肌收缩时释放大量的热。在寒冷环境中,机体出现战栗。战栗是骨骼肌的反射活动,是由寒冷作用于皮肤冷感受器所引起的,温度越低,战栗越剧烈,供热越多(热量增加几倍),因而可保持体温不变。在哺乳动物中,所有的组织都提供热。除肌肉组织以外,低温时肝在激素的刺激下也提供大量的热;全身脂肪代谢的酶系统被激活,脂肪分解、氧化,释放热量。

人体是怎样散发热量的?

人体除了像无机物一样以传导、辐射、对流、蒸发等物理方式散发热量以外,还通过调节身体内部的生理过程来增加或减少热量的散发。物理散热过程都发生在体表。皮肤是主要的散热器官,其散热机制主要是血管运动和汗腺活动。

在一般情况下,皮下、皮肤中的血管运动导致皮肤血流量的改变,而皮肤血流量决定皮肤温度。这是调节体温的主要机制。皮肤中的血管运动主要是外部温度变化作用于皮肤温度感受器所引起的反射活动。在寒冷作用下,皮肤温度降低,产生血管收缩反应。皮肤中的微动脉收缩,皮肤血流量减少,甚至截断血流,皮肤温度下降,散热量减少。在温热作用下,皮肤温度升高,产生血管舒张反应,皮肤中的微动脉舒张,血流量大为增加。由于体核温度高于皮肤温度,来自体核的血液使皮肤温度上升,从而增加辐射、对流、蒸发的散热量。当然,皮肤中的血管运动只能在一定的温度范围内起作用。

在高温环境或体力劳动中,通过辐射、对流以及不显汗的蒸发等都不能阻止体温继续上升时,汗腺受到神经的刺激开始出汗,汗水在皮肤上蒸发,带走大量的热。出汗是有效地增加散热的机制。

出汗是由于温热刺激作用于皮肤温感受器所引起的汗腺的反射性活动。寒冷刺激作用于皮肤冷感受器可迅速抑制出汗。一般情况下,当环境温度为29℃时人开始出汗;达到35℃以上时出汗就成为唯一的有效的散热机制。人体某些部位(如手掌、脚底等处)的汗腺在情绪紧张时也出汗,这是受到大脑皮层影响的结果,与气温或体温无关,即所谓的出"冷汗"。

汗液是汗腺的分泌物,其中含水99%以上,固体成分主要是氯化钠(0.1%～0.2%),还有少量含氮废物(如尿素)。当在太阳下从事重体力劳动(32～35℃)时,每小时出汗1～2千克。当高温作业(28.5～35℃)时,8小时出汗量为10～12千克,体内氯化钠的丢失估计可达几十克。因此大量出汗后只补充淡水会造成体液稀释,体内盐分不足,会出现热痉挛。高温车间的清凉饮料应含少量食盐(0.1%～0.5%),以补充出汗所丢失的盐分。

维持体温稳定的机制

恒温动物的体温调节机制类似恒温器的调节机制。恒温动物的最重要的体温调节中枢位于下丘脑,下丘脑中存在一确定的调定点的数值(如37℃)。如果体温偏离这个值,则通过反馈系统将信息送回下丘脑体温调节中枢。下丘脑体温调节中枢整合来自外周和体核的温度感受器的信息,将这些信息与调定点比较,相应地调节散热机制或供热机制,维持体温的恒定。

调定点学说可以解释一些现象,例如,发热这种病理状态被看成是下丘脑体温中枢神经元受到某些因素(如细菌产生的毒素)的作用,提高了调定点的数值的结果。由于调定点上移,首先引起发冷的症状,好像机体处于低温环境中,出现战栗、竖毛、皮肤血管收缩,提高供热率,降低散热率,使体核温度升高到一个新的超过正常温度的水平。如致热因素不消除,体温就会维持在高于正常温度的新水平上。当致热因素消除后,机体才出现处于高温环境中的一系列反应(如皮肤血管舒张、出汗等),之后体温逐渐下降。

发　　热

发热对人体的影响可以从两方面来看:一方面,发热时白细胞增多,抗体生成加快,肝的解毒机能增强,使机体的抵抗力有所提高。可以说,一定程度的发热是人体对疾病的生理性防御反应。另一方面,长期过高的发热会使人体内各种调节机能紊乱,给患者带来不良影响。如果体温超过41℃,体温调节中枢就会丧失调节体温的能力,许多细胞开始被破坏。当体温升高到43℃时,如果不采取有效措施(如以酒精擦拭身体、以冰水冷却身体等)使体温迅速恢复到正常范围,则患者将有生命危险。阿司匹林等解热药对下丘脑体温调节中枢的作用与细菌毒素等致热原的作用相反,它们使体温调节中枢的调定点降低,从而使体温下降。不过阿司匹林不会降低正常体温。

呼　　吸

为什么必须不停地呼吸？

人能停止呼吸吗？显然一刻也不能，人必须不断地呼吸才能维持生命。一般人只能憋气 1～2 分钟；某些经过特别训练的人可以多憋几分钟。韩国沿海地区的一些妇女以潜水采贝为生，她们可以仅凭憋气潜入水中数分钟。

营养物质经过消化、吸收进入体内，给人体提供了能源物质。但是这些能源物质还必须经过氧化才能释放出所包含的能量，而氧化过程需要氧，最后产生二氧化碳和水。当人体静息时，每分钟约消耗 200 毫升氧；运动时，耗氧量增加十几倍甚至 20～30 倍，同时产生大量二氧化碳。在人体内储存的氧是与血红蛋白结合的，只有 1000 毫升左右。所以，即使在静息时，人体内储存的氧也只能维持几分钟的消耗。一个人几天或几十天不吃食物，几小时或几十小时不喝水，还能维持生命，但只要几分钟不与外界交换气体（吸入氧和排出二氧化碳）就会因窒息而死亡。因此，经常不断地给人体供给氧和排出二氧化碳，是维持人体内环境的稳定以及维持生命的必不可少的重要条件。

高等动物吸入氧和排出二氧化碳的过程有吸、有呼，所以叫作呼吸。呼吸的过程可以分为内呼吸和外呼吸两部分：内呼吸是指能源物质在细胞内氧化的过程，即细胞呼吸；外呼吸是指细胞与外环境之间交换气体的过程。

人体的呼吸器官

人体的呼吸器官包括鼻、咽、喉、气管、支气管和肺（图 4-5）。

吸气时，空气先经鼻或口进入咽腔，再经咽喉、气管才进入肺。气管长 10～12 厘米，直径约为 2 厘米，由马蹄铁形软骨支撑，保持气体通道畅通。气管的内部表面是纤毛上皮细胞，这些纤毛不断地协同运动，把表面的黏液

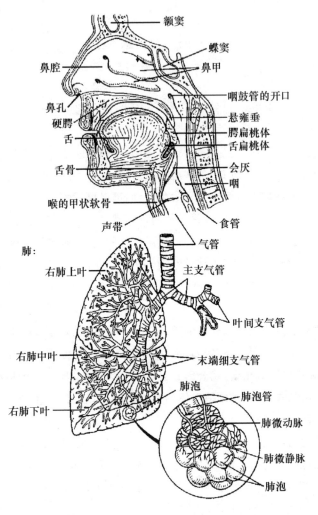

图 4-5　人体的呼吸器官(仿 Graaff,1994)

层和上面的粉尘颗粒送到咽部,通过咳嗽排出体外。气管进入胸腔,分为两条支气管。入肺后,支气管再一分为二,分为细支气管。这些支气管都有马蹄铁形软骨环。细支气管经过 15～16 次的一再分支,又分为末端细支气管。这些通道的机能在于引导空气进入肺直到肺泡,这里并不进行气体交换。所有的气管壁上都有平滑肌,受内脏神经系统支配,而细支气管上的平滑肌最丰富。当支配支气管的迷走神经兴奋时，平滑肌收缩，从而使管径缩小；当支配支气管的交感神经兴奋时，平滑肌舒张，从而使管径扩大。末端细支气管以下再分为呼吸细支气管、肺泡管、肺泡囊、肺泡（图4-6）。肺泡壁只有一层上皮细胞，其中分布着毛细血管网。肺泡是真正进行体内、外气体交换的地方。肺泡的直径为 75～300 微米，总数约 3 亿个，总面积约为 50～100 平方米（是体表面积的 25～50 倍）。

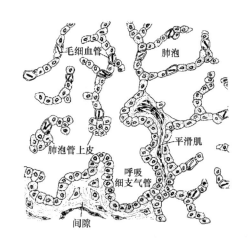

图 4-6　肺泡的显微结构

（仿 Hildebrandt，1965）

　　肺是由支气管以下的各级分支气管、肺泡以及其间的结缔组织，并在外面包以浆膜而构成的（图 4-7）。除了由气管与外界相通外，整个肺是密封在胸廓中的。胸廓由脊柱、肋骨、胸骨以及肋间肌组成，底部由膈肌封闭。肺表面与胸廓内壁都由一层胸膜覆盖，其中肺表面上的叫作脏层胸膜，胸廓内壁上的叫作壁层胸膜。两层胸膜之间构成一个密闭的胸膜腔。左、右两肺的胸膜腔是互不相通的。在胸膜腔中有少量浆液，既把两层胸膜黏附在一起，又可减少呼吸运动时彼此之间的摩擦。

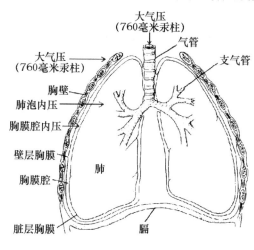

图 4-7　肺与胸廓

通气——呼吸过程

在吸气开始前,呼吸肌松弛,没有气流通过呼吸管道,肺内压等于大气压,这是因为肺泡通过呼吸管道与大气相通。吸气由膈和外肋间肌的收缩而发动。膈收缩,穹窿向腹腔方向运动,因而扩大了胸廓的体积;同时外肋间肌收缩,使肋骨的胸骨端向上方向外侧运动,进一步扩大胸廓的体积。胸廓体积的扩大使得肺扩张,肺扩张使肺泡和呼吸管道的体积增加,因而使肺泡和呼吸管道中的气压低于大气压,引起空气经过呼吸管道进入肺泡,直到肺泡内压重新与大气压相等为止。

正常的呼气是被动的,主要依靠吸气肌停止收缩并舒张。当吸气肌停止收缩或舒张时,胸廓和肺缩回到原来的体积,肺泡内的气体暂时被压缩,肺泡内压超过大气压,气体通过呼吸管道从肺泡流到大气中。在特殊情况下,如果呼吸管道的阻力比正常情况高,则呼气靠另一组肌肉(内肋间肌和腹肌)来促进。内肋间肌收缩将肋骨拉下,腹肌收缩增加腹内压,将膈顶进胸腔。这些活动都进一步缩小胸廓的体积,将肺泡内的气体压到体外。

根据呼吸时活动的肌肉不同,可以将呼吸运动分为腹式呼吸和胸式呼吸两种:腹式呼吸时,膈肌收缩,膈下降,吸入气体;膈肌舒张,膈上升,呼出气体(图4-8)。腹肌收缩引起主动呼气。胸式呼吸时,外肋间肌收缩,肋骨上升,吸入气体;外肋间肌舒张,肋骨下降,呼出气体(图4-9)。内肋间肌收缩引起主动呼气。一般情况下,人是腹式、胸式呼吸并用。安静时,肺容量的变化中的75%是膈肌活动的结果,其余25%是肋间肌活动的结果。

人在平静呼吸时每次吸入或呼出的气量叫作潮气量,成年人为400～500毫升。在平静吸气后再做最大吸气动作所能增加

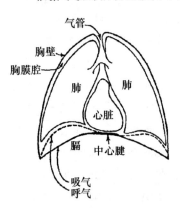

图4-8 平静腹式呼吸末时膈的相对位置

(仿鲁,1978)

气管
胸壁
胸膜腔
肺
肺
心脏
膈
中心腱
吸气
呼气

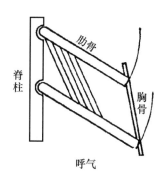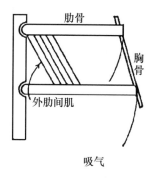

图 4-9　胸式呼吸时肋骨位置的变化(仿鲁，1978)

的吸气量叫作补吸气量，成年人为 1500～1800 毫升；在平静呼气后再做最大呼气动作所能增加呼出的气量叫作补呼气量，成年人为 900～1200毫升。最大吸气后尽力呼气所能呼出的气量叫作肺活量，成年人约为 3500 毫升（男性）或 2500 毫升（女性）。肺活量是潮气量、补吸气量与补呼气量之和。最大呼气末时残留在肺内的气量叫作残气量，成年人约为 1500 毫升（男性）或 1000 毫升（女性）。机能残气量是指平静呼气末肺内的气量，成年人为 2000～2500 毫升。肺所能容纳的全部气量为肺总量，即肺活量与残气量之和（图 4-10）。呼吸时，肺总量在不断变化。

肺通气量是指单位时间内进、出肺的气量。肺通气量可以比肺总量更好地反映肺的通气机能。一般情况下成年人每分钟呼吸 12～18 次。安静时，成年人每分钟通气量（称为平静通气量）为 6～8 升；而在从事重体力劳动或剧烈运动时可达 70 升以上。

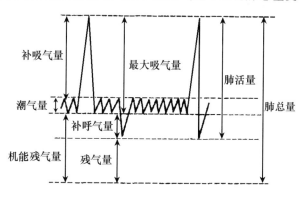

图 4-10　肺总量的各部分

以最快的速度和尽可能的深度进行呼吸,所得到的每分钟通气量称为最大通气量。最大通气量比平静通气量大得多。由此可见,人体的通气机能有很充足的生理储备。有些肺机能已经明显衰退的患者仍能维持正常的平静呼吸,平静通气量没有多大变化,就是因为人体有很充足的通气储备。

呼吸气体在体内的交换与运输

气体在肺泡与组织中的交换

体内、外的气体交换以及大气与肺泡之间的气体交换是人体呼吸过程的第一步。肺泡中的氧必须先穿过肺泡毛细血管膜进入肺毛细血管,由血液运送到组织,再离开组织中的毛细血管,穿过细胞膜,进入细胞;而二氧化碳则必须经过一个方向相反的过程,由细胞到达肺泡。是什么原因促使氧和二氧化碳穿过肺泡上皮、毛细血管壁和细胞膜呢?这里起作用的是扩散,并且只是靠被动的扩散,并没有主动的转运过程。扩散的进行必须依赖浓度梯度,这是因为分子只能由高浓度处向低浓度处扩散。

海平面的大气压为 101.3 千帕(760 毫米汞柱),其中含氧 20.84%,所以吸入气中的氧分压为 21 千帕(158.4 毫米汞柱),二氧化碳的含量很少,二氧化碳分压为 40 帕(0.3 毫米汞柱);呼出气中的氧分压为 16 千帕(120 毫米汞柱),二氧化碳分压为 4.3 千帕(32 毫米汞柱);而肺泡气中的氧分压为 14 千帕(105 毫米汞柱),二氧化碳分压为 5.3 千帕(40 毫米汞柱)(图 4-11)。为什么呼出气的成分与肺泡气的成分不同呢? 这是因为大约有 150 毫升的吸入气停留在气管、支气管中,不进入肺泡,不参加与血液的气体交换。这些气体在下一次呼出时与肺泡气混合,使呼出气的氧分压升高,二氧化碳分压降低。在呼吸周期中,肺泡气的成分没有显著的改变。这是由于呼气后的机能残气量比较大,平静吸气时进入肺泡的新鲜空气仅约占机能残气量的 1/7,只能引起氧分压和二氧化碳分压的少量变化。因此,肺泡气中的氧和二氧化碳的分压能保持相对的稳定。

肺动脉血来自体静脉,来自全身组织,其中二氧化碳分压高(6 千帕,即 46 毫米汞柱),氧分压低(5.3 千帕,即 40 毫米汞柱),流经肺毛细血管时与

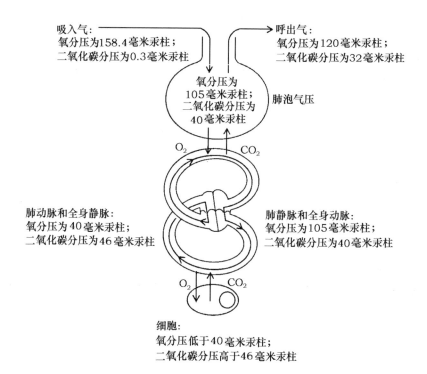

吸入气：
氧分压为158.4毫米汞柱；
二氧化碳分压为0.3毫米汞柱

呼出气：
氧分压为120毫米汞柱；
二氧化碳分压为32毫米汞柱

氧分压为
105毫米汞柱；
二氧化碳分压为
40毫米汞柱

肺泡气压

O_2 CO_2

肺动脉和全身静脉：
氧分压为40毫米汞柱；
二氧化碳分压为46毫米汞柱

肺静脉和全身动脉：
氧分压为105毫米汞柱；
二氧化碳分压为40毫米汞柱

O_2 CO_2

细胞：
氧分压低于40毫米汞柱；
二氧化碳分压高于46毫米汞柱

图 4-11　氧和二氧化碳的分压在吸入气、呼出气中以及全身各处的变化

（仿 Luciano，1978）

肺泡气只隔着一薄层组织。肺泡毛细血管膜内、外的氧分压之差和二氧化碳分压之差促使氧由肺泡中扩散进入血液，而二氧化碳由血液中扩散进入肺泡。肺泡毛细血管的血液中的氧分压升高，二氧化碳分压降低，直到肺泡和毛细血管血液中的氧和二氧化碳的分压分别相等时，这两种气体的净扩散才停止。正常人静息时，红细胞经过肺泡毛细血管的时间为 0.75 秒，足以使氧和二氧化碳的分压在肺泡和毛细血管之间达到平衡。血液流经肺泡毛细血管后，其中的氧分压和二氧化碳分压与肺泡气中的氧分压和二氧化碳分压基本相等。

动脉血进入人体全身的毛细血管，与血管外的组织液只隔着一薄层高通透性的毛细血管壁,而组织液与细胞内液也只隔着高通透性的细胞膜。在细胞中进行的新陈代谢活动不断地消耗氧,产生二氧化碳。因此,细胞内液的氧分压低于组织液的氧分压,而组织液的氧分压又低于血液的氧分压;细胞内液的二氧化碳分压高于组织液的二氧化碳分压,更高于血液的二氧化碳分压。血液流经毛细血管,氧从血液中穿过管壁经组织液向细胞内扩散;二氧化碳自细胞内经组织液扩散进入血液中。血液中的氧分压降低,二氧化碳分压升高。当血液流到毛细血管的末端时,血液中的氧分压和二氧化碳分压与周围组织液中的氧分压和二氧化碳分压达到平衡。

细胞的新陈代谢不断地消耗氧,呼吸运动不断地给肺泡供给新鲜的含氧的空气,这便形成了氧分压的梯度。这种梯度造成氧从肺泡到肺中的血液、从血液到身体各部分细胞的净扩散。相反地,细胞的代谢活动不断地产生二氧化碳,通过呼气不断地从肺泡中排出二氧化碳。这也形成了二氧化碳分压的梯度。这种梯度造成二氧化碳从身体各部分的细胞到血液、从肺中的血液到肺泡的净扩散。

氧在血液中的运输

1升动脉血约含 200 毫升氧。这些氧以两种形式存在于血液中:一种溶解在血液的血浆中(在正常情况下,1升血液中只溶解 3 毫升氧);另一种与血红蛋白分子形成化学结合(1升血液中有 197 毫升氧与红细胞中的血红蛋白结合)。

血红蛋白由一个珠蛋白分子结合四个血红素构成,相对分子质量为 64 500。每个血红素中心有一个亚铁离子,每个亚铁离子能携带一个氧分子。血红蛋白与氧的结合很快,而且是可逆的。与氧结合的血红蛋白叫作氧合血红蛋白(HbO_2)。正常人每 100 毫升血液中约含 15 克血红蛋白,而每克血红蛋白可结合 1.34～1.36 毫升氧。没有与氧结合的血红蛋白叫作去氧血红蛋白。

血红蛋白与一氧化碳结合的亲和力是氧的 200 倍。即使在分压很低的情况下,一氧化碳也能取代氧与血红蛋白结合,形成一氧化碳血红蛋白,致使运送到人体组织中的氧的数量显著下降。因此,汽车和通风不畅的炉子等产生的一氧化碳是危害很大的,甚至城市交通所产生的一氧化碳也可能导致人体局部缺氧而损伤脑的机能。

当血液由肺动脉进入肺时,氧分压为 5.33 千帕(40 毫米汞柱),血红蛋白的氧饱和度为 74.7%。由于肺泡气中的氧分压较高(14 千帕,即 105 毫米汞柱),氧从肺泡中扩散进入血浆。血浆中的氧分压升高,则促使氧扩散进入红细胞。红细胞中的氧分压升高,促进氧与血红蛋白的结合。由于从肺泡扩散进入血液的氧并不是停留在溶解状态,而是与血红蛋白结合,因此血液中溶解的氧分压仍然低于肺泡气中的氧分压,氧继续由肺泡中扩散进入血液,直到血红蛋白饱和,血液中溶解的氧分压与肺泡气中的氧分压相等为止。在组织毛细血管与细胞之间存在一个方向相反的过程。当血液由体动脉进入组织毛细血管时,血浆中的氧分压高于组织液中的氧分压,氧由血液扩散,穿过毛细管壁,进入组织液。由于细胞的新陈代谢活动不断地消耗氧,细胞内液的氧分压低于组织液的氧分压,组织液中的氧进一步扩散,穿过细胞膜进入细胞。血浆中的氧分压降低,使红细胞中的氧通过扩散穿过细胞膜进入血浆。红细胞内的氧分压降低,促使氧合血红蛋白解离,释放出氧。

二氧化碳在血液中的运输

血液流经组织毛细血管,氧合血红蛋白释放氧供给组织,二氧化碳则从细胞中扩散出来,经过组织液进入血浆。少量的二氧化碳($<1\%$)与血浆蛋白结合;约 5% 的二氧化碳溶解在血浆中;约 5% 的二氧化碳经过水合作用形成碳酸;约 90% 的二氧化碳继续扩散,经过血浆进入红细胞。由于在红细胞中有碳酸酐酶催化水合作用,从组织中扩散出来的二氧化碳大部分在红细胞中水合形成碳酸,继而解离成碳酸氢根和氢离子。

呼吸运动的调节

人体的呼吸运动与心脏运动有相似之处,都是有节律的、日夜不停地运动。但这两种运动的起因却有很大的不同:心肌具有自动节律性;而产生呼吸运动的肌肉都是骨骼肌,受躯体神经支配,没有神经的兴奋呼吸肌(膈肌、肋间肌)都不会自动收缩。有节律的、自动的呼吸运动起源于支配呼吸肌的运动神经元发放有节律的冲动。这种发放完全依靠来自脑的神经冲动。

调节呼吸的神经机制有随意控制和自动控制两类。

随意控制系统位于大脑皮层,它通过皮层脊髓束将冲动传送到呼吸运动神经元。大脑皮层可以有意识地控制呼吸运动的规式,例如有意识的过度通气或呼吸暂停(屏息)。人必须有意地调整、改变呼吸规式,才能发出各种不同的声音,歌唱家在这方面表现得尤其出色。

自动控制系统位于延髓。延髓是最基本的呼吸中枢,其中有吸气神经元发放神经冲动引起吸气肌(膈肌、外肋间肌)的收缩;还有呼气神经元发放神经冲动引起呼气肌(腹肌、内肋间肌)的收缩。

当人体的体力运动增强时,细胞需要更多的能量,从而需要吸收更多的氧,因而产生更多的二氧化碳;结果血液中的氧分压下降,二氧化碳分压升高。血液中的这种变化会被人体内的化学感受器感受到,从而引起呼吸的改变。位于延髓的中枢化学感受器细胞对二氧化碳分压水平的反应非常灵敏,血液中的二氧化碳分压水平稍有提高就会刺激中枢化学感受器的细胞,这些细胞将神经冲动传送到呼吸中枢,引起呼吸运动加强。血液中的二氧化碳是延髓化学感受器的正常的兴奋剂。如果二氧化碳分压过低,不能刺激中枢化学感受器,就会导致呼吸暂停。过度的通气使呼吸暂停,就是这个原因。

总之,血液中的二氧化碳过多首先作用于延髓的中枢化学感受器,使呼吸中枢兴奋,呼吸增强;而血液缺氧则主要作用于外周化学感受器,反射地引起呼吸增强。窒息时,同时出现二氧化碳过多与缺氧,二者都增强呼吸。若窒息时间过长,最终由于缺氧使呼吸中枢麻痹,呼吸停止。

呼吸系统的常见疾病

感冒与流行性感冒

感冒与流行性感冒(俗称"流感")是开始于上呼吸道的最常见的传染性疾病。

感冒是由二百多种相近的病毒所引起的,通过人与人之间的接触而传播;其症状有头痛、疲乏、发冷、咽痛、流鼻涕等。在一个稳定的人群中常常很快会对本地的病毒产生免疫力;然而如果由于某种原因(例如新学年开始)传入某种不同的病毒株,又会引起感冒发作。

流行性感冒是一种更为严重的疾病,主要症状有发烧、寒战、乏力、肌肉酸痛、头痛以及呼吸管道炎症等。这时可采用缓解症状的措施,患者应充分休息,多饮水。流行性感冒的病原体有 A、B、C 三种类型的病毒株,其中 A 型流感病毒又分为几个亚株。各种病毒引起的症状相似,但它们的抗原性却是不同的,不能交叉免疫。流行性感冒的预防措施包括注射流感病毒疫苗等。

哮喘

哮喘是一种慢性病,发作时患者呼吸急促、喘鸣、咳嗽,通常持续半小时到几小时。哮喘常常是由过敏性反应引起的,致敏原是空气中的异物(如植物花粉等)。过敏反应引起细支气管水肿,向管腔内分泌黏液,管壁平滑肌收缩。这些反应都使呼吸管道的阻力大为增加。在哮喘发作时,吸入肾上腺素气雾剂可舒张细支气管壁的平滑肌,抑制黏膜腺体分泌,从而有效地缓解症状。

肺结核

肺结核是由结核杆菌引起的、发生在肺部的传染病。结核杆菌的侵入引发肺组织产生一种特殊的反应,先由巨噬细胞进入感染部位,再由结缔组织包围受损伤的部位,形成一个节结。这个过程有助于防止结核杆菌在肺内进一步的扩散。在过去没有发现抗生素的年代,肺结核是青年人中常见的不易治愈的传染病;现在可用药物有效地控制。

慢性肺气肿

慢性肺气肿是一种老年性疾病,主要是患者长期吸烟所致。它的主要病变是许多末端细支气管阻塞和肺泡破裂,使呼吸膜的总面积大量减少(有时少于正常的1/4)。患者的机体组织因供氧不足,常发生憋气。由于大部分的肺受到损害,肺内的血管阻力显著增加,引起肺的高血压;由此引起右心负担过重,往往导致右心衰竭。慢性肺气肿通常经过多年缓慢的发展,最终将由于供氧不足和血中的二氧化碳过多而导致患者死亡。

矽肺

矽肺是因长期吸入二氧化硅微粒而造成的肺部慢性疾病,最常见于矿工、石匠等群体中。患者肺内的巨噬细胞吞噬所吸入的微小的二氧化硅颗粒,但因不能消化这些颗粒反而被它们杀死。死亡的巨噬细胞聚集起来形成纤维状小节,逐步使患者的肺部纤维化,肺容积减少,气体交换受阻。矽肺目前还没有有效的疗法;应采取的预防措施包括尽量减少工人吸入的粉尘,定期用 X 射线检查工人的肺部等。

第五讲

维持人体内环境的稳定

排泄与排泄系统

排泄过程与内环境的稳定

在人体的新陈代谢活动中有许多因素影响内环境的稳定。例如,在人体内不断进行的分解代谢会产生许多终末产物；又如摄入的食物、药物、异物等会在人体内分解产生各种代谢产物，若不能及时排出体外就会影响内环境的稳定。

人体的排泄过程就是将分解代谢的终末产物（如尿素、尿酸等）通过多种器官排出体外的过程。细胞代谢过程产生的废物先穿过细胞膜进入组织液，再进入血浆，经过血液循环运送到相关的器官排出体外。这些器官包括肾、肺、肝、大肠、皮肤等。其中，肾是人体最重要的排泄器官，排出大量的代谢废物；肺排出细胞呼吸产生的二氧化碳，同时还有少量的水；肝分泌的胆色素经大肠排出；大肠黏膜排出无机盐；皮肤中的汗腺排出水、盐和尿素等。

维持内环境的稳定，不仅要保证人体内有适量的水分，还要保证在体液中含有适量的盐类和营养物质。在生活中有许多因素影响人体内的水分和盐类的含量，例如，吃进的食物中包含水和盐，代谢过程产生水，而出汗和呼吸等过程又排出一定量的水分等。这些因素都会使人体内的水分和盐类的含量发生变化。因此，人体必须有相应的机制来保证体内的水分和盐类的稳定；这种稳定也是整个内环境稳定的重要组成部分。如果人体内的水分和盐类不能维持稳定，整个内环境也不能保持稳定，就会危及生命。

在人体的排泄过程中，泌尿系统（主要是肾）具有多方面的机能：

（1）清除体内代谢的终末产物；

（2）清除体内异物及其代谢产物；

（3）维持体内适当的水含量；

（4）维持体液中钠、钾、氯、钙、氢等离子的适当浓度；

（5）维持体液一定的渗透浓度。

这五项机能都对维持人体内环境的稳定起着重要的作用。

泌尿系统的构成

肾、输尿管、膀胱和尿道构成了人体的泌尿系统（图 5-1）。人体排出的尿是在肾中产生的。肾位于腹腔的背面，在脊柱的左、右两侧各一个，拳头大小，红棕色。输尿管是肌肉性管道，连接肾与膀胱。左、右两条输尿管将

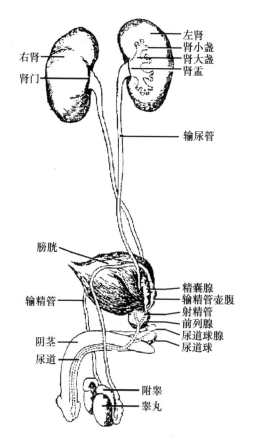

图 5-1 男性的泌尿、生殖系统

(引自《人体组织解剖学》,1981)

尿从肾输送到膀胱。膀胱是中空的肌肉性器官,其容积随着尿的流入而逐渐扩张,可达 600 毫升左右。男性的膀胱位于直肠、射精管和精囊腺的腹面(图 9-1);女性的膀胱位于子宫和阴道上部的腹面(图 9-4)。尿道从膀胱通向体外。

在肾中形成的尿经输尿管流入膀胱。在膀胱与尿道的连接部位有两道肌肉性的闸门,即内括约肌和外括约肌:内括约肌由平滑肌构成,位于膀胱与尿道相连接处,不能由意识控制;外括约肌在尿道穿过盆膈处由横纹肌构成,受大脑控制。当膀胱中的尿储存到200~300毫升时,膀胱壁上的牵张感受器发出神经冲动,经过传入神经传到脊髓,引起一组神经细胞发出神经冲动,经过传出神经达到膀胱壁上的平滑肌细胞(图5-2)。这些冲动刺激膀胱壁上的平滑肌,引起它们收缩;还有一些冲动促使内括约肌舒张,引起排尿反射。但是,如果外括约肌不舒张,尿就不能排出体外。成年人和年龄较大的儿童的大脑可以控制外括约肌,推迟排尿;而婴幼儿的排尿是一种单纯的反射活动,当膀胱充胀、牵张感受器受到刺激时,就会引起排尿。

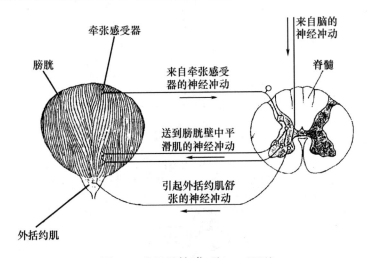

图 5-2　排尿反射(仿 Chiras,1991)

肾是人体最重要的排泄器官

肾是人体最重要的渗透调节和排泄器官,也是一个很复杂的器官(图5-3)。每个肾是由大约100万个机能单位组成的,这种机能单位叫作肾单位。肾单位包括肾小体和肾小管两部分(图5-4):肾小体分为肾小球和鲍曼氏(Bowman)囊(又称肾小囊)。肾小球是由入球微动脉分支形成的一团毛细血管网,包含大约50个毛细血管袢。鲍曼氏囊是一个中空的双层壁组成的杯形囊,其内壁紧贴在肾小球毛细血管上,外壁与肾小管的近曲小管相通。肾小管分为近曲小管、髓袢（包含髓袢降枝粗段、髓袢细段、髓袢升枝粗段）和远曲小管，其中远曲小管与集合管相通，而各集合管都通入肾盂。肾盂与输尿管相通。

肾又可分为髓质与皮质两层：髓质层主要包含集合管、髓袢、血管和支持组织等；皮质层主要包含肾小球、近曲小管、远曲小管、血管、支持组织和神经等。肾有丰富的血液供给，而且每一个肾单位都有血液供给。肾动脉由肾内侧的下凹处入肾，

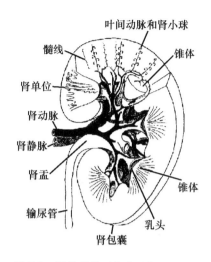

图 5-3　肾的结构（仿 Smith，1956）

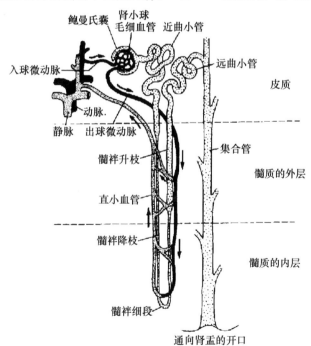

图 5-4　肾单位的结构

分成四五个分支,沿髓质与皮质之间进入外周的皮质。肾动脉一再分支,最终分成入球微动脉进入肾小体,在鲍曼氏囊中第一次分成毛细血管网(肾小球),又汇合成出球微动脉。出球微动脉离开肾小体后再次分成毛细血管网包围近曲小管和远曲小管。这些毛细血管汇合成微静脉、肾静脉出肾。

尿是怎样生成的?

人体的尿是在肾中生成的,其生成机制是很复杂的。我们从肾单位结构的复杂性也可以推想到尿生成的复杂性。

尿来源于血液,但是比较尿与血浆的成分就可以发现两者有很大的差别:一方面,血浆中含有蛋白质、葡萄糖,而尿中没有;另一方面,尿中的氨、肌酐、尿素等成分的浓度比血浆中的高几十倍到几百倍。这也表明尿的生成是一个复杂的过程。

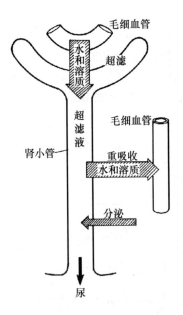

图 5-5　尿生成的过程

(仿 Eckert,1988)

现在认为,尿生成的过程既有超滤和重吸收过程,又有分泌过程(图 5-5)。在肾小球中进行超滤时,滤液经过肾小管先被重吸收一些水和溶质,再由肾小管分泌一些溶质,使滤液的成分和体积都发生改变,最后生成尿。

超滤

从结构上看,肾小球是适宜于过滤的。首先,肾小球的毛细血管网的分支很多,过滤的表面积很大。其次,出球微动脉的直径比入球微动脉的直径小,使血液流出肾小球有相当大的阻力,因而在肾小球毛细血管中产生较高的血压。再次,肾小球毛细血管壁与鲍曼氏囊内壁所形成的膜很薄,具有适于过滤的特殊结构。1924 年美国生理学家理查兹(A. Richards)等人用直径为 10 微米的微吸管刺入蛙的鲍曼氏囊中，取出少量囊内液(原尿)进行微量分析，发现囊内液除了基本没有蛋白质(只有 0.03％ 的相对分子质量较小的蛋白质，占血浆蛋白的 1/200)外，尿素、氯化钠、葡萄糖、磷酸根的浓度和导电率等都与血浆相同，实际上就是去蛋白质的血浆。这个实验证明了原尿(囊内液)是血液的超滤液。要实现过滤过程，肾小球毛细血管中的血压必须高到足以克服

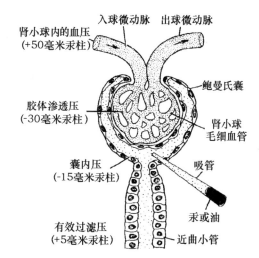

图 5-6　肾单位过滤机制图解

(仿 Eckert,1988)

毛细血管内血浆蛋白的胶体渗透压和鲍曼氏囊中的囊内压(图 5-6)。所以有效过滤压等于肾小球毛细血管中的血压减去胶体渗透压和囊内压，即：

　　　有效过滤压 ＝ 肾小球内血压 －(血浆胶体渗透压 ＋ 囊内压)。

重吸收

肾小球过滤仅仅是生成尿的第一步。滤液在肾小管中还要经过重吸收和分泌等过程。在近曲小管的滤液中，约 67％ 的钠离子被主动转运出去，相应数量的水和一些溶质(如氯离子)也被动地随之转运出去，葡萄糖、氨基酸、维生素等营养物质几乎全部被重吸收，滤液体积缩小。在近曲小管的末端，滤液缩减到原体积的 1/4。滤液体积虽然减小了 3/4，但它却与此处肾小管外液的渗透压相等。

分泌

肾单位有一些转运系统将血浆中的一些物质分泌到管腔。这些转运系统包括分泌钾离子、氢离子、氨、有机酸和有机碱等物质的系统。肾单位还可分泌其他许多物质，其中包括药物、毒物以及内源性的和天然的分子。这些分泌机制有重要的意义，因为它们从血液中清除了潜在的危险物质。

肾对体液酸碱度的调节

在人体的体液中有若干缓冲系统来调节酸碱度,其中最重要的缓冲系统是二氧化碳-碳酸氢盐系统,即:

$$H_2O + CO_2 \rightleftharpoons H_2CO_3 \rightleftharpoons H^+ + HCO_3^-$$

这个系统主要受呼吸活动和肾的调节。呼吸活动调节体内二氧化碳的浓度,首先是血浆中的二氧化碳分压;肾则负责维持血浆中的碳酸氢根浓度。由于碳酸氢根如同所有的小分子一样可以自由地穿过肾小球进入肾小管液,所以必须重吸收以防止由于碳酸氢根大量排出体外而造成严重的酸中毒。实际上几乎全部碳酸氢根都被重吸收,尿中几乎没有。

当血浆中的氢离子浓度过高时,排出多余的氢离子是肾的一项重要任务。肾以分泌氢离子、交换钠离子的方式来排出多余的氢离子。这些氢离子与磷酸氢根结合形成磷酸二氢根,或与氨结合形成铵离子。磷酸二氢根和铵离子都是不可通透的,最后在尿中排出。

肾通过调节尿的渗透压来维持人体内水量的稳定

经过超滤、重吸收和分泌三个过程生成的尿,还必须根据人体内的水分的情况调节其渗透压,以维持体内水量的稳定。当体内水量过多时,尿的渗透压降低,排出的水量增加;当体内水量减少时,则尿的渗透压升高,排出的水量减少。当尿的渗透压高于血浆渗透压时,叫作高渗尿;当尿的渗透压低于血浆渗透压时,叫作低渗尿。

高渗尿是在集合管中产生的。当流出近曲小管的滤液流经髓袢再流出远曲小管时,渗透压变化很小。但是在流过集合管时,液体中的水分越来越多地被集合管重吸收,因而管内渗透压越来越高。集合管为什么会吸收水分呢?这是由于集合管的外周细胞间液从皮质到髓质的渗透压越来越高,形成了一个浓度梯度(图5-7)。这种浓度梯度是由一套逆流倍增机制所产生的(本书不做详细讨论)。

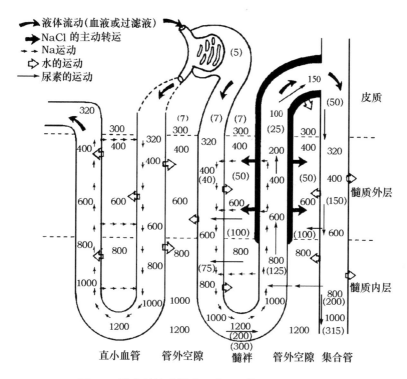

图 5-7　肾内的浓度梯度示意图（仿 Wilson，1979）

图中数字表示不同部位的渗透浓度/毫渗每升，括号内的数字为尿素的渗透浓度

　　总之，尿的生成是从血液在肾小球过滤开始的，在近曲小管滤液被浓缩，几乎全部营养物质、75％的盐以及相应的水分被重吸收，留下尿素和一些其他的物质。滤液通过髓袢和远曲小管后，渗透压的净变化很小，但是由于逆流倍增机制的作用在髓袢内、外形成了一个与髓袢平行的浓度梯度。这个浓度梯度使渗透压较低的滤液沿集合管下行从皮质到髓质时，其中的水分被浓度越来越高的细胞间液所吸收。生成的过程中并没有水分的主动转运过程，水分都是从滤液中被动地吸收掉的。

为什么大量饮水会大量排尿？
——抗利尿激素的作用

水分在集合管中下行时被动吸收的速率决定于集合管壁上皮细胞的水通透性。垂体后叶释放的抗利尿激素(ADH)增强集合管的水的通透性,因此调节抗利尿激素的释放就控制尿排出的水量(图 5-8)。血液中的抗利尿激素浓度越高,则集合管上皮细胞的水通透性越大,因此当尿流经集合管时便会有更多的水被吸走。血液中的抗利尿激素的浓度决定于血浆渗透压。当血浆渗透压升高时,下丘脑中对渗透压敏感的神经元便会从神经末梢释放抗利尿激素到血液中,提高血液中的抗利尿激素的浓度,使更多的水通过集合管壁回到血液中。如血液中的水增加,则

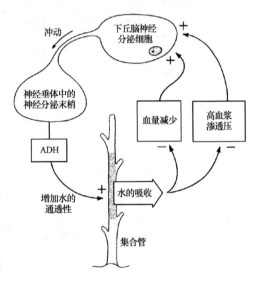

图 5-8 抗利尿激素的调节(仿 Eckert,1988)

血浆渗透压降低,逐渐接近渗透压的调定点水平,便会使下丘脑神经分泌细胞减少冲动的发放,从而减少神经末梢释放抗利尿激素。这也是一个负反馈过程。血量增加会抑制下丘脑神经分泌细胞产生和释放抗利尿激素,使通过尿排出体外的水量增加。相反地,任何减少血量的因素都会反射性地引起抗利尿激素释放,从而保持体内水分。因此,当饮入大量清水时,由于血浆渗透压降低和血量增加,导致抗利尿激素的分泌受到抑制,水分在集合管中下行时吸收减少,大量排出稀释的尿。这种现象叫作水利尿。

泌尿系统的机能障碍

尿道感染

尿道感染是人体泌尿系统常发生的疾病,在女性中尤其容易发生,这是因为女性的尿道较短,比男性更易遭受细菌的侵袭。细菌侵袭尿道引起尿道炎,侵袭膀胱引起膀胱炎;如果再进一步侵袭到肾,则可引起肾盂肾炎。肾小球遭受损伤可引起肾小球堵塞,没有液体流入肾小管;也可引起肾小球的通透性超过正常值。如果肾小球的通透性过高,蛋白质、白细胞,甚至红细胞都可在尿中出现。

肾衰竭的救治

由于肾对维持人体内环境的稳态的重要作用,肾全部或部分停止活动(肾机能衰竭)就成为危及生命的疾病。有多种原因可引发肾衰竭,包括:血液中的有毒物质、某些免疫反应、严重的肾感染、血流突然减少(如外伤引起的大量失血)等。肾衰竭可能突然发生,叫作急性肾衰竭。肾机能也可逐渐减退,形成慢性肾衰竭。如诊断为肾衰竭,应立即治疗。如果是双侧肾衰竭,就需要进行肾透析以清除血液中的有害物质。肾透析有血液透析和腹腔透析两种方式:血液透析是将患者的血液从其腕部动脉引入透析器内由半透膜制成的管道系统中。血液流经半透膜管道时与管道外的透析液进行物质交换,除去血液中的有害物质(如代谢废物等)后再流回患者的静脉(图5-9)。腹腔透析则是通过安装在患者腹壁上的塑料管将透析液直接注入腹腔。腹腔中的周围器官的代谢废物和水分子扩散进入透析液,4～8 小时后将透析液排出。在腹腔透析时,患者可以进行正常的活动。

肾移植是治疗严重肾衰竭的重要方法,即把健康的肾移植到患者体内以代替受损伤的肾。近年来,在血缘关系较近的家庭成员之间进行的肾移植往往获得很好的效果。

肾结石

如果尿中溶解的盐类的浓度过高,就有可能在肾盂中结晶、沉淀,形成固体颗粒,叫作结石。结石一旦形成,便会继续长大。小肾结石可进入输尿

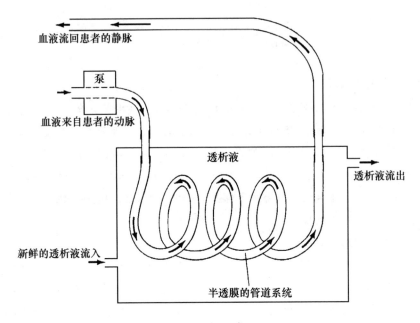

图 5-9　血液透析示意图(仿 DeWitt,1989)

管,随尿排出体外。较大的结石可能堵塞输尿管,也可能在肾盂中阻断尿流
入膀胱,因而使肾内的压力升高,损伤肾单位。肾结石可以用中医的排石汤
剂化解,或用外科手术取出。近年来用超声波击碎肾结石获得成功,并已用
于临床治疗。

内分泌调节稳态

内分泌系统与体液调节

　　人体内有一些没有导管的腺体,如脑下垂体、甲状腺、肾上腺等,在相当长
的时间内对它们的机能缺乏明确的认识。后来人们才认识到这些无管腺体以
及性腺(睾丸和卵巢)等组织在特定的神经刺激或体液刺激的作用下分泌一些

化学物质到体液中,并由血液循环运送到人体全身。由于这些化学物质只分泌到体内,所以叫作内分泌(图 5-10);而人体内的另外的一些腺体通过管道将某些物质分泌到体外,被称为外分泌。内分泌的这些物质在血液中的浓度很低,仅作用于特定的靶器官,产生特定的效应。它们只调节特定过程的速率,提供调节组织活动的信息,并不向组织提供能量或物质,可以称为"信息载体"。这些化学物质叫作激素。由于激素是通过体液的传送而发挥调节作用,所以这种调节又称体液调节。与神经调节相比,体液调节的反应比较缓慢,作用持续的时间比较长,作用的范围比较广泛。

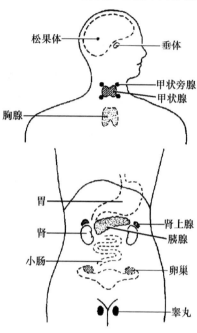

激素的作用有五个方面:

(1)维持稳态;

(2)促进生长与发育;

(3)促进生殖活动;

(4)调节代谢率;

(5)调节行为。

在人体的血液中经常流动着许

图 5-10 人体的内分泌系统

多种激素。只有特定的靶细胞才对某一种激素发生反应。这是由细胞受体所决定的。由于在细胞膜上或细胞质中有特定的蛋白质能与某一种激素结合,所以引起一系列的反应。这种蛋白质就是某一种激素的受体。含有这种受体的细胞便是相应的激素的靶细胞。

胰岛素是维持血糖稳定的重要激素

胰腺中有两类组织:一类是腺泡组织,分泌消化酶;另一类是胰岛组织,分散在腺泡组织之中,像小岛一样(图 5-11)。

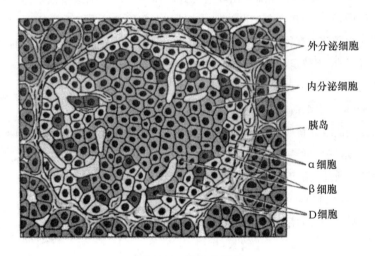

外分泌细胞

内分泌细胞

胰岛

α细胞

β细胞

D细胞

图 5-11　胰岛的结构

1889 年明科夫斯基(O. Minkowski)与梅灵(B. Mering)发现狗的胰腺被摘除后会出现糖尿病症状,因此他们提出胰是分泌"抗糖尿病物质"的器官。同时有人发现,结扎胰导管后,胰的腺泡组织变性,但胰岛无变化。由于结扎胰导管的动物并不产生糖尿病症状,说明有防止糖尿病作用的是胰岛,而不是腺泡。1909 年梅耶尔(de Meyer)将这种由胰岛分泌的抗糖尿病物质命名为胰岛素。此时虽然已知胰腺中的胰岛分泌胰岛素,却无法提取出来。1911 年斯科特(E. Scott)发现从胰腺中提取胰岛素失败是由于腺泡组织分泌的胰蛋白酶破坏了胰岛素。1921 年青年医生班廷(F. Banting,1891—1941)在医学院学生贝斯特(C. Best)的协助下,将狗的胰导管结扎,经过一段时间后再从狗的胰腺中提取出抗糖尿病的胰岛提取物(图 5-12)。班廷又与麦克劳德(J. Macleod)合作获得治疗糖尿病效果稳定的胰岛素。1945~1955 年桑格(F. Sanger)和他的同事测定了不同的动物胰岛素的全氨基酸序列和结构。1965 年中国科学院生物化学研究所、有机化学研究所和北京大学化学系用化学方法人工合成了具有高度生物活性的牛胰岛素结晶。现在已经可以利用 DNA 重组技术,通过大肠杆菌合成人胰岛素。

胰腺中有几十万个胰岛细胞。胰岛细胞至少可以分成五种，其中的 α 细胞约占细胞总数的 15%～25%，分泌胰高血糖素；β 细胞约占细胞总数的 70%～80%，分泌胰岛素。

胰岛素的作用

胰岛素是由 51 个氨基酸形成两条肽链所组成的蛋白质，是已知的唯一的降低血糖浓度的激素。

胰岛素降低血糖浓度的作用可归结为下列原因（图 5-13）：

（1）促进肝细胞摄取、储存和利用葡萄糖；

（2）增强肌肉细胞对葡萄糖的

图 5-12　班廷和贝斯特

（引自 Fulton，1966）

通透性，进入细胞的葡萄糖或参加代谢过程，或转化成糖原；

（3）促进脂肪细胞吸收葡萄糖和形成脂肪；

（4）和生长激素共同促使氨基酸加速进入细胞，促进蛋白质合成；

（5）抑制氨基酸通过糖异生作用转化成葡萄糖。

因此，胰岛素是调节机体内各种营养物质代谢的重要激素之一，对于维持正常代谢和生长是不可缺少的。

胰岛素的分泌的调节决定于血糖浓度。一定浓度的血糖直接作用于胰岛以调节胰岛素的分泌。当血糖浓度升高（如进食后血糖浓度超过每 100 毫升血液中含糖 120 毫克）时，血糖作用于胰岛，使其中的 β 细胞增加胰岛素的释放；胰岛素增加则直接降低血糖浓度。当血糖浓度下降时，刺激胰岛素分泌的因素减少，血液中的胰岛素的浓度也随之下降。

糖尿病

从临床观察与动物实验可以看到，胰岛素缺乏的主要后果是糖的利用和氧化减少。由于糖的利用减少，血糖升高，出现糖尿；又由于尿中有糖，尿

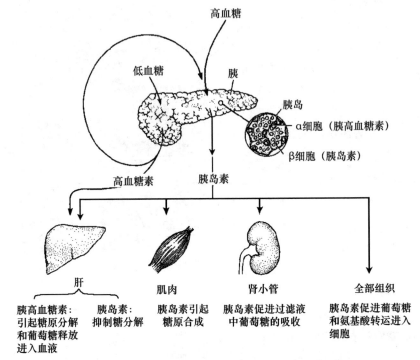

图 5-13　胰岛素与胰高血糖素在调节葡萄糖代谢中的相互关系(仿 Eckert,1988)

的渗透压升高,水在肾小管中的吸收减少,所以多尿。糖尿和多尿是胰岛素缺乏的典型症状。

　　人类的糖尿病分为Ⅰ型糖尿病和Ⅱ型糖尿病:Ⅰ型糖尿病是遗传的,通常发病于儿童期或青少年期。其病因是产生胰岛素的 β 细胞被自身的免疫反应所破坏,只产生少量的胰岛素或不产生胰岛素。因此患者必须每天注射胰岛素。Ⅱ型糖尿病发生在成年人中。其病因是 β 细胞的分泌活动下降,或机体组织对胰岛素的敏感性降低。

　　现在糖尿病的治疗效果相当好。患者应按医生的规定严格控制饮食,限制糖类和脂肪的摄入,进行适量的运动以促进葡萄糖向肌糖原转化,降低餐后血糖浓度升高的程度。Ⅰ型糖尿病患者应遵医嘱定时、定量注射胰岛素。这些治疗措施的目的都是要维持正常的血糖浓度,降低各种并发症的发病率。但是有不少人因没有意识到自己已经患上糖尿病,未能得到及时的治疗。因此中、老年人应定期检测血糖浓度。糖尿病的早期诊断的指标之一是空腹血糖浓度为每100毫升血液中含糖140毫克。

甲状腺激素调节全身的代谢活动

人的甲状腺分为两叶,分别紧贴在气管上端甲状软骨的两侧(图5-14)。甲状腺由滤泡组成,滤泡的外周是单层上皮细胞,中间充满均匀的胶状物质(图5-15)。从甲状腺滤泡内的胶体中分离出两种活性很高的甲状腺激素,即甲状腺素(T_4)与三碘甲腺原氨酸(T_3)。三碘甲腺原氨酸比甲状腺素少一个碘原子(图5-16)。

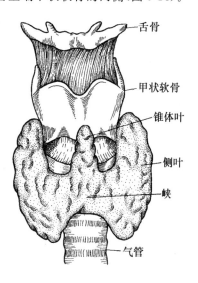

图 5-14 甲状腺

甲状腺激素(T_3、T_4)的生理作用

甲状腺激素的作用遍及人体全身的所有的器官,似乎没有独特的靶器官。甲状腺激素使肝、肾、心脏、胰腺、骨骼肌等组织的耗氧量增加,细胞呼吸释放的热量增加。促进骨骼成熟是甲状腺激素的重要作用。新生儿的先天性甲状腺机能低下会使生长受到阻碍。

甲状腺激素也是人体中枢神经系统的正常发育所不可缺少的。必须在关键时期得到必要的甲状腺激素才能保证大脑的正常发育。婴儿出生后到一岁左右是关键时期;过了这个时期再给先天性甲状腺机能低下的儿童补充甲状腺激素,大脑也不能恢复正常。正常的甲状腺是人体正常发育的先决条件,先天性甲状腺发育不全会引起呆小症。

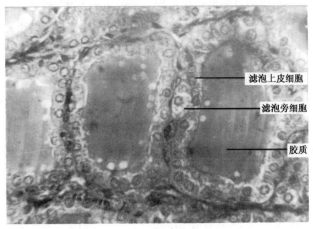

图 5-15　甲状腺的显微结构

（北京大学生物学系供稿）

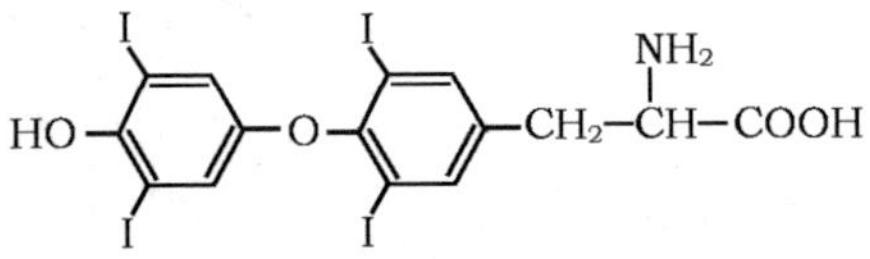

甲状腺素(T₄)

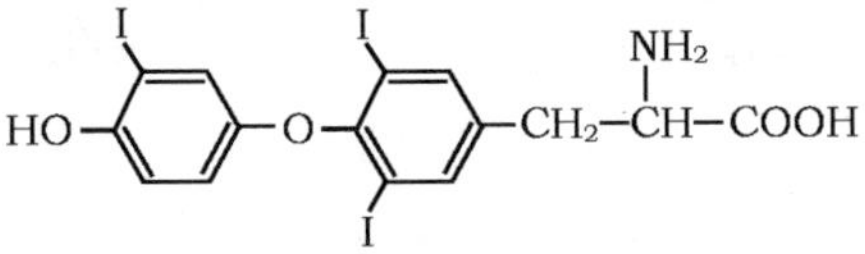

三碘甲腺原氨酸(T₃)

图 5-16　两种甲状腺激素的结构式

甲状腺机能的调节

腺垂体分泌的促甲状腺素（TSH）是调节甲状腺机能的经常起作用的最重要的因素。甲状腺的发育及其作用的发挥几乎全靠促甲状腺素的作用。促甲状腺素控制甲状腺的一切主要活动,包括甲状腺的生长、碘的摄取、甲状腺素的合成与分泌等。

促甲状腺素是一种含糖的蛋白质。腺垂体分泌促甲状腺素作用于甲状腺;而甲状腺分泌的甲状腺激素又反过来对垂体的活动产生影响。当血液中的甲状腺激素增多时,会抑制腺垂体分泌促甲状腺素的细胞的活动,使促甲状腺素的分泌减少。而当血液中的甲状腺激素减少时,腺垂体分泌促甲状腺素的细胞的活动增强。血液中的甲状腺激素对促甲状腺素的分泌起负反馈作用。

下丘脑的一定部位能产生促甲状腺素释放激素作用于腺垂体,使之产生促甲状腺素。外界环境的变化(如寒冷)先通过人体神经系统刺激下丘脑,使之分泌促甲状腺素释放激素,这种激素再作用于腺垂体,使之分泌促甲状腺素促进甲状腺激素的分泌。

肾上腺分泌两种重要的激素

人体的肾上腺由皮质与髓质两部分组成,皮质包在髓质的外面(图5-17)。这两部分的胚胎起源不同,实际上是两个内分泌器官。肾上腺髓质受交感神经支配。

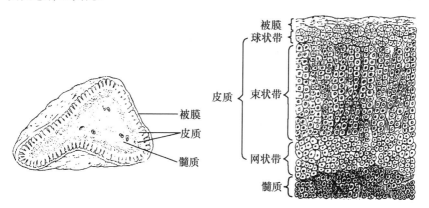

图 5-17　肾上腺的皮质与髓质(仿 DeWitt,1989)

肾上腺髓质激素

人体的髓质细胞主要分泌肾上腺素(约 80%),还分泌去甲肾上腺素

(约 20%)。这两种激素的作用在许多方面相同,但也有不同之处。在人体中肾上腺素起主要作用。

肾上腺髓质激素的作用非常广泛。肾上腺素引起皮肤血管收缩,骨骼肌血管舒张;只使收缩压上升,舒张压不变或下降;使呼吸加深,支气管舒张而减少呼吸阻力;引起胃、肠道的平滑肌舒张,括约肌收缩,也使竖毛肌、瞳孔散大肌收缩;加速肝和肌肉中糖原的分解,提高血糖浓度和血液中乳酸含量。在肾上腺素的作用下,成年人的能量代谢率可提高 30%。

疼痛、寒冷、缺氧、情绪激动、低血糖等刺激可以使肾上腺素的分泌大为增加。运动(如中速步行)、焦虑、恐惧、出血、低血压以及许多药物(如吗啡和乙醚)也能引起肾上腺髓质增加活动。所有的这些刺激都是经过下丘脑神经中枢和交感神经支配起作用的。

伤害性刺激增加肾上腺素的分泌,引起心脏活动加强、流经肌肉的血量增加、糖原分解增加、通气改善等。这些反应都是针对伤害性刺激的有益于机体的反应,有助于动物抵御袭击、逃跑或进行其他活动以应付紧急情况。

肾上腺皮质激素

肾上腺皮质分泌多种激素,是一个多功能的内分泌器官。

肾上腺皮质从组织学上可以分为球状带、束状带和网状带三层(图5-17):球状带在最外侧,合成和分泌影响电解质代谢的盐皮质激素,主要是醛固酮;束状带在中间,合成和分泌影响糖代谢的糖皮质激素,主要是皮质醇(氢化可的松);网状带贴近髓质,主要合成和分泌雄激素、雌激素、孕激素等性激素,也合成少量糖皮质激素。

肾上腺皮质是极重要的内分泌器官,因为它所分泌的盐皮质激素和糖皮质激素是维持生命所必需的。

盐皮质激素的主要作用是调节人体内的电解质和水分,以维持其稳态。盐皮质激素的主要成分是醛固酮,它促进肾小管对钠离子的重吸收和钾离子的排泄,相应地增加水的重吸收。血浆中的钾离子浓度的升高或钠离子浓度的降低都可刺激醛固酮的分泌。

糖皮质激素以皮质醇为主,还包括皮质酮和皮质素等,其主要作用有五方面:

（1）糖异生作用。促进肝细胞将氨基酸转变为糖原,以增加肝糖原,保持血糖浓度的相对稳定,维持人体内的糖代谢的正常进行。

（2）促进肝外组织蛋白质的分解代谢,增加对肝脏氨基酸的提供。

（3）促进脂肪的分解代谢。服用糖皮质激素过多,可以引起人体内脂肪的重新分布,使躯干、颈部、面部的脂肪增加,四肢的脂肪减少。

（4）促进人体在多种有害刺激（如感染、中毒、疼痛、寒冷）以及精神紧张等因素的作用下糖皮质激素的释放增加,使人体对这些有害刺激的耐受力大为增加。临床上用大剂量皮质醇抗炎症、抗过敏、抗毒、抗休克等。

（5）调节水盐代谢,但作用比醛固酮弱得多。

肾上腺皮质机能的调节

肾上腺皮质的分泌主要受人体的下丘脑-腺垂体-肾上腺皮质系统的调节和控制(图 5-18)。腺垂体分泌的促肾上腺皮质激素(ACTH)调节糖皮质激素的合成与分泌;血液中的糖皮质激素含量的增加又会作用于腺垂体抑制促肾上腺皮质激素的分泌。长时间注射肾上腺皮质激素会引起肾上腺皮质萎缩,这是由于血液中糖皮质激素增加,抑制促肾上腺皮质激素的分泌,肾上腺皮质的活动水平长期降低所引起的。因此,在临床上使用大剂量糖皮质激素治疗疾病时,要注意既不可用药时间过长,又不可突然停止用药。突然停药,就会由于皮质机能不全而不能耐受多种有害刺激的作用,严重时甚至危及生命。

促肾上腺皮质激素的分泌还受下丘脑的控制。下丘脑分泌促肾上腺皮质激素释放激素(CRH),影响垂体释放促肾上腺皮质激素。内、外环境的改变可通过神经系统作用于下丘脑,下丘脑分泌促肾上腺皮质激素释放激素,以影响腺垂体分泌促肾上腺皮质激素,从而影响肾上腺皮质的活动。各种紧张状态(如创伤、寒冷)都可在几分钟(甚至几秒钟)内使促肾上腺皮质激素迅速增加。因此,下丘脑-腺垂体-肾上腺皮质系统的活动对人体和其他动物机体适应内、外环境的变化有重要的作用。

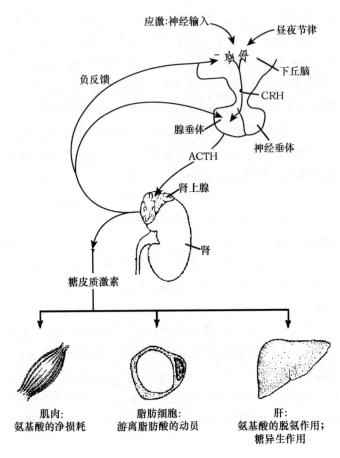

图 5-18 下丘脑-腺垂体-肾上腺皮质系统（仿 Eckert，1988）

调节血钙浓度的两种激素
——甲状旁腺素与降钙素

甲状旁腺是人体内最小的腺体之一。甲状旁腺共有两对,在甲状腺的背面或在甲状腺中(图 5-19)。甲状旁腺分泌甲状旁腺素。当血钙浓度降低时,刺激甲状旁腺细胞释放甲状旁腺素,促进骨钙溶解,并促进小肠从食物中吸收钙以及肾小管对钙离子的重吸收,减少磷酸根在肾小管中的重吸收,结果使血钙浓度上升,血磷含量下降。

甲状腺的滤泡旁细胞(C 细胞)(图 5-15)分泌一种降钙素。高浓度的血钙会引起 C 细胞释放降钙素。降钙素直接抑制骨质溶解,并抑制肾小管对钙的重吸收,降低血钙浓度。骨骼是人体内钙离子和磷酸根的储备库。

虽然甲状旁腺素和降钙素的作用相反,但正是这两种激素的共同作用调节了人体的血浆和骨骼中的钙、磷的含量,维持血液中的钙离子和磷酸根浓度的相对稳定。

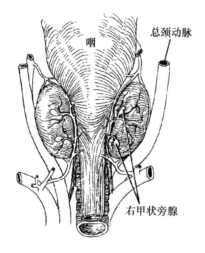

图 5-19　甲状旁腺

(仿 Junqueira,1980)

影响其他内分泌腺的下丘脑与垂体

垂体位于脑的下部,也叫作脑下垂体(图 5-20)。成年人的垂体约重0.6克,大小如豌豆,由腺垂体和神经垂体两部分组成。

垂体在人体内分泌系统中占有重要的位置,是人和脊椎动物的主要内分泌腺,因为它不仅有重要的独立的作用,还分泌几种激素分别支配性腺、肾上腺皮质和甲状腺的活动。垂体的活动受到下丘脑的调节,下丘脑通过对垂体活动的调节来影响其他内分泌腺的活动。因此下丘脑与垂体的机能联系是人体的神经系统与内分泌系统相联系的重要环节。

神经垂体的作用

神经垂体释放两种激素,即抗利尿激素和催产素。这两种激素都是八肽,可以人工合成。它们虽然在神经垂体中被释放出来,但并不是在神经垂体中形成的,而是在下丘脑的神经细胞中合成的(图 5-20)。所以下丘脑内的神经细胞才是这两种激素的分泌细胞。

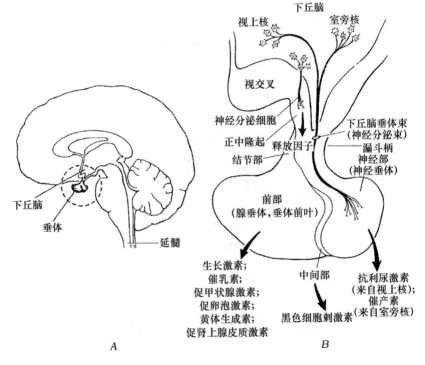

图 5-20　下丘脑与垂体(仿 Eckert,1988)

A. 下丘脑和垂体的位置(图中的垂体被放大了);*B.* 下丘脑和垂体的作用

抗利尿激素的主要作用是调节人体内的水平衡,促进水在肾集合管的重吸收,使尿量减少。这就是抗利尿作用(图 5-21)。抗利尿激素还可以引起人体内的各部分微动脉上的平滑肌收缩,有升压作用,所以叫作血管升压素。例如,在大量失血时血量减少,反射性地引起抗利尿激素大量分泌,从而引起血管收缩,有助于抵抗血量减少的后果。

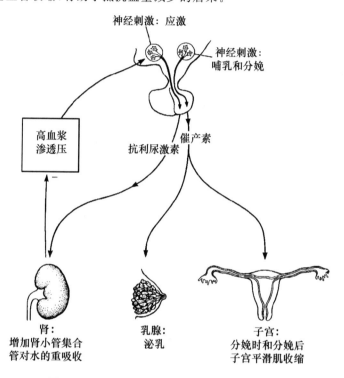

图 5-21　抗利尿激素与催产素(仿 Eckert,1988)

　　催产素有强大的刺激子宫平滑肌并促进其收缩的作用(图 5-21)。在分娩时,子宫和子宫颈被牵张,其上的牵张感受器发出神经冲动传到下丘脑中产生催产素的神经分泌细胞,引起这些细胞将催产素释放到血液中,再流到子宫,引起子宫平滑肌收缩,促进分娩。催产素还作用于乳腺泡周围的类似平滑肌的肌上皮细胞,使之收缩,将乳汁挤出。在孕妇哺乳时,婴儿吸吮乳头,乳房中的感受器发出神经冲动传到下丘脑,引起催产素释放。催产素随血流到达乳房,引起肌上皮细胞收缩(图 5-21)。

腺垂体的作用

腺垂体的作用比较广泛,至少产生七种激素,即促肾上腺皮质激素(ACTH)、促甲状腺激素(TSH)、促卵泡激素(FSH)、黄体生成素(LH)、催乳素(PRL)、生长激素(GH)和黑色细胞刺激素(MSH)。这些激素都是多肽或蛋白质类激素。

前四种激素(ACTH、TSH、FSH、LH)分别作用于其他的内分泌腺,产生广泛的影响,又叫促激素。这些促激素是其所作用的靶腺体的形态发育和维持正常机能所必需的,而且刺激这些靶腺体的激素的形成和分泌。

生长激素是单链蛋白质。生长激素有种的差异,除灵长类外,其他脊椎动物的生长激素对人不起作用。

生长激素促进蛋白质合成,刺激细胞生长,包括细胞增大与数量增多。它对肌肉的增生、软骨的形成和钙化有特别重要的作用。

如人在幼年时缺乏生长激素,将患垂体侏儒症;如生长激素分泌过多,将患巨人症。垂体侏儒症患者身材矮小,但智力发育正常,与呆小症患者智力低下不同。成年人如生长激素分泌过多,由于长骨骨骼已经钙化不能再生长,只能使软骨成分较多的下颚骨、手足肢端骨等生长异常,形成肢端肥大症。对于生长激素分泌不足、可能导致垂体侏儒症的儿童,及早用生长激素治疗,效果很好。现在已能用基因重组技术人工合成人的生长激素。

催乳素的最重要的机能是催乳作用,对乳腺的发育和乳汁的生成都是必不可少的。在妊娠期间,在高水平的雌激素、孕激素和催乳素的共同作用下,乳腺腺泡充分发育,但并不泌乳。催乳素促进乳汁的主要成分(酪蛋白、乳糖和脂肪)的合成。

下丘脑-腺垂体-靶腺体形成了一个神经内分泌系统

下丘脑的神经分泌细胞分泌多种下丘脑调节激素(表 5-1)。这些激素经下丘脑垂体门脉到达腺垂体,调节控制腺垂体的激素分泌。腺垂体分泌的促激素又调节控制有关靶腺体的激素分泌。

表 5-1　下丘脑释放的调节激素

激　　素	靶组织	主要作用
促肾上腺皮质激素释放激素	腺垂体	刺激促肾上腺皮质激素释放
促甲状腺激素释放激素	腺垂体	刺激促甲状腺激素释放
促性腺激素释放激素	腺垂体	刺激促卵泡激素和黄体生成素释放
生长激素释放激素	腺垂体	刺激生长激素释放
生长激素释放抑制激素	腺垂体	抑制生长激素释放
催乳素释放抑制激素	腺垂体	抑制催乳素释放
黑色细胞刺激素释放抑制激素	腺垂体	抑制黑色细胞刺激素释放

下丘脑-腺垂体-靶腺体形成了一个神经内分泌系统。在这个系统中，不仅有从下丘脑到腺垂体再到靶腺体的从上而下的垂直控制，还有从靶腺体到腺垂体再到下丘脑的反馈控制。

第六讲

怎样感知内外环境的变化？

神经调节与神经元

神 经 调 节

　　人体复杂的结构是由许多器官和系统组成的。这些器官、系统的活动必须互相配合，协调一致，才能维持人体的健康和正常的活动。

　　人在不断变化的环境中生活，必须适应外部环境的变化才能生存与发展。

　　因此，如何调节人体内各部分，使之协调一致形成一个整体以及作为一个整体如何应对外部环境的变化,以维持个体的生存与种族的发展,是一系列必须解决的问题。这些问题的核心是人体机能的调节问题。

人体有神经调节和体液调节两种调节机制。神经调节比体液调节更迅速、更准确;而体液调节往往又是在神经系统的影响下活动的。所以,神经系统一方面直接调节身体各器官系统的活动,另一方面通过影响内分泌腺的活动来调节机体各部分的机能。

为什么神经调节比体液调节更迅速、更准确呢?这是由于神经调节的信息是神经细胞(神经元)发放的神经冲动,神经冲动沿着神经系统内的路径快速传递到达特定的效应器,做出准确的反应。因此,我们要先讨论神经细胞的机能特性。

神经元的结构与机能

人体的神经系统可以说是地球上最复杂的结构,大约包含几百亿到上千亿个神经细胞(神经元)以及为数更多的支持细胞(胶质细胞)。神经系统的复杂性就在于数量如此众多的细胞和这些细胞之间的复杂联系。这个最复杂的结构的基本机能单位是神经元。

神经元的大小、形态有很大的差异(图6-1)。神经元一般包含胞体、树突、轴突三部分,其中树突是胞体发出的短突起,轴突是胞体发出的长突起。多数神经元有多个树突和一个轴突,但有些没有树突,有些没有轴突。这里以运动神经元为例来说明神经元各部分的机能(图6-2)。运动神经元的胞体位于脊髓,发出轴突支配骨骼肌纤维。轴突的外周有施旺(Schwann)细胞包围形成髓鞘。神经元的树突和胞体的表面膜受到其他神经元的支配。轴突从轴丘中的冲动发放区传送神经冲动到轴突末梢。切断突起与胞体的联系,几天或几周内被切断的部分就会变性以致坏死。这说明,这些突起不论有多长,在结构上与机能上都是神经元的一部分,即一个神经元是一个整体。

神经元是一种可兴奋细胞。神经元的基本特性是受到刺激后会产生神经冲动沿轴突传送出去。我们可用蛙的坐骨神经腓肠肌标本来演示(图6-3)。神经是由许多神经纤维(轴突)被结缔组织包围而形成的。在坐骨神

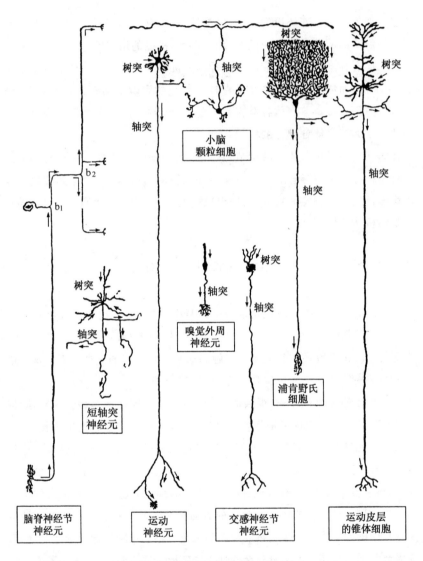

树突

轴突

b₂

b₁

小脑
颗粒细胞

树突

轴突

嗅觉外周
神经元

树突

轴突

浦肯野氏
细胞

树突

轴突

树突

轴突

短轴突
神经元

脑脊神经节
神经元

运动
神经元

交感神经节
神经元

运动皮层
的锥体细胞

图 6-1 神经元(仿 Baileys,1944)

经上给一个适当强度的电刺激,腓肠肌便会产生收缩。这说明在刺激部位
产生了神经冲动,而冲动是可以传播的:先传播到神经末梢;再从神经末梢
传到肌肉,才能引起肌肉的收缩。这种神经冲动是可以用电学方法测量出

来的(图 6-4 A～F)：在坐骨神经上放置
两个电极 b 和 c，连接到一块电表上，静
息(即没有神经冲动传播)时，电表上没
有电位差，说明坐骨神经表面的各处电
位相等。当在坐骨神经一端(a 端)给予刺
激时，可以看到，靠近刺激端的电极 b 处
先变为负电位，接着恢复；然后，另一电
极 c 处又变为负电位，接着又恢复。可见，
刺激坐骨神经产生一个负电波沿着神经
传导，这个负电波叫作动作电位。因此，
神经冲动就是动作电位，神经冲动的传
导就是动作电位的传播(图 6-4 G)。

有人曾设想神经冲动的传导速度与
电流在金属导线中的传导速度相同。
1844 年德国生理学家弥勒(J. Muller)宣
称神经冲动传导的速度非常快，是测量
不出来的。但六年之后，他的学生亥姆
霍兹(H. Helmholtz，1821—1894)（图
6-5)运用简单的仪器准确地测
定了神经冲动传导的速度。蛙
的坐骨神经冲动每秒仅传导 27
米。这表明神经冲动在神经中
的传导不同于电流在金属导线中的传导。

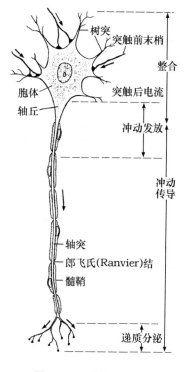

图 6-2　运动神经元

（仿 Eckert，1988)

图 6-3　蛙的坐骨神经腓肠肌标本

动 作 电 位

为什么刺激会在神经上引发动作电位呢？生理学家经过约半个世纪的
探索，终于找到了答案。他们发现了一种粗大的神经纤维——枪乌贼大神
经，直径可达 1 毫米；又制造了一种很细的电极——微电极，直径约为 0.5

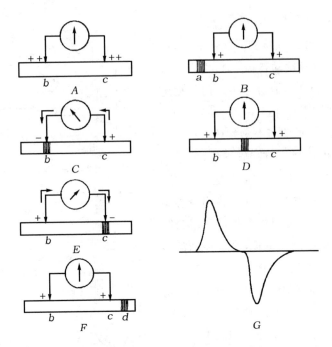

图 6-4　神经干上的动作电位示意图

图 6-5　亥姆霍兹

(引自 Fulton, 1966)

微米。这种微电极可以插入这种粗神经中。于是，将一个微电极插入神经纤维内，另一个微电极放在膜外，可以发现在静息状态时，膜内的电位低于膜外的电位，即膜外为正电位，膜内为负电位；也就是说，膜处于极化状态(有极性的状态)。在膜上某处给予刺激后，先引起该处极化状态的破坏(叫作去极化)，而且短时期内膜内的电位还会高于膜外的电位，即膜内为正电位，膜外为负电位，形成反极化状态。然后，在极短时间内神经纤维膜又恢复了原来的外正、内负的极化状态。去极化、反极化和复极化的过程,也就是动作电位负电位的形成和恢复的过程,整个过程只需数毫秒的时间。

为什么在神经细胞膜上会出现极化状态呢？这是由于神经细胞膜内、外各种电解质的离子浓度是不同的,膜外的钠离子浓度高,膜内的钾离子浓度高,而神经细胞膜对不同的离子的通透性各不相同。在静息时,神经细胞膜对钾离子的通透性大,对钠离子的通透性小。膜内的钾离子扩散到膜外;而膜内的负离子却不能扩散出去,膜外的钠离子也不能扩散进来,因此出现极化状态。

去极化是怎样产生的呢？在神经纤维膜上有两种离子通道:一种是钠离子通道;一种是钾离子通道。当神经某处受到刺激时使钠通道开放,于是膜外的钠离子在短期内大量涌入膜内,造成了内正、外负的反极化现象。但是很短的时期内钠通道重新关闭,钾通道随即开放,于是钾离子又很快涌出膜外,使得膜电位又恢复到原来外正、内负的状态。

动作电位又是怎样传导的呢？当刺激部位处于内正、外负的反极化状态时,邻近未受刺激的部位仍处于极化状态,二者之间会形成一局部电流。这个局部电流又会刺激没有去极化的细胞膜,使之去极化,也形成动作电位。这样,不断地以局部电流为前导,将动作电位传播开去,一直传到神经末梢(图6-6)。

动作电位沿着神经纤维传导时,其电位不会随传导距离的增加而衰减。此外,一条神经中包含很多根神经纤维,每根神经纤维传导神经冲动时不影响其他神经纤维,即各神经纤维间的传导有绝缘性。这正像在一条电缆中有很多根电话线,但通话时彼此不相干扰。

神经和肌肉是两种不同的组织。神经冲动传到神经末梢后又如何从神经末梢传到肌肉,引起肌肉收缩呢？现在我们知道,神经纤维与肌肉之间没有原生质的联系。神经末梢与肌肉接触处叫作神经肌肉接点(又称突触)(图6-7)。在神经肌肉接点处,神经末梢的细胞膜称为突触前膜;与之相对的肌膜较厚,有皱褶,称为突触后膜(又称终膜)。突触前膜与突触后膜之间有一间隙,称为突触间隙。神经末梢的内部有许多突触小泡,每个突触小泡里面含有几万个乙酰胆碱分子。当神经冲动传到末梢后,突触小泡中的乙

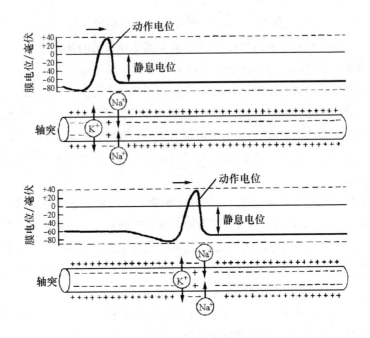

图 6-6　动作电位传导的示意图

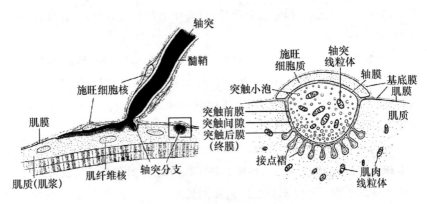

图 6-7　神经肌肉接点的结构

酰胆碱被释放到突触间隙中,并扩散到突触后膜处,可以和突触后膜上的乙酰胆碱受体结合。结合后的乙酰胆碱-受体复合物将影响突触后膜对离子的通透性,引起突触后膜去极化,形成一个小电位。这种电位并不能传播。但是随着乙酰胆碱-受体复合物的增多,电位可加大。当电位达到一定阈值时,可在肌膜上引起一个动作电位。当肌膜的动作电位传播到肌纤维内部时,引起肌肉收缩。

神经元与神经元之间也是通过突触相联系的:前一个神经元的轴突末梢作用在后一个神经元的胞体、树突或轴突处形成突触。不同神经元的轴突末梢可以释放不同的化学递质,现已发现的有乙酰胆碱、去甲肾上腺素、谷氨酸、γ-氨基丁酸、5-羟色胺、多巴胺等多种。

在动物进化的过程中,首先神经元逐步连接成神经网;然后神经网中的神经元的胞体逐步集中形成神经节;神经节又逐步集中形成脑;最后发展成人体的神经系统。

人体的感觉机能和感觉器官

人体要适应外部环境的变化就必须感受到这些变化,才能做出相应的反应;同样,人体也必须感受到内部环境的变化,才能相应地调整有关的机能。人体有多种内、外感受器,分别接受内、外环境变化的刺激,通过传入神经将这些信息传入中枢神经系统。有些刺激可以在人的主观意识中引起感觉。

人体的感受器是多种多样的,有些结构简单,只是感觉神经元的神经末梢;有些则是感受器细胞。感受器细胞也是可兴奋细胞,受到刺激后会发生反应。部分感受器除了感受器细胞外还增加了附属装置,有些附属装置很复杂,形成特殊的感觉器官(如耳和眼)。

刺激、感受器与感觉

感受器——换能器与放大器

我们都已知道,眼睛的感光细胞接受光的刺激,内耳的毛细胞接受振动的刺激,舌头上的味觉细胞接受化学物质的刺激。人体的每种感受器的作

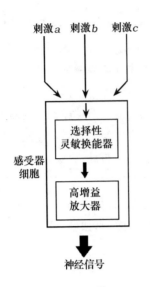

刺激a　刺激b　刺激c

感受器
细胞

选择性
灵敏换能器

高增益
放大器

神经信号

**图 6-8　感受器的换
能与放大作用**

（仿 Eckert,1988）

用都相当于一种换能器（图 6-8）。这种换能器对于某种形式的能量刺激特别敏感，可以将环境中这类能量刺激转换为生物能——感受器上的膜电位的变化。当刺激强度加大，感受器细胞的膜电位达到阈值时，会在传入神经上引起一系列的冲动发放。这种敏感性最高的能量形式的刺激叫作适宜刺激；其他不发生反应或敏感性很低的能量形式的刺激叫作不适宜刺激。

由于感受器对于适宜刺激非常敏感，可以感受到极微弱的能量变化，经过换能后形成的神经冲动的功率放大了很多倍。因此，感受器除了换能作用外，还有放大的作用（图 6-8）。例如，红光的单个光子只有 3×10^{-19} 焦的辐射能；而一个感光细胞受到单个光子的刺激可引起的感受器电流约有 5×10^{-14} 焦的电能。由此可见感光细胞的输出与输入之间的功率至少放大 10 万倍。

感觉的适应

刺激作用于人体的感受器，最初可以得到清晰的感觉，但是当刺激持续作用一段时间后，感觉逐渐减弱，有时甚至消失。这个过程叫作感觉的适应。古语云"入芝兰之室，久而不闻其香；入鲍鱼之肆，久而不闻其臭"，就是对感觉适应的描述。适应是人体的主观感觉的复杂变化，其生理基础首先是感受器发放动作电位的频率降低。

不同感受器的适应的快慢不同，例如触感受器的适应非常迅速；而痛感受器等的适应却很慢。看来适应的快慢与感受器的生理意义有关。如果损伤性刺激尚未取消，而痛感受器已停止了痛觉的冲动发放，痛觉就失去了它的保护意义。

视 觉 器 官

作为视觉器官,眼是人体最重要的感觉器官,也是最复杂的感觉器官。人体所接受的外部信息大部分是通过眼接受的。

眼的结构与折光系统

人眼接近球形,直径约为 24 毫米(图 6-9)。眼球壁分为三层:最外层为巩膜和角膜,中间层为脉络膜,最内层为视网膜。巩膜是由乳白色的结缔组织所组成的,起着保护眼的作用。巩膜的前端部分是透明的,叫作角膜,曲度比其他部分大。外面的光线由角膜射入眼球,角膜在聚焦光线中起着最重要的作用。脉络膜约占眼的后 2/3 的部分,由丰富的血管和棕黑色的结缔组织所组成,既可供给视网膜的营养,又可吸收眼内的光线以防止光的散射。视网膜是感受光刺激的神经组织。在巩膜与角膜的交界处有睫状体和

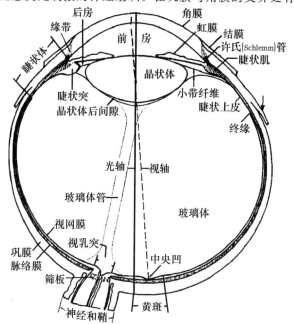

图 6-9 人眼的水平切面图(仿 Walls,1942)

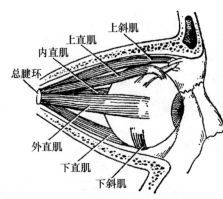

图 6-10　调节眼球运动的眼肌

(引自《人体组织解剖学》,1981)

虹膜。不同肤色的人种,其虹膜所含的色素也不同。睫状体包括睫状突、睫状小带和睫状肌三部分,其中睫状小带把透明的晶状体悬挂在虹膜的后方。晶状体与角膜之间充满了澄清的液体,称为房水。晶状体与视网膜之间充满了透明的胶状物质,称为玻璃体。眼球的外部有六条肌肉调节眼球的运动(图 6-10)。

光线进入眼到达视网膜要经过三个折光面:空气-角膜界面、房水-晶状体界面和晶状体-玻璃体界面,其中空气-角膜界面的折射最强。

眼的调节

正常眼在静息状态时,来自远处的平行光线聚焦在视网膜上。当物体向眼移近时,来自物体的光线越来越辐散。如果眼的折光系统不变,这些辐散的光线将聚焦在视网膜之后,视网膜上成像模糊。因此,眼从看远处物体改换到看近处物体时要进行调节,主要是增加晶状体的前表面的曲度。晶状体是富有弹性的组织。当看远处的物体时,睫状肌舒张,睫状小带由于眼球壁的张力将悬挂其中的晶状体拉成扁平形,使来自远处的平行光线恰好聚焦在视网膜上(称为视远调节);当看近处的物体时,睫状肌收缩,睫状小带舒张,晶状体由于自身的弹性而增加曲度,这样使来自近处的辐散的光线聚焦在视网膜上(称为视近调节)(图6-11)。

当人在 45 岁左右时,晶状体的弹性开始迅速降低。在看近处的物体时,虽然睫状肌尽量收缩,睫状小带充分舒张,但晶状体却越来越不能达到正常的曲度,因而成为老花眼。所以中、老年人要配戴老花镜(凸透镜),才能看清楚近处的物体。

在看近处的物体时,在增加晶状体曲度的同时瞳孔缩小,两眼视轴会合。瞳孔由虹膜围成;虹膜内有环行的瞳孔括约肌,受动眼神经中的副交感

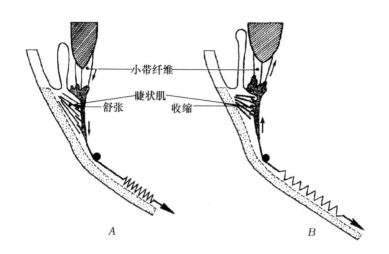

图 6-11 眼的调节

A. 视远调节；*B.* 视近调节

纤维支配。当瞳孔括约肌收缩时瞳孔缩小，可以减少球面像差，增加焦点深度。在看近处的物体时，两眼同时内转，两眼视轴在物体处交叉。这种现象叫作视轴会合，主要是由于眼内直肌的收缩产生的。视近物时的睫状肌收缩、瞳孔缩小、视轴会合都是反射性活动。

眼的折光异常——近视、远视与散光

正常眼在静息时，来自远处的物体的平行光线正好聚焦在视网膜上。如果由于眼的折光系统或眼的形状发生异常，平行光线不能聚焦于视网膜上，称为异常眼。异常眼主要有近视、远视和散光三种(图 6-12)：

（1）近视，即平行光线聚焦在视网膜的前面，远处物体成像模糊。近视大多数是由于眼的前、后径过长，有时也由于角膜的曲度增大，可在眼前加一凹透镜矫正。

（2）远视，即平行光线聚焦在视网膜的后面，近处物体成像模糊。远视大多数是由于眼的前、后径过短，有时也由于角膜的曲度减小，可在眼前加一凸透镜矫正。

（3）散光多数是由于角膜表面经、纬线的曲度不一致造成的。因此从

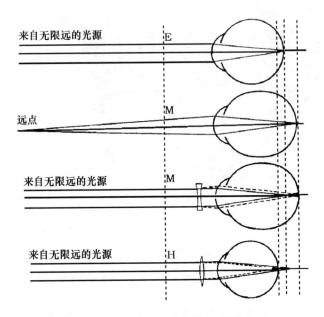

图 6-12　眼的折光异常及其矫正(仿鲁,1974)

E、M、H 分别表示正常眼、近视眼和远视眼;虚线表示矫正透镜的作用

不同经、纬线方向射入的光线不能全部聚焦在视网膜上,造成视像模糊和歪曲,可用圆柱形透镜矫正。

视网膜的结构与机能

视网膜的厚度只有 0.1~0.5 毫米,但结构十分复杂;其主要细胞层可粗略分为四层(图 6-13):最外层是色素细胞层,内含黑色素颗粒和维生素A,对感光细胞有营养和保护作用。第二层为感光细胞层。感光细胞的外段含有特殊的感光色素,在感光换能中起重要作用。人体的感光细胞可分为视锥细胞和视杆细胞两种:视杆细胞外段呈长杆状;视锥细胞外段呈圆锥状。两种感光细胞都和第三层的双极细胞形成突触联系;双极细胞再和第四层的神经节细胞联系。此外,在视网膜中还有一些横向联系的细胞。神经节细胞发出的轴突先在视网膜的内表面聚合成束,然后从眼的后极穿过视网膜离开眼球。这个部位叫作视乳突,没有感光细胞,因而不感光(图

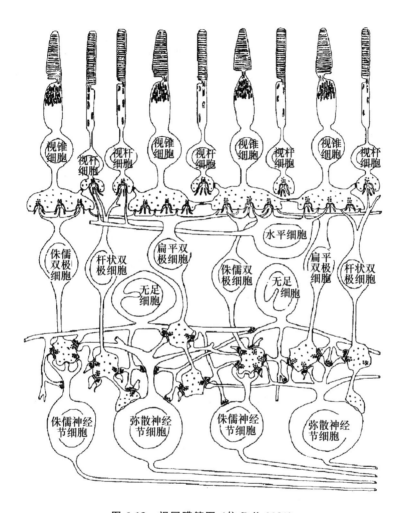

图 6-13　视网膜简图（仿 Bell,1980）

6-9）。如果外界物体的像正好投射在这里便不会被看到,是人体的生理上的盲点。

　　视网膜的各部分的结构并不完全相同。眼的后极稍偏外侧的视网膜上有直径为 1.5 毫米的黄色色素区,叫作黄斑。黄斑中央有一个直径为 0.5 毫米的小凹,叫作中央凹(图 6-14)。这里的视网膜极薄,只有密集的视锥细胞,没有视杆细胞。双极细胞和神经节细胞都偏移到旁边,减少对光线的阻挡,使光线直接作用于感光细胞上。在中央凹处,每个视锥细胞分别与一个双极细胞相连,每个双极细胞又分别连到一个神经节细胞上,形成了从视锥细胞到大脑的专线联系。

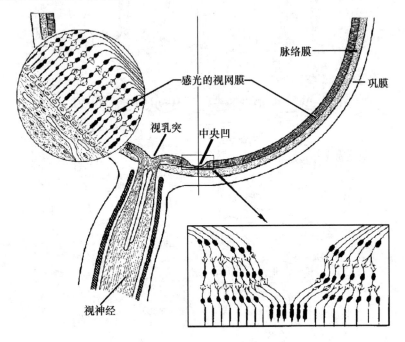

图 6-14　视网膜细胞的排列(仿 Junqueira,1980)

　　这种特殊的结构是与中央凹的精细的视觉机能相适应的。从中央凹到视网膜的边缘部分,视锥细胞迅速减少,而视杆细胞迅速增多,双极细胞层与神经节细胞层增厚,许多视杆细胞和视锥细胞与一个双极细胞相连,而许多双极细胞又与一个神经节细胞相连。在边缘部分,每个神经节细胞可与 250 个感光细胞相连(图 6-14)。

　　人眼的视网膜的中央凹部分只有视锥细胞没有视杆细胞,而边缘部分绝大多数是视杆细胞。

　　视网膜的边缘部分的光敏感度很高(为中央凹处的 20 000 倍),所以,中央视觉只适于明视,而边缘视觉则适于暗视。

眼睛分辨细节的能力叫作视敏度。在明亮处,中央凹的视敏度最高;在其周围视敏度迅速下降,最边缘部分的视敏度仅为中央凹的 1/40。

中央视觉(视锥细胞)有分辨颜色的能力,边缘视觉(视杆细胞)不能分辨颜色。

感光色素的光化学反应

我们知道视杆细胞的外段中的感光色素是视紫红质。视紫红质由视蛋白和视黄醛组成,其中视蛋白镶嵌在外段的细胞膜上。光作用于视紫红质的反应可以概括如下:

在无光的情况下,视蛋白与视黄醛紧密结合在一起,视黄醛嵌在视蛋白中。接受光的作用后,视黄醛的构型有了变化,不再嵌在视蛋白中;而视蛋白构型也有了变化。由此引起膜上的离子通道的开放,膜电位改变,最终引起视神经冲动发放。在黑暗的条件下,视蛋白和视黄醛恢复原来的构型与紧密结合的关系,又合成为视紫红质。这一过程中可能损耗的部分视黄醛由色素上皮细胞中的视黄醇(维生素 A_1)来补充。色素上皮细胞主动从血液取得维生素 A_1。如果营养不良,缺乏维生素 A_1,就会影响视黄醛的补充和视紫红质的再合成。因而,视杆细胞不能发生正常的光化学反应,光敏感性下降,在傍晚和夜间看不清物体,叫作夜盲症。

颜色感觉与色觉异常

人是怎样区分不同的颜色呢? 在人眼的视网膜中有三种视锥细胞,每种视锥细胞都含有一种感光色素,分别对蓝光、绿光和黄光最敏感。不同颜色的光刺激这三种感光细胞时引起的兴奋程度不同,传入大脑后产生相应的不同的色觉。

色觉异常分为色弱和色盲两类:色弱是对红色或绿色的分辨能力降低,这是由遗传基因或健康状况不良所造成的。色盲包括全色盲和部分色盲,其中全色盲患者只能分辨明暗,不能分辨颜色(这类色盲很少见);部分色盲多为红色盲或绿色盲。红色盲患者不能分辨红色与绿色;绿色盲患者不能分辨绿色。红、绿色盲是高度伴性遗传的。据一项调查显示,约有 8% 的男性和 0.5% 的女性有某种程度的色弱或色盲。色盲基因在 X 染色体上,是隐性遗传。如果父亲是色盲患者,母亲正常,女儿携带色盲基因,但不表现出来;外孙如果接受的是携带色盲基因的 X 染色体,便会是色盲患者。在女性中若出现色盲,则其父母双方都携带色盲基因,并遗传给她。

深度知觉

人眼位于头颅的前方,在鼻梁的两侧,相距约 6.5 厘米。每只眼的视野约为 170 度;两眼的视野大部分重叠在一起。当观察物体时,左眼稍偏于左侧面,右眼稍偏于右侧面,因而能产生立体感觉。立体镜和立体电影便是运用这一原理工作的。当看近处的物体时,两眼视轴会合;当看远处的物体时,两眼视轴分开。这是眼肌活动的结果。眼肌不同的收缩状况也有助于区分物体的远近。一只眼无法确切地判断物体的远近。

听 觉 器 官

听觉的外周感受器是耳。耳由外耳、中耳和内耳组成(图 6-15)。耳的适宜刺激是一定频率范围(16 ~ 20 000 Hz)内的空气疏密波——声波的振动。

外耳和中耳的传音作用

声波从人体外传入外耳道,使外耳道顶端的鼓膜振动;鼓膜的振动推动了中耳内的三块听小骨:锤骨、砧骨和镫骨(图 6-16);镫骨又通过卵圆窗把振动传送给内耳中的液体。振动通过鼓膜的听骨系统后可以增强外来的压力,首先是因为三块听小骨构成一套杠杆装置,使得在镫骨处的力比在鼓膜处大;其次是鼓膜的有效振动面积大于镫骨的有效振动面积,总的压力的增益可达 17 ~ 21 倍。因此,声波的能量可以有效地传入内耳的液体中。

内耳是一个封闭的小室,其中的液体实际上是不可压缩的。当镫骨向卵圆窗内移动时,正圆窗就要向外鼓出来,这样,声音的压力波才能穿过内

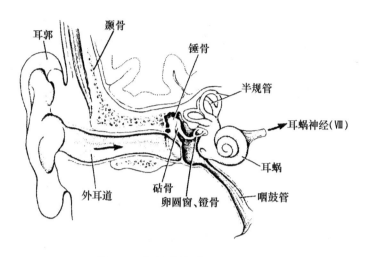

图 6-15　耳的结构（仿 Beck,1971）

耳的液体,使耳蜗结构发生位移。

中耳经咽鼓管连通咽部,并由此
与大气相通,使鼓膜两侧的压力相等。
咽鼓管在鼻、咽部的开口通常处于闭
合状态,在吞咽、打呵欠、打喷嚏时打
开。当气压急剧变化(如飞机起飞或
降落)时,中耳内的气压与大气压不相
等,鼓膜振动受阻,听觉受影响。当鼓
膜两侧的压力差太大时,可引起鼓膜
剧烈疼痛,及时主动吞咽可以打开咽
鼓管,以消除鼓膜两侧的压力差。

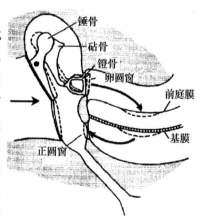

图 6-16　中耳的结构（仿 Ganong,1979）

耳蜗的结构与机能

耳蜗是内耳的听觉部分,藏在骨质的螺旋形管道中。人的耳蜗道长约
30 毫米,形似蜗牛壳,底部直径约 9 毫米,高约 5 毫米。耳蜗内由膜质管道
(蜗管)分成两部分:蜗管之上是前庭阶;蜗管之下是鼓阶。这两部分都充满
外淋巴。蜗管类似直角三角形,斜边是前庭膜,底边为基膜,其中充满内淋

巴液(图 6-17)。基膜在耳蜗底部狭窄(约 0.04 毫米),在耳蜗顶部最宽(约 0.5 毫米)。基膜上有柯蒂氏(Corti)器官,其中有毛细胞(图 6-18)。一端游离的胶冻状的覆膜盖在柯蒂氏器官上,与毛细胞的纤毛接触。第Ⅷ脑神经的耳蜗支成树状分支包围毛细胞的底部。

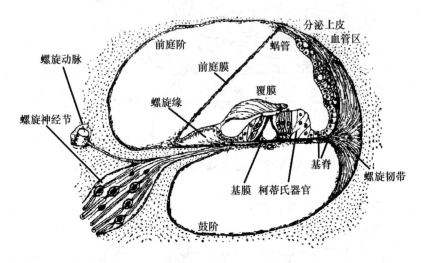

图 6-17　蜗管的结构(仿 Rasmussen,1943)

脊椎动物的毛细胞是许多机械感受系统(如鱼类和两栖类的侧线系统、脊椎动物的耳蜗和平衡器官等)中的基本结构(图 6-19)。毛细胞的一端有一根动纤毛和约 20~30 根静纤毛,其中动纤毛最长,静纤毛按长度从细胞的一侧到另一侧排列。相邻的两根纤毛之间有细丝联系。细丝将一根纤毛的顶端与比它长的相邻的纤毛的侧面连接起来。成年哺乳动物的耳蜗中的毛细胞失去动纤毛。毛细胞对机械刺激的方向很敏感,静纤毛向动纤毛弯曲会引起传入神经的去极化和兴奋;而向相反的方向弯曲会引起传入神经的超极化和发放抑制。纤毛的弯曲方向决定了传入纤维的发放频率高于或低于正常的频率。

耳蜗如何感受声音呢? 目前认为,当镫骨在卵圆窗振动时,使耳蜗发生振动,沿着蜗管引起一个行波(图 6-20)。行波沿着基膜由耳蜗底部向顶部传播,就像人在抖动一条绸带时,有行波沿着绸带向远端传播一样。当

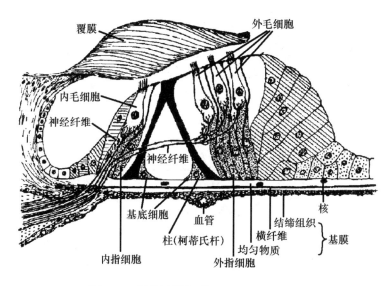

图 6-18　柯蒂氏器官(仿 Rasmussen,1943)

频率不同时,行波所能达到的部位和最大振幅出现的部位有所不同。高频率振动引起的基膜振动只限于卵圆窗附近,不能传太远;频率愈低的振动引起的行波传播越远,最大振幅出现的部位越靠近基膜顶部。当基膜振动时,由于基膜和覆膜的支点的位置不同,柯蒂氏器官与覆膜之间发生相对位移,使毛细胞上的纤毛弯曲,引起毛细胞上的离子通透性的改变,最终导致听神经上冲动的发放。在基膜的最大位移处毛细胞受到的刺激最大,相连的听神经会有更多的冲动发放。不同部位的听神经发放的冲动会引起不同的音调感觉:耳蜗底部感受高音调;中部感受中等音调;顶部感受低音调。

听觉障碍

听觉障碍分为三种:

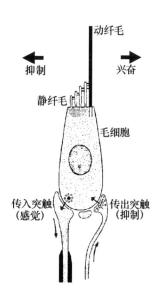

图 6-19　毛细胞

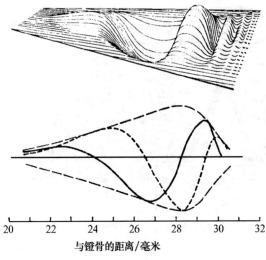

图 6-20　行波(仿 Békésy,1947)

(1) 传导性聋的听觉障碍来自外耳和中耳。外耳道堵塞、鼓膜瘢痕和听骨的运动障碍都可造成听力减退甚至耳聋。

(2) 感音性聋,即由于柯蒂氏器官和耳蜗的神经损伤引起的听觉障碍。动脉硬化和环境噪声往往使老年人的耳蜗底部的毛细胞和神经发生病变,造成对高音调的听觉障碍。长期使用某些抗生素(如链霉素、卡那霉素等)会损害毛细胞,导致听力减退甚至耳聋。

(3) 中枢性聋是由听神经通路、各级听觉中枢以及大脑皮层的病变造成的。

怎样判定声源的方向?

判定声源的方向需要两耳协同工作。从一侧来的声音到达两耳的强度和相位都有差别,这就成为判定声源方向的根据。低频率的声音由于波长较长,头部的阻隔作用小,两耳听到的强度差也较小,所以主要靠声音的相位差来判定方向,即声波的同一相位达到两耳的时间不同。高频率的声音由于波长较短,头部的阻隔作用大,两耳听到的强度差也较大,所以主要靠声音的强度差来判定方向。

判定声源的方向也要靠大脑两个半球的协同工作。切断胼胝体的狗便不能分辨声源的方向。

前 庭 器 官

前庭器官是感受人体运动和头部位置的感受器,包括内耳中除耳蜗以外的三个半规管、椭圆囊和球囊(图 6-21)。

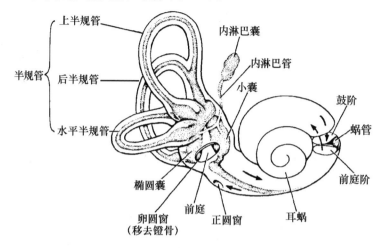

图 6-21 前庭器官(仿 Beck,1971)

三个半规管的形状大致相似。每个半规管约占圆周的 2/3,都有一相对膨大的壶腹(图 6-22)。三个半规管分别处于一个平面上,这三个平面互相垂直,形成一个立体坐标系。壶腹内有壶嵴,其位置和半规管的长轴垂

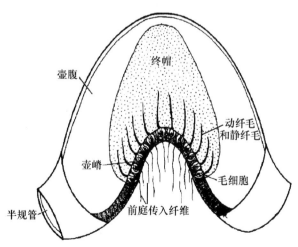

图 6-22 半规管的壶腹中的平衡感受器

直。在壶嵴中有一排毛细胞,面对管腔,而毛细胞顶部的纤毛都埋植在一种胶质的圆顶形终帽之内。终帽横贯壶腹,形成壶腹内壁的活塞状的密封垫。半规管及其壶腹内充满内淋巴液。半规管的适宜刺激是旋转加速度,这是由于内淋巴液与半规管之间在旋转开始、停止时出现相对位移的结果。头部的运动至少会引起一个半规管中的内淋巴液的运动。这种运动会使终帽偏转,刺激毛细胞;毛细胞释放神经递质兴奋传入神经元;传入神经元发放神经冲动到脑,通报身体和头部的旋转运动。

椭圆囊和球囊是感受身体静止和进行直线加速度运动时的状况的感受器;因其内有耳石(碳酸钙结晶),因此又称耳石器官。这两个囊内都有囊斑,囊斑上有毛细胞。毛细胞上覆盖着由胶状物质和许多耳石组成的耳石膜。毛细胞的纤毛插入耳石膜中。耳石的密度比内淋巴的密度大。当头部处于不同的位置时,耳石受重力作用,耳石膜在不同的方向上不同程度地牵拉毛细胞的纤毛,于是刺激了毛细胞(图6-23)。毛细胞兴奋后引起冲动发放,经传入神经传到前庭神经核,反射性地引起肌紧张的变化,从而维持了身体的平衡。

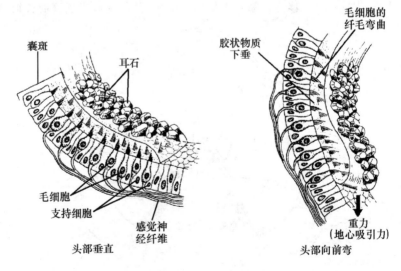

图 6-23 头部的不同位置对耳石膜的影响(仿 DeWitt,1989)

味觉、嗅觉与化学感受性

化学感受性是指人体的感受器对溶于水的化学物质的感受机能。味感受器细胞(味觉细胞)感受溶解的离子或分子的刺激;而嗅感受器细胞(嗅细胞)的表面有一层黏液,挥发的气体分子必须先溶于这层黏液,再刺激嗅感受器细胞。这两种感受机能之间没有本质的差别。

味觉

人体的味感受器是味蕾(图 6-24),大多数集中在舌乳头中;而舌乳头主要分布在舌的背面,特别是舌尖和舌的侧面。味蕾是由味觉细胞和支持细胞组成的。感觉神经末梢包围在味觉细胞的周围,可将味觉冲动传入中枢。甜、酸、苦、咸是四种基本的味觉,其敏感性在舌面的各部分是有差别的:舌尖对甜、咸最敏感,对苦、酸也敏感;舌的外侧对酸最敏感;舌根对苦最敏感。

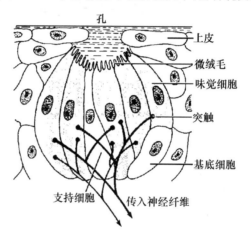

图 6-24　味蕾(仿 Junqueira,1980)

嗅觉

人体的嗅细胞存在于鼻腔中的上鼻道背侧的鼻黏膜中,所占面积只有几平方厘米。当平静呼吸时,进入鼻孔的空气很少到达嗅细胞的部位;急促的吸气可以使一部分空气到达这个隐蔽部位。因此,在分辨某种气味时,常常快吸一口气,使空气中的某些气味物质的分子到达上鼻道刺激嗅细胞。嗅细胞是一种胞体为卵圆形的双极神经元,外端伸出 5～6 根嗅纤毛,内端变细成为无髓鞘神经纤维,穿过筛板到达嗅球(图 6-25)。嗅细胞起着感受刺激和传导冲动的双重作用。嗅纤毛是嗅细胞中感受气味分子刺激的部位。气味分

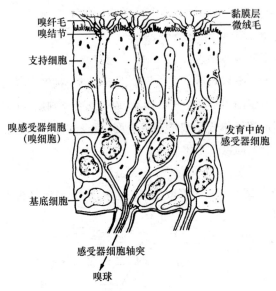

图6-25 嗅细胞(仿王玢,2001)

子先被黏液吸收,然后扩散到纤毛处与膜受体结合,引起膜通道开放,电导增加,正离子内流,从而产生去极化的感受器电位。

人的嗅觉敏感性相当高,例如可以察觉每升空气中仅有 0.000 01 毫克的人造麝香或 0.000 000 04 毫克的硫醇。但与属于嗅觉高度发达的敏嗅觉类的其他哺乳动物比较,人和猿猴都属于嗅觉不发达的钝嗅觉类,例如狗的嗅觉敏感性就比人高得多。

颈动脉体与主动脉体的化学感受器

颈动脉体位于总颈动脉的分支处,长约3毫米,内有感受器细胞,可以感受血液中二氧化碳分压升高及氧分压过低的刺激,反射性地引起呼吸运动增强。主动脉体位于主动脉弓附近,也有类似的结构,起着类似的作用。

皮肤感觉

人体的皮肤感觉主要包括触(压)觉、温度觉、痛觉等。皮肤感觉呈点状分布,每种感觉都有相应的感觉点。

触(压)觉

如果用一根较硬的毛发轻触皮肤,便可以发现触觉的点状分布,例如在有毛区域往往可以在毛根的旁边找到感受触觉的"点"。在毛根的周围有裸露的神经末梢围绕,由于杠杆的作用,触到毛发的力被放大了许多倍,增加了敏感性。在无毛区域的真皮中有一种麦氏(Meissner)小体,在皮下组织中有一种帕氏（Pacinian）小体（环层小体），这些也是触感受器（图 6-26）。在皮肤的两点同时给予机械刺激，如果两点之间的距离足够大，便会感到两个独立的接触点；如果距离缩小到一定的程度，便会感到只是一个点。皮肤感觉能分辨出的两点之间的最小距离叫作两点阈。人体各部位触觉的两点阈有很大的差别：背、大腿、上臂等部位的两点阈较大（约 60～70 毫米）；而舌尖、指尖、嘴唇等部位最小（只有数毫米）。

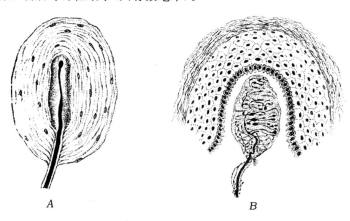

图 6-26　触感受器（引自《人体组织解剖学》，1981）
A. 帕氏小体；*B.* 麦氏小体

当物体接触人体的皮肤时引起触（压）觉，但实际上起刺激作用的并不是压力本身，而是由于压力作用于皮肤使末梢器官变形。如把手指插入汞中，只是在汞与空气的界面上手指才有压觉，而在汞中的其他部分则没有压觉。看来对机械感受器的直接刺激是细胞膜的牵张和变形。

温度觉

皮肤和舌的表面上有两种温度感受器：在温度升高时发放频率增加的称为温感受器；在温度降低时发放频率增加的称为冷感受器。这两种感受器都呈点状分布。冷感受器多于温感受器，例如在面部皮肤上每平方厘米约有 16～19 个冷感受器，而温感受器只有几个。温、冷感受器的适宜刺激都是热量的变化；它们实际感受的是皮肤上的热量丧失或获得的速率。因此,当手与温度都是 10 ℃的铁块和木材分别接触时,并不感到同样程度的冷,而是感到铁块更冷些,这是因为铁块的热容量大,传热快,从皮肤上带走热量更快些。

痛觉

痛觉不单是由一种刺激引起的,电、机械、过热或过冷、化学刺激等都可以引起痛觉。这些刺激的共性是都能使人体发生损伤,所以可以把痛觉叫作损害感受性,即对有害因素的敏感性。痛觉的机能是保护性的,几乎不产生适应,在有害刺激持续作用的时间内一直发生反应,直到刺激停止。痛刺激引起人体产生一系列的保护性反射,如肾上腺素分泌、血糖增加、血压上升、血液凝固加快等。一般认为痛感受器是表皮下的游离神经末梢(图 6-27)。痛觉末梢不止分布在皮肤上,实际上分布在人体全身的很多组织中。除了皮肤痛以外,还有来自肌肉、肌腱、关节等处的深部痛和来自内脏的内脏痛。

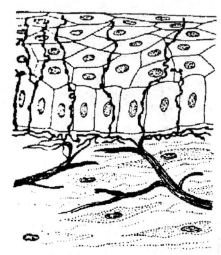

图 6-27　游离神经末梢

(引自《人体组织解剖学》,1981)

深部感觉与内脏感觉

深部感觉

深部感觉是指人体内部的结构(如骨骼肌、肌腱、关节等部位的感受器)受到刺激时所产生的感觉。相应的感受器称为深部感受器(又称本体感受器),如肌肉中的肌梭、肌腱中的腱梭(高尔基器)(图 6-28)等,可以感受肢体所处的位置和关节的屈伸程度等。

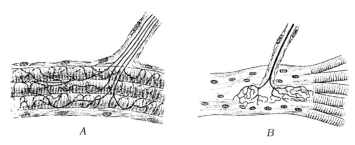

图 6-28　深部感受器(引自 Junqueira,1980)

A. 肌梭;*B.* 腱梭

内脏感觉

内脏感觉是由于人体的内脏器官的感受器受到刺激所引起的感觉,包括刺痛、牵拉、充胀以及饥、渴、恶心、性感觉等。

内脏痛有时难于准确地定位,牵涉到其他身体的表面,叫作牵涉性痛(图 6-29)。例如心绞痛是牵涉性内脏痛的典型例证,心脏冠状动脉的疾患引起前胸、左肩、左上臂甚至后背的痛觉;胆结石可以引起右肩胛部痛;患阑尾炎时,初期疼痛可在脐周围或上腹部。

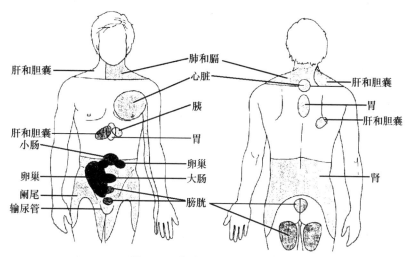

图 6-29　牵涉性痛部位示意图

除了内脏痛,深部肌肉痛也可以牵涉到身体表面。

第七讲

神经系统调节全身的活动

神经系统的结构

神经活动的基本形式——反射

　神经系统对躯体运动的调节

　神经系统对内脏活动的调节

神经系统的高级机能

　大脑的机能

条件反射学说

大脑皮层的电活动

睡眠与觉醒

神经系统的结构

　　人体的神经系统分为中枢神经系统和周围神经系统(图7-1)：中枢神经系统包括脑和脊髓；周围神经系统包括与脑相连的脑神经和与脊髓相连的脊神经。从机能上划分，周围神经系统分为传入神经(感觉神经)和传出神经(运动神经)；传出神经又可分为支配骨骼肌的躯体运动神经和支配内脏器官的内脏神经；内脏神经还可再分为交感神经和副交感神经。

$$
神经系统\begin{cases} 中枢神经系统\begin{cases} 脑：延脑、脑桥、小脑、中脑、间脑、大脑 \\ 脊髓 \end{cases} \\ 周围神经系统\begin{cases} 传入神经(感觉神经) \\ 传出神经(运动神经)\begin{cases} 躯体运动神经 \\ 内脏神经\begin{cases} 交感神经 \\ 副交感神经 \end{cases} \end{cases} \end{cases} \end{cases}
$$

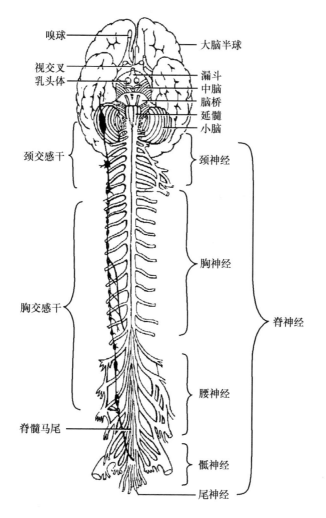

图 7-1 神经系统(引自《人体解剖生理学》,1981)

脊髓

脊髓(图 7-2)位于脊椎管中,上端在枕骨大孔处与脑相连,总长约 45 厘米。脊髓由灰质与白质组成:灰质在内,呈 H 形,主要由神经的胞体和树突构成,为暗灰色;白质围在灰质四周,由神经纤维聚集而成,主要为上、下纵行的神经纤维,色泽亮白。灰质中央有中央管,纵贯脊髓全长,上与脑室相通,中有脑脊液。灰质向前、后延伸处分别为前角和后角。前角与前根联系,前根为运动神经纤维;后角与后根联系,后根为感觉神经纤维。

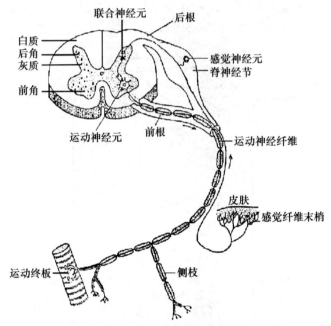

图 7-2　脊髓(引自《人体解剖生理学》,1981)

脑

延脑与脊髓相连。自延脑向上,延脑、脑桥、中脑与间脑合称为脑干。脑干中的一些机能相同的神经元集合在一起形成神经核;机能相同的神经纤维集合在一起形成神经束。除此以外,脑干中还有广泛的区域,其中神经纤维纵横穿行,交织成网,一些神经细胞散在其中,称为网状结构。脑干中有许多重要的生命活动中枢,如心血管运动中枢、呼吸中枢、吞咽中枢等。

小脑位于延脑和脑桥的背面,表面为灰质,称为小脑皮层;内部为白质,称为小脑髓质,髓质内还有一些灰质核团。

大脑分为左、右两个半球(图 7-3),表面为灰质,称为大脑皮层;内为白质,是大脑髓质。髓质中有灰质核团,称为基底神经节。人体的大脑皮层有许多沟回,因而增加了皮层面积(共约 1 平方米)。两大脑半球的大脑皮层之间有神经纤维连接,称为胼胝体。

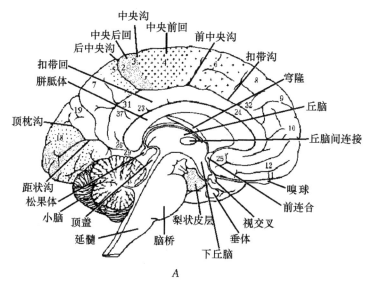

A

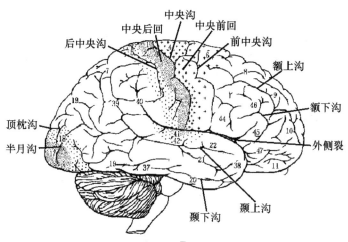

B

图 7-3 人的两个脑半球

A. 左半球(从胼胝体切开所见);B. 右半球

两大脑半球的内部的腔隙为侧脑室;间脑、中脑内都有脑室;延脑、脑桥与小脑之间有间隙。这些脑室、间隙中有脑脊液自上而下相通,并与脊髓的中央管相连。

脑神经

人体的脑神经共有 12 对,按顺序以罗马数字命名。脑神经分为运动神经、感觉神经和混合神经三类,分别由脑内运动神经元的传出纤维或感觉神经元的传入神经纤维构成。脑神经与中枢神经的联系、分布和主要机能见图 7-4 和表 7-1。

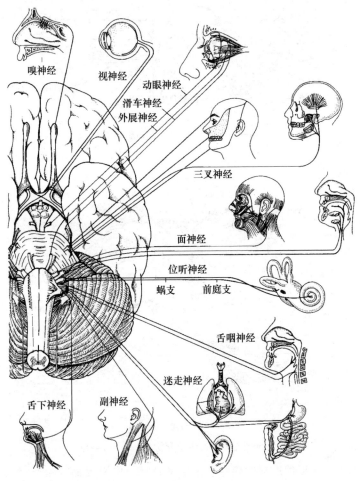

图 7-4 脑神经的连接(引自 DeWitt,1989)

表 7-1 脑神经的分布与机能

序号	名 称	性 质	中枢部位	分布区	主要机能
I	嗅神经	感觉神经	大脑半球	鼻腔上部的黏膜	嗅觉
II	视神经	感觉神经	间脑	视网膜	视觉
III	动眼神经	运动神经	中脑	眼的上、下、内直肌和下斜肌	眼球运动
				眼的瞳孔括约肌和睫状肌	瞳孔缩小,调节晶状体
IV	滑车神经	运动神经	中脑	眼的上斜肌	眼球转向下外侧
V	三叉神经	混合	脑桥	面部皮肤;上、下颌黏膜;齿龈;角膜、上眼睑	面部皮肤,上、下颌黏膜,齿龈,角膜等处的浅部感觉
				咀嚼肌	咀嚼肌运动
VI	外展神经	运动神经	脑桥	眼的外直肌	眼球转向外侧
VII	面神经	混合神经	脑桥	面部的表情肌	表情肌运动
				舌前 2/3 的黏膜	舌前 2/3 的味觉
				舌下腺、颌下腺、泪腺	舌下腺、颌下腺、泪腺的分泌
VIII	位听神经	感觉神经	脑桥、延脑	内耳	听觉,平衡觉
IX	舌咽神经	混合神经	延脑	咽肌	咽肌运动
				腮腺	腮腺的分泌
				咽部、舌后 1/3 的黏膜	味觉
				颈动脉窦、颈动脉体	血压;化学感受
X	迷走神经	混合神经	延脑	咽、喉部肌肉和黏膜	咽肌的运动与感觉
				内脏器官和腺体	内脏器官的运动与感觉;腺体的分泌
XI	副神经	运动神经	延脑	胸锁乳突肌和斜方肌	头转向对侧;提肩
XII	舌下神经	运动神经	延脑	舌肌	舌肌运动

脊神经

人体脊神经共有 31 对,其中颈神经 8 对,胸神经 12 对,腰神经 5 对,骶神经5对,尾神经1对(图7-1)。每对脊神经由前根和后根在椎间孔处汇合(图7-2)。前根是运动性的,由脊髓前角运动神经元的轴突和侧角交感神经元或副交感神经元轴突组成。这些神经纤维分布到人体的骨骼肌、心肌、平滑肌和腺体,支配肌肉的收缩和腺体的分泌。后根的机能是感觉性的。后根在与前根汇合之前形成膨大的脊神经节,脊神经节内有感觉神经元,其神经纤维分布至全身各处,神经末梢感受各种刺激。例如皮肤上的神经末梢感受体表的冷、热、痛、压、触刺激;肌肉和肌腱的神经末梢感受肌肉长度和肌肉张力的变化;血管和内脏器官的神经末梢分别感受血管和内脏的变化。因此,前根和后根组合成的脊神经是混合性神经。

神经活动的基本形式——反射

17世纪法国哲学家笛卡儿(R. Descartes,1596—1650)(图7-5)把机体对刺激的规律性反应与光线的镜面反射进行类比。根据接触角膜时可以引起规律性的眨眼这一类事实,提出了"反射学说"。

现代"反射"的概念是指在中枢神经系统参与下,机体对刺激感受器所发生的规律性的反应。反射是神经系统的最基本的活动形式。机体全身的每块骨骼肌和每个内脏器官都有反射活动。反射是多种多样的,有些很简单,有些很复杂。简单的反射包括咀嚼反射、吞咽反射、瞬目反射、瞳孔反射、膝反射、屈反射等;复杂的反射有跨步反射、直立反射、性反射等。这些反射活动都有适应意义,即反射活动的结果有利于人的生存与繁衍。

图7-5 笛卡儿(Bayliss,1924)

反射是在一定的神经结构中进行的,这种结构叫作反射弧。反射弧包括感受器、传入神经、反射中枢、传出神经和效应器,其中任何一个部分受损伤,反射活动都不能实现。

在先天的反射的基础上,机体在生活过程中还可以建立条件反射,使之更适应外界环境的变化。

神经系统对躯体运动的调节

躯体运动是在人体的神经系统的支配与调节下进行的。

有的运动只涉及最简单的反射弧——二元反射弧。例如敲击股四头肌引起膝反射(图 7-6),只经过一个感觉神经元和一个脊髓前角的运动神经元就可引起股四头肌收缩。

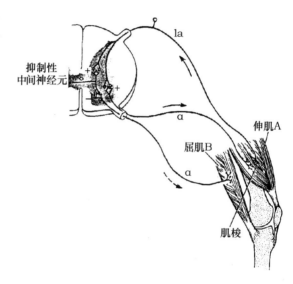

有的运动涉及三个以上的神经元所组成的反射弧。例如屈反射是肢体对损伤性刺激的屈曲反应。当

图 7-6 膝反射(仿 Eccles,1960)

损伤性刺激作用于足部的皮肤表面或深部结构时,传入神经先将冲动传入脊髓,通过一个中间神经元的接替,再与脊髓传出(运动)神经元联系,将传出冲动传送到同侧屈肌。在刺激较弱时只引起踝关节的屈肌收缩;在刺激强度较大时会出现膝关节和臀部的屈肌收缩。

在屈反射中主要是屈肌的收缩,但同时也出现与这些屈肌相颉颃的伸肌的舒张。这是通过脊髓的中间神经元的侧支接通一个抑制性神经元而实现的。抑制性信息使得伸肌处于舒张状态。这样,一对颉颃肌便在反射活动中协调起来。这种由同一传入神经的刺激对颉颃肌产生的相反的交互作

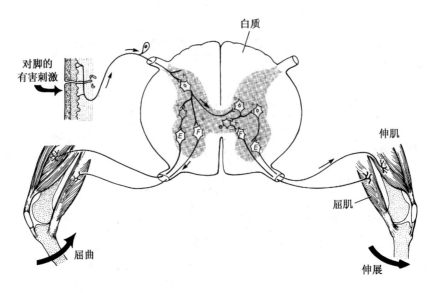

图 7-7 屈反射中的交互神经支配图解

作用于皮肤的有害刺激激活痛觉传入神经,冲动传到同侧中间神经元。中间神经元兴奋同侧屈肌运动神经元(F)引起屈肌收缩;同时还兴奋抑制性中间神经元,使同侧伸肌运动神经元(E)被抑制。同侧中间神经元还使对侧中间神经元兴奋,引起对侧伸肌运动神经元(E)兴奋,屈肌运动神经元(F)抑制(仿 Eckert,1988)

用叫作交互神经支配(图 7-7)。如果刺激达到足够强度,一侧的损伤性刺激引起同侧的屈反射,同时还会引起对侧出现伸反射,伸肌收缩,屈肌舒张。这也是交互神经支配。这种反射可使人体避开损伤性刺激,维持身体平衡。这种两侧协同动作称为双重交互神经支配。

人在清醒时,肌肉总是处于一种收缩幅度或大或小的紧张状态中,这是因为肌肉中有少量肌纤维在收缩,维持着一种紧张状态,叫作肌紧张。肌紧张是由少数运动单位轮流收缩而实现的,所以收缩幅度不大,不易疲劳。肌紧张是一种反射活动。在肌肉中有一种可以感受牵拉的感受器叫作肌梭。肌梭和肌纤维呈平行排列的关系。当肌肉受到牵拉而伸长时,肌梭同时受到刺激,产生传入冲动进入中枢,通过运动神经发放冲动,引起肌肉收缩。因此,牵张反射是肌肉对牵拉的收缩反应,对维持人体的正常姿势很重要。例如,人清醒时头部直立;瞌睡状态时头部低垂。头部受到重力作用时,如果重心不在脊柱上便会下垂,但头部下垂这个动作牵拉颈部肌肉引起牵张反射而使之收缩,从而使头部恢复直立。也就是说,清醒时后颈部的肌肉经常处于轻微收缩的肌紧张状态;进入瞌睡时由于肌紧张减弱,在重力作用下头部下垂。

牵张反射不仅是脊髓反射,还受高级中枢神经系统的多方面的影响,有的使它的作用加强,有的使它的作用减弱。

在对躯体运动的调节中,中枢神经系统的网状结构、基底神经节、小脑和大脑皮层都起着重要作用。

小脑是脑的第二大部分(图 7-1)。它的主要机能包括维持躯体平衡,调整躯体的不同部分的肌紧张以及对随意运动的协调作用。小脑受损

图 7-8　患者的手指从鼻尖移向他人手指时的震颤记录(仿鲁,1974)

伤后表现出随意运动的震颤(图7-8),在随意运动终末最明显。这种患者丧失了完成精细动作的能力。

人体的随意运动是由大脑控制的。大脑皮层的中央前回是最重要的运动区。生理学家用电刺激一侧的中央前回一般引起对侧躯体运动;刺激中央前回的顶部可以引起下肢的运动;而刺激中央前回的下部却出现头部器官的运动。由此可见中央前回的皮层与躯体呈现对侧的、颠倒的关系。但是,中央前回的皮层与头部的关系例外,是双侧和正立的关系。图 7-9 是20 世纪 30 年代加拿大神经学家潘菲尔德(W. Penfield)等人根据测试所得到的大脑皮层中央前回运动区和躯体各部分的关系图。从图中看到,躯体各部分的皮层代表区的范围的大小与躯体各部分的大小无关,而与各部分的运动机能的灵活性和细致程度有关。例如,五个手指占据的皮层区域大于躯干部分,这意味着支配该器官的起源神经元更多些。大脑皮层运动区的损伤(如脑溢血、脑血管栓塞)会引起相应躯体部位的运动障碍。

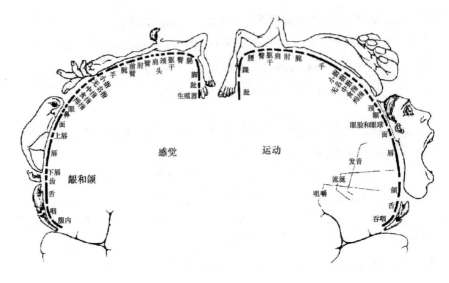

图 7-9　大脑皮层运动区(中央前回)和体觉区(中央后回)
与躯体各部分的关系(仿 Penfield,1950)

神经系统对内脏活动的调节

神经系统对人体的内脏活动的调节是通过内脏神经系统(又称植物性神经系统或自主神经系统)进行的。

内脏神经系统与躯体神经系统在结构上的主要区别

躯体传出神经纤维从中枢发出后直接到达效应器——骨骼肌,而中枢发出的内脏传出神经纤维必须在中枢外的一个神经节中换一个神经元。由中枢到达这个神经节的神经纤维叫作节前纤维;由神经节发出到达效应器的神经纤维叫作节后纤维。

内脏神经系统可按照节前神经元细胞体的位置分为交感神经与副交感神经(图 7-10):交感神经纤维起源于胸、腰部的脊髓,交感神经节大多位于脊椎旁,组成交感神经干(链)。副交感神经纤维一部分起源于脑部神经核,传出神经纤维在Ⅲ、Ⅳ、Ⅵ、Ⅹ脑神经中;另一部分起源于骶部的脊髓,随骶部前根离开脊髓,组成盆神经。副交感神经节多数位于效应器官附近或其壁内。内脏反射的传入神经一部分起源于躯体,另一部分起源于内脏器官。

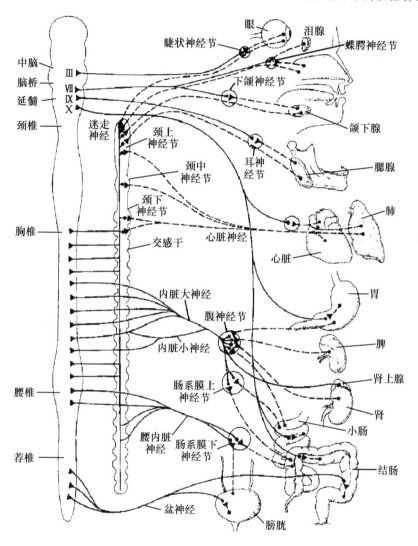

图 7-10 内脏神经系统(仿 Luciano,1978)

内脏神经系统的机能特点

内脏神经系统的机能特点是双重神经支配。大多数的内脏器官既有交感神经支配,又有副交感神经支配。这两种作用往往是颉颃性的,即一种神经引起兴奋,而另一种则引起抑制。例如,交感神经冲动使心搏加速,副交感神经冲动则使心搏减慢;又如在胃、肠管道中,这两种神经支配的作用正好相反:副交感(迷走神经)神经冲动使蠕动加快;交感神经冲动使蠕动减慢。交感神经元与副交感神经元经常发放冲动到效应器,即处于紧张性发放状态。内脏器官的机能状态决定于这两种紧张性发放的平衡。

在另一些器官中,交感神经和副交感神经的作用都是兴奋性的。例如,刺激副交感神经引起唾液腺的分泌量大,内含有机物少,较稀薄;刺激交感神经引起的唾液腺分泌量小,内含有机物多,较黏稠。这两种分泌互相补充,可适应外界的不同的刺激。又如交感神经支配辐射状的瞳孔散大肌,其兴奋使瞳孔放大;动眼神经(Ⅲ)中的副交感神经支配环行的瞳孔括约肌,其兴奋使瞳孔缩小。这两种兴奋的效果不同,有利于调节进入眼球的光线。交感神经和副交感神经对内脏器官的主要机能见表7-2。

表7-2 内脏神经系统的主要机能

器 官	交感神经	副交感神经
循环器官	心搏加快、增强(心输出量加大);皮肤及腹腔血管收缩(血压升高)	心搏减缓、减弱
呼吸器官	支气管平滑肌舒张(管腔变粗)	支气管平滑肌收缩(管腔变细,促进黏液的分泌)
消化器官	胃肠运动减弱	胃肠运动加强,胃液、胰液的分泌增多
泌尿器官	膀胱平滑肌舒张	膀胱平滑肌收缩
男性生殖器	血管收缩	生殖器血管扩张
女性生殖器		生殖器血管扩张,子宫收缩弛缓
内分泌腺	促进肾上腺素的分泌	促进胰岛素的分泌
代谢	促进糖原的分解,血糖升高	血糖降低
眼瞳孔	散大	缩小
皮肤	促进汗腺的分泌;竖毛肌收缩	

从表7-2中可见,交感神经的作用主要是保证人体在紧张状态时的生理需要,此时交感神经活动占优势,心搏加速,血压升高,支气管扩张,血糖升高。当人处于静息状态时,副交感神经活动占优势,心血管活动水平相对降低,而胃肠管的蠕动和消化液的分泌加强,有利于营养物质的吸收和储存。

内脏神经系统的神经末梢也是通过释放化学递质作用于效应器的受体上来引起生理反应的。大多数交感神经节后纤维释放去甲肾上腺素,副交感神经节后纤维释放乙酰胆碱。

各级中枢对内脏活动的调节

脊髓控制一些简单的内脏反射,如排尿、排便、出汗、血管收缩等;但脊髓控制的内脏反射活动平时经常处于高级中枢的控制下。

脑干中有许多重要的内脏反射中枢(如心血管运动、呼吸、呕吐、吞咽等中枢)对生命活动具有重要意义。

下丘脑是控制人体的内脏活动的高级中枢,和大脑皮层、丘脑、脑干保持密切的联系。下丘脑中存在着调节体温、调节饮水与排尿、调节摄食的中枢;并且通过下丘脑-脑垂体控制内分泌活动,间接影响内脏活动。此外,生理学家发现刺激猫的下丘脑的一定部位,猫出现"假怒",表现为拱背怒吼、张牙舞爪,心跳加快,血压上升。这说明下丘脑可将躯体的反射与内脏的反射整合起来形成复杂的感情性行为。

大脑皮层对内脏的控制区主要是边缘皮层。边缘皮层位于大脑两半球的内侧面,刺激其不同的部位可以引起复杂的内脏机能反应。

神经系统的高级机能

大脑的机能

神经系统除了感觉机能和运动机能以外,还有一些更高级的机能,如学习、记忆、语言、睡眠等。这些机能大都是与人体的神经系统的高级部位,尤其是与大脑密切相关的。

大脑的结构

大脑主要包括左、右大脑半球,是人体的中枢神经系统的最高级部分;左、右大脑半球由胼胝体相连。大脑半球的表面布满深浅不同的沟或裂,沟裂之间的隆起部位称为脑回。大脑半球上有几条重要的沟裂:中央沟、外侧裂、顶枕沟和距状沟(图7-3)。这些沟裂将大脑半球分为四个叶,即中央沟以前、外侧裂以上的额叶,外侧裂以下的颞叶,顶枕沟后方的枕叶以及外侧裂上方、中央沟和顶枕沟之间的顶叶。

覆盖在大脑半球表面的一层灰质称为大脑皮层,是神经元细胞体集中的区域。大脑皮层之下为白质,由大量神经纤维组成,其中包括联系大脑的回与回之间、叶与叶之间、大脑两半球之间以及大脑皮层与脑干、脊髓之间的神经纤维。白质内还有靠近脑底部的灰质核,称为基底核。

大脑约有几百亿个神经元。数量如此巨大的神经元及其之间的极为复杂的联系是人体神经系统的高级机能的物质基础。

大脑皮层机能定位

人的大脑皮层有很多沟回,这种构造大大增加了皮层的面积。不同区域的皮层机能是不同的(图7-11)。

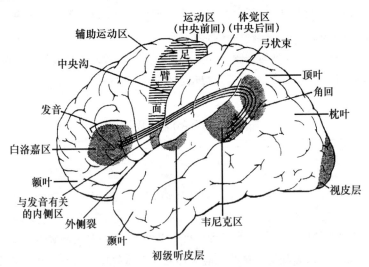

图 7-11 人的大脑左半球的外侧面的机能定位

1860 年法国外科医生白洛嘉（P. Broca，1824—1880）观察了一个病例。这位患者的喉、舌、唇、声带等都没有常规的运动障碍。他可以发出个别词的声音或哼出曲调，但不能说出完整的句子，也不能通过书写表达思想。后来在尸体解剖时发现患者的大脑左半球的额叶后部有一鸡蛋大的损伤区，脑组织退化并与脑膜粘连，但大脑右半球正常。白洛嘉后来研究了八个类似的患者，都是在大脑左半球这个区域（现在叫作白洛嘉区）（图 7-11）受损。这些发现使白洛嘉在 1864 年宣布了一条著名的脑机能的原理："我们用左半球说话。"这是第一次在人的大脑皮层上得到机能定位的直接证据。大脑左半球的白洛嘉区受损害的人说起话来都不正常，其特点是：说话吃力、缓慢，发音不清；一般不能讲出形式完整、合乎语法的句子。这个控制语言的运动区只存在于大脑左半球的皮层，这也是人类大脑左半球的皮层优势的第一个证据。1876 年韦尼克（C. Wernicke）发现的人的大脑左半球的颞叶后部与顶叶和枕叶相连接处是另一个与语言能力有关的皮层区（现在叫作韦尼克区）（图 7-11）。这个皮层区受损伤的患者可以说话但不能理解语言，即可以听到声音却不能理解意义。后来人们又发现大脑左半球与语言文字有关的另外几个区域。

19 世纪以来，经过生理学家、医生多方面的实验研究和临床观察，以及把临床观察、手术治疗和科学实验相结合，得到了关于大脑皮层的机能的许多认知。20 世纪 30 年代潘菲尔德等对人的大脑皮层的机能定位进行了大量的研究。在他们进行神经外科手术时，在局部麻醉的条件下用电流刺激患者的大脑的皮层，观察患者的运动反应，并询问患者的主观感觉；研究结果总结在他们所设计的示意图（图 7-9）中。与主要运动区（中央前回）对应的中央后回是躯体感觉区，又叫作第一体觉区。用电流刺激第一体觉区时，体表某处有麻木或电麻样感觉。躯体感觉的皮层代表区与躯体表面的关系类似皮层运动区与躯体各部分肌肉的关系。皮层体觉区除面部代表区是双侧性联系外；其他各部分在皮层代表区都是对侧性的。下肢的代表区在中央后回的顶部，头面区在中央后回的底部，呈倒立的顺序；但在头面代表区内的各部分感觉的代表区却是正立的顺序。皮层代表区的面积与感觉机能的敏感性有关，而与体表面积无关，即感觉灵敏的部位在皮层的代表区较大。人的大脑皮层还有第二体觉区,从中央后回的下端到外侧裂的底部,比第一体觉区小得多,是双侧性的,与体表的关系呈正立的顺序。

主要的视区在大脑皮层的枕叶的后部(图 7-11);主要的听区在颞叶的上部。大脑皮层上还有一些区域或与嗅觉有关,或与味觉有关,或与内脏的复杂活动有关。此外,在这些运动区与感觉区之间有很大一部分皮层,其机能目前还很不清楚。临床观察和实验资料表明,这些区域的机能是很复杂的,例如,额叶的损伤常常引起人的个性的改变。一次偶然的事故使人认识到额叶与人的情绪、个性有关。1848 年美国筑路工人盖奇(P. Gage)在用一根铁棍夯实小洞中的炸药时,炸药突然爆炸,铁棍从他的左眼的下部插入,从颅顶穿出,刺穿、破坏了他的额叶(图 7-12)。虽然盖奇被救活了,但精神状态发生了很大的变化。医生指出,他变得动静无常、无礼,爱说下流话,不尊重同伴,极端固执而反复不定。原来的朋友也都说他变了,不再是原来的盖奇了。在此后又有许多额叶损伤的病例被报道。额叶损伤的患者常常表现出轻率、不老练(甚至过分坦白),情绪容易从欢乐很快转为悲哀。这样看来额叶的机能与人类的社交行为的大脑皮层控制有关。

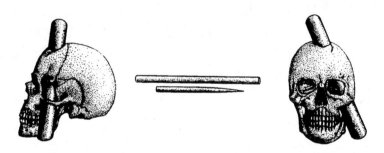

图 7-12　盖奇被铁棍击穿的颅骨

颞叶除了一小部分与听觉有关外,还有一大片大脑皮层。1931 年潘菲尔德进行脑外科手术时,用电流刺激颞叶引起了复杂的反应。例如,刺激一位患者的右侧颞叶上的某一点,第一次她说:"我听到了音乐。"15 分钟后再刺激,她说:"我又听到了音乐,好像是在听收音机。"反复刺激同一点,患者每次都可听到管弦乐队演奏同一乐曲,而这首乐曲正是她过去曾经听过的,她还可以随着音乐哼出曲调。一年后,患者写信给医生说她已经找到了记录有她所听到的乐曲的歌本。刺激另一患者的颞叶上的某一点,她不仅能听到过去听过的声音,而且还能看到过去到过的地方。这些实验说明在人的大脑皮层的某些部位储存着过去的经验信息。

大脑左、右两半球的分工

19 世纪以后逐渐形成一种概念,认为大脑两半球相比较,左半球是主半球、优势半球;而右半球是"沉默的"半球,处于次要地位。

20 世纪 60 年代以后,斯佩里(R. Sperry)对一些因控制癫痫的扩散而切断胼胝体的"裂脑人"进行了观测。他发现左、右两个大脑半球分别有分工,各有优势(图 7-13)。

大脑左、右两半球的记忆能力也各有特点。"裂脑人"的左半球的记忆语言材料的能力与正常的人脑差不多,但难于记住复杂的视觉和触觉信息;右半球的记忆能力正相反,很难记住语言材料而易于记住复杂的视觉和触觉信息。

独立的大脑左半球支配人的说话、写字、数学计算和抽象推理。在控制神经系统的活动的方面,左半球也是执行任务较多、起主导作用的半球。独立的大脑右半球在形象思维、认识空间、理解音乐和分析复杂的关系等方面的能力优于左半球。右半球的语言机能较差,几乎没有计算能力,不能领会形容词和动词的含意。斯佩里认为,大脑左、右两半球的机能是高度专门化的,各司其职又互相补充。大脑右半球也有许多较高级的机能,左半球占优势的概念需要补充、修改。

20 世纪 30 年代巴甫洛夫提出可以将人分成思想型和艺术型,当时缺乏支持这种划分的直接证据。现在我们可能已经发现了这种区分的基础:思想型的人的一般活动多受大脑左半球的控制;而艺术型的人的右半球更加强有力。

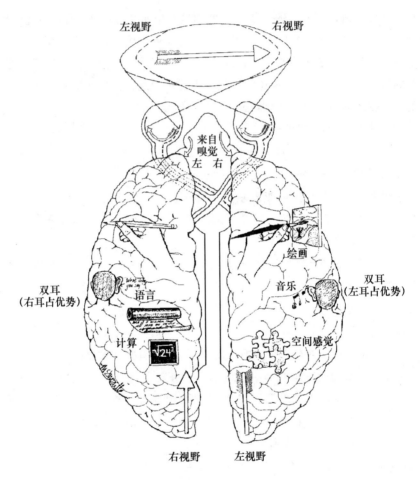

图 7-13　两个大脑半球的机能特化(仿 Sperry，1974)

条件反射学说

条件反射学说是 20 世纪初巴甫洛夫在大量实验的基础上逐步形成的学说(图 7-14)。

20 世纪初,巴甫洛夫针对狗的"心理性分泌"用客观的方法进行研究。

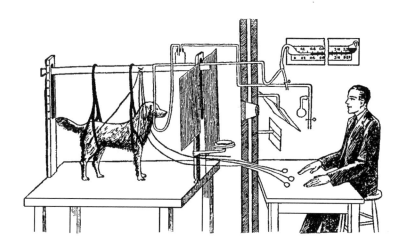

图 7-14　条件反射实验装置图解

这是他对动物高级神经活动研究的开始。他在几十年内积累了许多资料，逐步形成了巴甫洛夫关于高级神经活动的学说。

非条件反射与条件反射

狗吃食物时会大量分泌唾液，即使没有吃到，看到或嗅到食物时也分泌唾液。通常把这种现象叫作心理性分泌。巴甫洛夫观察了这类现象，认为看到或嗅到食物引起狗的唾液分泌也是一种反射。不过，吃到食物引起唾液分泌是固定的、无条件的反射；而看到或嗅到食物引起唾液分泌是一种暂时性的、起伏变化的、依靠许多条件的反射。因此，巴甫洛夫把吃到食物引起唾液分泌的这类反射叫作非条件反射（无条件反射）；把看到或嗅到食物引起唾液分泌的这类新的反射叫作条件反射。在非条件反射中，起刺激作用的是食物的化学成分及其坚硬、干燥的程度等；在条件反射中，起刺激作用的是食物中与唾液分泌没有直接关系的特性（如食物的形状、颜色、气味等），实际上就是食物的主要特性的信号。将有颜色的酸液注入狗的口中，引起它大量唾液分泌；后来当狗看到这种颜色的酸液但并未注入口中时就引起了唾液分泌。这种条件反射有重要的适应意义，使动物能更精确地适应外部环境。

条件反射是如何形成的呢？巴甫洛夫认为这是在非条件反射的基础上

形成的。例如,铃声原来与食物无关,并不引起狗的唾液分泌,它是与食物刺激无关的刺激。在铃声单独作用几秒钟后再给狗喂食,叫作强化。重复若干次以后,铃声单独作用即可引起狗的唾液分泌。这是铃声引起的条件反射;此时原来与食物无关的铃声变成了食物的信号。能引起条件反射的铃声叫作条件刺激;能引起非条件反射的食物叫作非条件刺激。在建立条件反射的时候,由非条件刺激引起的中枢神经系统内的强烈的兴奋灶会把由条件刺激所引起的中枢神经系统内的较弱的兴奋灶吸引过来,即非条件反射为条件刺激开辟了一条通到非条件反射中枢的暂时的通路。

巴甫洛夫在实验室中进行了切除狗大脑皮层对条件反射影响的实验,发现完全切除大脑皮层的狗的原有条件反射都消失了,再也不能建立新的条件反射。因此巴甫洛夫认为,大脑皮层是条件反射的器官,条件反射可能是在条件刺激的皮层代表区与非条件刺激的皮层代表区之间建立了暂时的联系。

阳性条件反射与阴性条件反射

铃声与喂食的多次结合使狗建立对铃声的食物性条件反射。铃声引起狗的唾液分泌的现象就是铃声刺激在中枢神经系统中引起了食物性的兴奋。如果在建立起食物性条件反射后多次单独使用铃声而不喂食(即不用非条件刺激强化条件刺激),则铃声引起的狗的唾液分泌量逐渐减少,以致不再引起唾液分泌。这叫作条件反射的消退。

先用频率为2000 Hz的声音(音2000)与喂食结合,在狗身上建立起条件反射。然后单独使用频率为3000 Hz的声音(音3000)而不与喂食结合,也可引起狗的唾液分泌。如果交替使用音2000与音3000的刺激,音2000与喂食结合而音3000不与喂食结合,则重复若干次后,音2000仍引起狗的唾液分泌的条件反射,音3000逐渐不再引起狗的唾液分泌的反应。这样就形成了音2000与音3000之间的分化。巴甫洛夫学说认为,音2000在大脑皮层中引起兴奋过程,呈阳性反应,叫作阳性条件刺激;而音3000在皮层中产生抑制过程,呈阴性反应,叫作阴性条件刺激。

第一信号系统与第二信号系统

红光与电刺激手指结合可以形成人体的防御性条件反射。于是红光的出现即可引起手指的条件性反射运动(回缩),红光成了电刺激的信号。这种条件反射在人和其他动物都可以建立。但与其他动物不同的是,不仅红光可以引起人的手指的回缩,而且口头的语词"红光"也可以引起同样的效果。红光是电刺激的信号,而语词"红光"则是红光的信号,即信号的信号。巴甫洛夫认为,动物界发展到人的阶段,其神经活动机制获得了额外的能力。对于动物来说,只有作用于视觉、听觉和其他感受器的现实的刺激才起着信号作用。这是现实的第一信号,是人与其他动物所共有的;口头的和书面的语词却是人所特有的现实的第二信号,即第一信号的信号。

大脑皮层的电活动

大脑皮层具有独特的电活动,其中既有连续的、节律性的电位变化,称为自发脑活动;还有由于感受器受刺激产生的局部的高电位变化。自发脑电活动的记录叫作脑电图(EEG)。

一般可把脑电节律区分为四种波(图 7-15),其中:

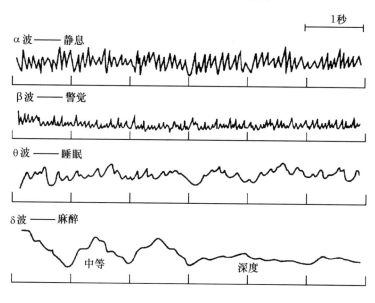

图 7-15　人的脑电图中的几种波形

（1）α波，其频率是8～13 Hz，振幅为25～100微伏（平均50微伏）。α波在枕叶处最显著，在健康的人闭目静息时出现，睁眼便消失。

（2）β波，其频率是14～30 Hz，振幅为10～30微伏，常重合在α波上。但β波不因光的刺激而消失，所以睁眼时α波被抑制，β波更明显。

（3）θ波，频率低（4～7 Hz），振幅高（100～150微伏），发生在顶叶与颞叶处，特别容易出现在行为紊乱的儿童、受到精神压力或挫折的成年人身上。θ波在睡眠时、深度麻醉和缺氧时都可出现。

（4）δ波，频率更低（0.5～3 Hz），振幅更高（20～200微伏），在婴儿或深睡（包括深度麻醉）的成年人都可发生。δ波也出现在脑损伤严重的患者（包括癫痫、脑外伤、脑肿瘤患者）身上。

在脑电图上还可记录到振幅在250微伏以上、波形陡峭的电位。这是癫痫患者的痉挛发作时的电位，叫作棘波（图7-16）。

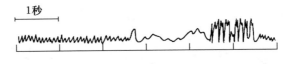

1秒

图7-16　癫痫患者的脑电图

当大脑皮层的局部发生疾患或损伤时，这些部位附近的细胞会出现异常的电活动（通常是慢波活动）。当一侧损伤时，左、右两半球的对应部位的对称性遭到破坏，会得到不对称的脑电记录。因此，脑电图可以对大脑皮层的局部损伤定位，也可以用来探测癫痫的病灶、脑肿瘤以及其他的实质性损伤的部位。

睡眠与觉醒

睡眠时的生理变化

一般认为，在睡眠时人体的神经系统的活动水平全面降低；但实际上由觉醒到睡眠是两种活动规式的变化，而不是整个神经系统的活动水平的降低。某些系统可以变得不活跃,而另一些系统却是活跃的。此时,内脏的机能普遍下降:心搏率减低,心输出量减少;体温下降的幅度比休息时大;呼吸减缓,通气量减少。

清醒状态下的受试者的脑电图是低振幅快波。睡眠时的脑电图的变化可分为几个时期(图7-17A):当闭上眼睛时,α波逐渐占优势(1期)。当睡意渐浓而进入瞌睡状态时,α波逐渐减弱,大的慢波开始出现(2期)。当开始睡眠时,往往出现"睡眠梭形波"(3期)。这是一组振幅由小变大又由大变小的、呈梭形的α波。当睡眠更深时,梭形波逐渐消失,主要是大而慢的δ波(4期)。

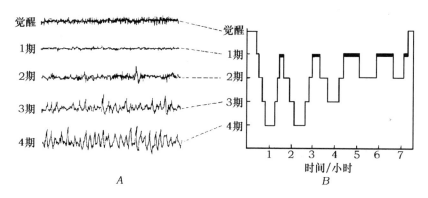

图 7-17　从清醒到睡眠各时期的脑电图 (A)
以及一个青年一夜睡眠中的两种时相的交替变换(B)(仿 Kandel,2001)

两种睡眠状态

1928 年两位苏联生理学家曾经报道他们观察到婴儿睡眠时的呼吸和运动出现规律性的变化;在运动加强的期间,往往还伴随着眼球的快速运动。当时这些观察没有受到重视,直到 1953 年亚瑟伦斯基(E. Aserinsky)和克莱特曼(N. Kleitman)重新发现了苏联生理学家描述过的现象。他们发现,眼球的快速运动时期有规律地出现,每次持续几分钟到半小时以上。这个时期的脑电图呈现低振幅的 β 波,表明脑活动加强,叫作快速眼动期。在成年人睡眠时,每夜可出现 4~6 次快速眼动期。由此可将睡眠区分为两

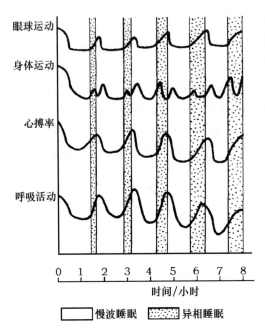

图 7-18　年轻人睡眠时各种生理机能
变化的示意图（仿奥托森，1988）

种状态：通常的睡眠，其脑电图呈现缓慢的 δ 波，叫作慢波睡眠；快波睡眠，其脑电图呈现快速的 β 波，眼球快速运动，因此又叫作快速眼动睡眠。在慢波睡眠时，内脏的活动水平降低，骨骼肌松弛。在快波睡眠时，虽然脑的活动水平高，但比慢波睡眠时更难被唤醒，人睡得更深。此时骨骼肌完全松弛，但出现快速眼球运动（每分钟 50～60 次），还可出现部分躯体的抽动；脑血流和耗氧量增加，血压、心搏率和呼吸活动都有所增加（图7-18）。因此，快波睡眠还可称为异相睡眠。

　　快波睡眠与慢波睡眠交替出现，大约每 90～100 分钟重复一次；通常在几十分钟的慢波睡眠后出现快波睡眠（5～30 分钟）（图 7-17B）。快波睡眠的状态往往与人做梦有关。在快波睡眠时，被唤醒的人大多都说自己正在做梦。如果一个人在几个晚上每当出现快速眼球运动时被唤醒，减少快波睡眠时间，他就会感到烦躁、紧张；再回到正常的睡眠状态时，快波睡眠的时间会更长，以弥补前几天快波睡眠的不足。

　　人在婴儿时期的慢波睡眠和快波睡眠各约占 1/2，以后快波睡眠的时间逐渐减少，到 20 岁左右将下降到仅占总的睡眠时间的 20％～30％。

人体怎样对抗病原体的侵害？

人类对抗天花、狂犬病的历史

古希腊的学者修昔底德(Thucydides，约公元前 460? —前 404?)和医生希波克拉底(Hippocrates，约公元前 460—前 377)已观察到许多瘟疫后的幸存者终身对这种疾病产生了抵抗力。当然，这种靠自然产生的对传染病的免疫是很危险的，因为瘟疫通常会使 1/2 以上的接触它的人丧生。古代有人发明了一种审慎的方法，即引发温和的疾病以对抗更加严重的疾病。我国古代通过接种人痘以对抗天花就是一种最早的人工免疫法。

天花是一种由天花病毒引起的烈性传染病，传染性强，病情严重，死亡率高。患者的症状先是发热，两天后出现皮疹，接着转变为脓包，干缩后留下明显的疤痕。感染过天花的患者不会再次被感染。我国早在公元前

图 8-1 詹纳（引自 Drewitt,1936）

1122 年就有对天花的描述；在宋真宗时期（998—1022）又发明了将干燥的天花痂皮粉吹入儿童的鼻中以达到自动免疫的"种痘法"（人痘接种法）。18 世纪欧洲流行天花，成为致人死亡的主要原因。此时我国的人痘接种法已传入欧洲，但这种方法并不很安全，偶有使人发病死亡的情况。英国医生詹纳（E. Jenner,1749—1823）（图 8-3）早已注意到感染过牛痘的患者不会感染天花。他曾听到一位少妇说："我不会再传染天花了，因为我已生过牛痘。"1796 年一位挤牛奶的妇女的手部感染了牛痘；5 月 14 日詹纳从她的手上的小疱中取出浆液并接种到一位 8 岁的健康儿童的身上；48 天后又给这位儿童接种天花患者的脓疱内的浆液，但他没有被感染，由此证明接种牛痘可以预防天花。此后詹纳致力于推广这种对抗天花的方法。经过一百多年的努力，1980 年世界卫生组织宣布"天花已在全世界被彻底消灭"。这是人类保健史上的巨大成就。现在大部分国家已经停止接种牛痘，世界上只有四个实验室还保存有天花病毒。

在詹纳时代，既没有发现病毒，也不知道细菌能引起感染，因此通过接种牛痘来预防天花只是一个特例。直到八十多年以后人们才认识到免疫接种能预防疾病。

1880 年巴斯德（L. Pasteur,1822—1895）（图 8-4）做出了另一个重要的发现。巴斯德发现鸡霍乱是由细菌引起的。他首先从病鸡身上取得细菌，培养在鸡肉汤中；然后用一小滴含这种细菌的培养液接种正常的母鸡，就可使它感染鸡霍乱而死亡。他持续不断地培养鸡霍乱细菌，每隔 24 小时将细菌滴入新的培养液中一次。这种培养液的毒性保持不变，总能使母鸡感染鸡霍

乱而死。但是有一次巴斯德用陈旧的
培养液接种母鸡,结果它只发病而没
有死亡;他再把头一天刚接种的新鲜
的培养液接种到这只母鸡身上,它也
不死亡。然而把这种新鲜的培养液接
种到其他的母鸡身上仍然可以使那些
母鸡染病而死。巴斯德认为这是由于
接种了陈旧的培养液的母鸡可以抵抗
新鲜的培养液的毒性。他在几年内把
预防鸡霍乱的方法扩展到预防其他动
物的传染病,也取得了成功。巴斯德
创造了一个新名词,即接种疫苗(vacci-
nation)。这个名词来自拉丁文的 vac-
ca,意思是"母牛"(cow),用以纪念詹
纳关于牛痘(cowpox)的成就。

图 8-2　巴斯德(引自 Newman,1924)

　　巴斯德的最辉煌的成就是用免疫的方法来预防人的狂犬病。狂犬病是
一种致命的疾病,一直无法预防与治疗。它是由侵袭脑和脊髓的病毒所引
起的,使人产生一种精神错乱的症状。人被狂犬或其他的唾液中带有狂犬
病病毒的动物咬伤,就可染上狂犬病。巴斯德发现将已感染狂犬病的兔的
脊髓提取物注射到正常的兔体内,它就可感染狂犬病。他还发现如果将已
感染狂犬病的动物的脊髓干燥几天后再注射到正常的动物的体内,致病的
程度会轻一些;如果用干燥 14 天的脊髓提取物注射给正常的动物,就不会
引发狂犬病。巴斯德从一只因狂犬病致死的兔的脊髓中取出一小片,悬挂
在装有氢氧化钾的玻璃瓶中使之干燥。14 天后他将这片脊髓的提取物接
种到一只正常的狗的皮下;第二天用干燥了 13 天的脊髓提取物再接种这只
狗;第三天用干燥了 12 天的脊髓提取物接种;等等。如此进行下去,依次用
干燥时间缩短了的脊髓提取物接种,直到第 14 天用当天因狂犬病致死的兔
的脊髓提取物接种。这只狗没有发病,而且即使让疯狗咬了也不引发狂犬
病,它已经对狂犬病产生了抵抗力。1885 年 7 月 5 日一位 9 岁男孩被疯狗

咬伤了；第二天他的母亲向巴斯德求救。巴斯德先用干燥了14天的脊髓提取物给男孩接种，以后依次用干燥时间缩短的脊髓提取物接种，直到7月16日用只干燥了一天的脊髓提取物接种，共接种11次，提取物的毒性越来越大，但男孩没有发病。就这样，人类第一次征服了狂犬病。

淋巴系统的重要机能

人体的淋巴系统包括分布广泛的各种淋巴管与淋巴器官(图 8-3)。

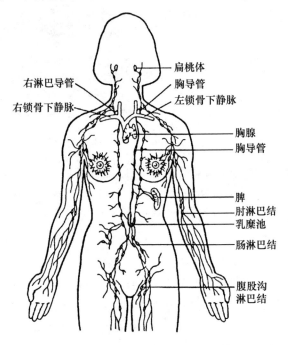

右淋巴导管
右锁骨下静脉

扁桃体
胸导管
左锁骨下静脉

胸腺
胸导管

脾
肘淋巴结
乳糜池
肠淋巴结

腹股沟
淋巴结

图 8-3　人体的淋巴系统(仿 Graaff,1994)

淋巴系统是一种单向的运输系统，其末端是毛细淋巴管。人体的各部分都有丰富的毛细淋巴管，毛细淋巴管吸收从毛细血管扩散出来而没有被吸收回去的体液。一旦组织液进入淋巴管就称为淋巴液(又称淋巴)。毛细淋巴管汇合成淋巴管，淋巴管汇合成胸导管(左淋巴导管)和右淋巴导管。

胸导管比右淋巴导管粗大,它接受来自下肢,腹部,左上肢和头、颈部左侧的淋巴管,然后与左锁骨下静脉相通;右淋巴导管只接受右臂和头、颈部右侧的淋巴管,然后进入右锁骨下静脉。左、右锁骨下静脉与上腔静脉汇合,进入心脏。大淋巴管的结构类似心血管系统的静脉,管内也有瓣膜。同样,淋巴在淋巴管内的流动也靠骨骼肌的收缩。在骨骼肌收缩时淋巴被挤过瓣膜,而瓣膜关闭后阻止淋巴回流。

淋巴器官包括骨髓、淋巴结、脾和胸腺:

红骨髓是各类血细胞(包括三种白细胞)的发源地。各种血细胞都是来源于骨髓中的干细胞。在儿童期,大部分的骨骼中有红骨髓;而成年人则只有头骨、胸骨、肋骨、锁骨、骨盆和脊柱中还存在红骨髓。

淋巴结是卵形或圆形的结构(图8-4),直径为 1~25 毫米,沿淋巴管分布。淋巴结的外周为由结缔组织构成的囊;内部又被结缔组织分隔成淋巴小结。每个淋巴小结都有一个充满淋巴细胞和巨噬细胞的窦。当淋巴流经窦时,巨噬细胞清除其中的细菌和细胞碎片。

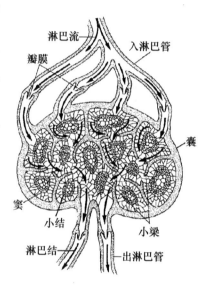

图 8-4　淋巴结的结构

(仿 DeWitt,1989)

脾位于腹腔的左上方的膈下,其结构与淋巴结相似,也有净化经过脾的血液的机能。

胸腺位于胸骨后的胸腔的上部,在儿童期时比较大,青春期时最大,成年后逐渐缩小。胸腺也被结缔组织分隔成淋巴小结,T 淋巴细胞(见本讲"适应性反应(免疫应答)"一节)在这些淋巴小结中成熟。胸腺分泌胸腺素,它能将前 T 淋巴细胞诱导成为 T 淋巴细胞。

淋巴系统与循环系统密切配合,具有三方面的机能:

（1）淋巴管将在细胞间隙中的多余的组织液转运回血液循环中；

（2）在肠绒毛中的毛细淋巴管吸收脂肪，并将它们转运到血液循环中；

（3）淋巴中含有大量的免疫活性细胞，以对抗病原体对人体的侵袭。

人体对抗病原体侵袭的三道防线

免疫一般是指人体对抗病原体引起疾病的能力。这是一个复杂的问题，因为一方面有多种病原体可引起疾病，包括病毒、细菌、原生动物、真菌等；另一方面人体内有多种因素有助于抵抗疾病的侵袭。此外，免疫对癌症也可以起到重要的预防和控制的作用。然而，免疫系统有时也会产生对人体不利的作用，如攻击、侵犯人体而引起自身免疫病，对某些物质的过敏反应以及对移植器官的过敏反应等。

人体对抗病原体的侵袭有三道防线：第一道是体表的屏障；第二道是体内的非特异性反应；第三道是适应性免疫（免疫应答）。

体 表 屏 障

体表屏障包括人体表面的物理屏障和化学防御。病原体通常不能穿过皮肤和消化、呼吸、泌尿、生殖等管道的黏膜。皮肤的表面有一层死细胞（角质细胞），病原体不能在这种环境中生存；皮肤中的油脂腺分泌的油脂也能抑制真菌和某些细菌。但在某种环境下，例如鞋、袜中的脚趾间温暖、潮湿、黑暗，有利于真菌的生长繁殖，因此会产生足癣。当皮肤的外表层破裂时，皮肤的深层也能抑制病原体的生长。但是糖尿病患者由于其真皮中的葡萄糖含量过高，抑制病原体的能力减弱，可能引起危险的感染。

寄居在黏膜上的细菌通常能协助抑制病原体。它们或夺去病原体的营养物，或分泌代谢产物使环境不适合病原体生存。例如，生活在女性阴道表面的乳酸杆菌分泌乳酸，使阴道中维持低 pH 环境，大多数细菌和真菌不适宜生存。当女性使用抗生素治疗细菌感染时，有可能引发阴道炎，这是因为药物在杀死细菌的同时也杀死了阴道中的乳酸杆菌。又如，在呼吸管道的黏膜中含有溶菌酶,可以消灭多种细菌;在眼泪、唾液、胃液和肠液中也含有溶菌酶和其他的酶,可以破坏细菌,保护人体;尿液以其低 pH 和冲洗活动使大多数病原体无法在尿道中生存。

非特异性反应

体内的非特异性反应是人体对抗病原体的第二道防线。如果病原体突破了体表屏障,某些白细胞和血浆蛋白便会产生反应,以对付任何侵犯人体的病原体。由于这种反应不是针对某种特定的病原体的,因此称为非特异性反应。

局灶性炎症反应

人体的皮肤破损后往往引起局灶性炎症反应(图 8-5);它有四种症状:发红、疼痛、肿大、发热。当皮肤破损时,毛细血管和细胞被破坏,释放血管舒缓激肽。这种物质引发神经冲动,使人产生痛觉;同时还刺激肥大细胞释放组胺。组胺与血管舒缓激肽使受损伤的部位的微动脉和毛细血管舒张、扩大,皮肤变红;同时使毛细血管的通透性升高,蛋白质和液体逸出,局部形成肿胀;还使局部的体温升高,这可以加强白细胞的吞噬作用,减少侵入的病原微生物。

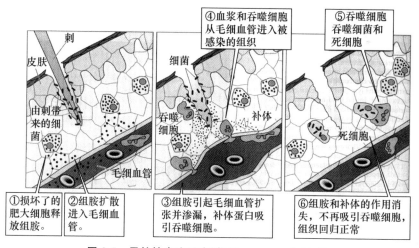

图 8-5　局灶性炎症反应(仿 Purues,et al,1997)

皮肤的任何破损都可能使病原微生物进入体内，引起中性白细胞和单核细胞迁移到受损伤的部位。中性白细胞和单核细胞都可以进行变形运动，从毛细血管壁钻出，进入组织间隙。中性白细胞吞噬细菌，然后由胞内的溶酶体中的水解酶将其消化。单核细胞分化成巨噬细胞，可以吞噬上百个细菌和病毒。人体的某些组织（特别是结缔组织）有常驻的巨噬细胞，它们吞噬衰老的血细胞、小块的死组织或其他的碎片。巨噬细胞还可以通过释放一种生长因子进入红骨髓，刺激白细胞的产生和释放。在克服感染时，一些中性白细胞死亡，和一些坏死组织、坏死细胞、死细菌以及活的白细胞结合形成脓液。脓液是一种黏稠的黄色液体，它的出现表示身体正在克服感染。

局灶性炎症如治疗不当会蔓延到全身，引起血液中的白细胞计数增加、发烧和全身不适等症状。

补体系统

在人体的血液中有一个复杂的具有酶活性的血浆蛋白系统，约含 20 种蛋白质，称为补体系统（简称补体）。

激活补体的方式有两种：一种是补体与已结合在病原体上的抗体结合；另一种补体与病原体的表面的糖分子结合。这两种结合都可以使补体活化。如果少数补体蛋白分子被激活，就可再去激活其他的补体分子，形成级联反应，激活大量的补体分子。

已活化的补体分子起着多方面的作用。例如，某些补体的蛋白质聚合在一起形成孔道复合体，嵌入病原体的细胞膜；胞外的离子和水通过孔道进入细胞，使病原体膨胀，破裂死亡（图 8-6）。这些已活化的补体分子（包括已裂解的碎片）还能吸引巨噬细胞前来吞噬各种入侵的异物。另一些已活化的补体分子可以直接附着在细菌的细胞壁上，增加细菌被吞噬的概率。此外，已活化的补体分子还可以刺激肥大细胞释放组胺，促进炎症反应。

由于各种补体的寿命不长，活性各异，而且在血液中还有各种补体的抑制因子，所以补体活动的区域一般仅局限在炎症病灶的周围，而不会波及全身。

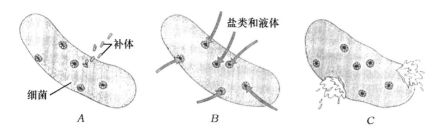

图 8-6 补体分子破坏细菌的图解(仿 Mader,1995)

A. 已活化的补体分子嵌入细菌的细胞膜形成孔道;

B. 盐类和液体经孔道进入细菌;*C.* 细菌膨胀直至破裂

干扰素

干扰素是受病毒感染的细胞产生的一组能抵抗病毒感染的蛋白质。产生干扰素是人体的一种保护性反应。侵入细胞的病毒激活干扰素的基因,合成干扰素。干扰素并不直接杀死病毒,而是刺激周围的细胞产生另一种能抑制病毒复制的蛋白质,从而抵抗感染。目前已知的干扰素有 α、β、γ 三种类型。

有证据表明,干扰素有助于大多数病毒感染的痊愈。还有研究表明,干扰素可以防止和抑制恶性肿瘤细胞的生长。现在已用基因重组技术把编码干扰素蛋白的基因片段整合到酵母的基因中,大量培养这种酵母,从中提取干扰素。干扰素在控制感冒以及治疗流行性感冒、带状疱疹、乙型肝炎和某些恶性肿瘤等方面有疗效。

适应性免疫(免疫应答)

如果人体对抗病原体的前两道防线被突破,第三道防线就会发挥作用。这道防线是针对特定的病原体发生的适应性免疫,即免疫应答。

当病原体进入体内后,由于它们含有特异性化学物质(蛋白质、大分子多糖、黏多糖等),引起体内产生针对特异性化学物质的适应性免疫应答。

这些可以使机体产生适应性免疫应答的物质叫作抗原。

适应性免疫应答分为两类:细胞介导的免疫应答,称为细胞免疫;抗体介导的免疫应答,称为体液免疫。

白细胞中的淋巴细胞在适应性免疫应答中起着重要的作用。淋巴细胞从机能上可分为 T 淋巴细胞和 B 淋巴细胞,其中 T 淋巴细胞与细胞免疫有关;B 淋巴细胞与体液免疫有关。这两类淋巴细胞都起源于骨髓中的淋巴干细胞:一部分淋巴干细胞在发育过程中先进入胸腺,在此活化增殖,发育成熟。这类淋巴细胞叫作 T 淋巴细胞。另一部分淋巴干细胞,在鸟类则是先在腔上囊发育成熟。因此,这类淋巴细胞叫作 B 淋巴细胞。哺乳动物的 B 淋巴细胞是在骨髓中发育成熟的。这两类淋巴细胞上都有各自的受体,可以与抗原相结合(图 8-7)。

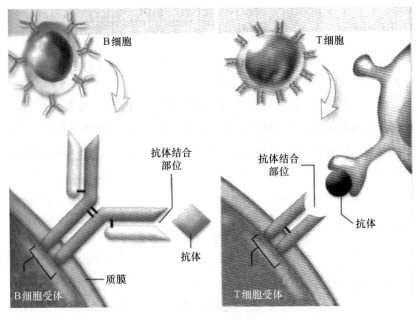

图 8-7　B 细胞和 T 细胞受体结合抗原(引自 Raven,2011)

免疫应答有两个特点：一个是免疫学上的特殊性，即淋巴细胞识别并清除特定的病原体。另一个是免疫学上的记忆，即在与一种病原体发生一次对抗之后淋巴系统会产生一些淋巴细胞并保留下来。一旦相同的病原体重新入侵，这些保留的淋巴细胞便快速地发起攻击，将它们清除掉。

淋巴细胞如何识别入侵者？

所有的细胞的细胞膜上都有各种不同的蛋白质，其中包括主要组织相容性复合体（MHC）标志。这种 MHC 在胚胎的发育中产生，存在于所有的机体细胞上。除了同卵的双胞胎以外，没有其他的两个人具有相同的 MHC 标志。因此，这个标志是每个人的特有的身份标签。而每个人的白细胞都认识这些自身的身份标签，在正常的情况下不会攻击带有这些标签的细胞。病毒、细菌和其他的致病因子在各自的表面也带有表明其独一无二的身份的分子标志。当一个入侵者携带的与被入侵者不同的分子标志（"非我"标志）被识别后，T 淋巴细胞和 B 淋巴细胞受到刺激，开始反复分裂，形成巨大的数目；同时分化成不同的群体，以不同的方式对入侵者做出反应：一个群体分化成为效应细胞与入侵者作战并歼灭之；另一个群体分化成为记忆细胞进入静止期后对同一病原体的再次入侵做出快速而猛烈的反应。由此可见免疫应答的特殊性与记忆包括三个事件（图8-8）：① 对一个入侵者的标志的特异识别；② 细胞反复分裂以产生的巨大数量的淋巴细胞群体；③ 淋巴细胞分化成为特化的效应细胞群和记忆细胞群。

任何一个引发大量淋巴细胞产生的"非我"标志都是抗原。大多数的抗原是位于病原体和肿瘤细胞上的蛋白质分子，每一种都有独特的三维结构。淋巴细胞带有可与这种分子相结合的受体分子。这便是淋巴细胞能够识别它们的目标的原因。当病原体侵入人体内，使人体发生感染时，巨噬细胞便会吞噬入侵的病原体并将它们消化。病原体（如细菌）被消化，其上的抗原分子先降解成为肽，然后与巨噬细胞的 MHC 蛋白质结合形成抗原-MHC复合体。这种复合体移动到细胞的表面呈递出来。这些巨噬细胞的细胞膜上的抗原-MHC 复合体一旦与人体内已存在的淋巴细胞上的相应的受体结合,便会在其他的因素的辅助下促使淋巴细胞分裂,产生大量的淋巴细胞,启动免疫应答(图 8-9)。

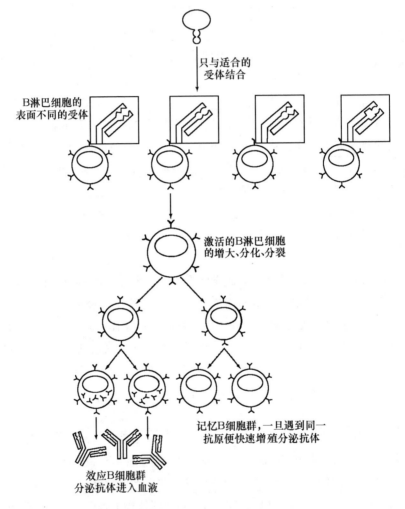

图 8-8　免疫应答的特殊性与记忆(仿 DeWitt,1989)

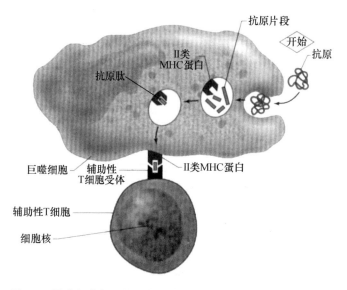

图 8-9　巨噬细胞加工处理抗原并呈递给辅助性 T 细胞的示意图

（仿 Vander，et al，2001）

细胞介导的免疫应答

如前所述，人体的免疫应答分两类：细胞介导的免疫应答（细胞免疫）和抗体介导的免疫应答（体液免疫）。细胞介导的免疫应答直接对抗被病原体感染的细胞和癌细胞（图 8-10）；此外也对抗移植器官的异体细胞。

成熟的 T 淋巴细胞分成不同的群体，其中有成熟的辅助性 T 淋巴细胞，还有成熟的细胞毒性 T 淋巴细胞。T 淋巴细胞成熟后离开胸腺进入血液循环之中。每个成熟的 T 淋巴细胞只带有与一种抗原相适应的受体。如果没有遇到这种抗原，这个 T 淋巴细胞就处于不活动状态。T 淋巴细胞对自身细胞上的 MHC 标志不发生反应。当一个成熟的细胞毒性 T 淋巴细胞遇到与其受体相适应的抗原，而且是呈递在抗原-MHC 复合体上时，同时还有另一个辅助性 T 淋巴细胞也与其相适应的抗原相结合产生白细胞介素-2（IL-2）

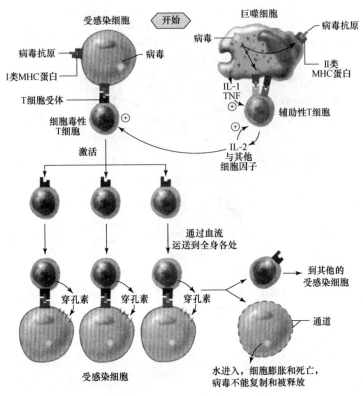

图 8-10　细胞介导的免疫应答(引自 Widmaier,2006)

等细胞因子,这个细胞毒性 T 淋巴细胞便会受到刺激开始分裂,形成一个克隆(遗传学上的相同的细胞群体)。这个 T 淋巴细胞的后代分化为效应细胞群和记忆细胞群,每个细胞都具有对应于这种抗原的受体。

　　在血液循环中,已活化的辅助性 T 淋巴细胞可分泌多种蛋白质(包括白细胞介素-2),促进淋巴细胞的增殖与分化。已活化的细胞毒 T 淋巴细胞识别嵌有抗原-MHC 复合体的细胞(已被感染的身体细胞或癌细胞)并消灭之。它们首先分泌穿孔蛋白(穿孔素)在靶细胞膜上形成孔道,还分泌毒素进入细胞扰乱细胞器和 DNA 的活动;然后放开这个细胞再攻击另一个细胞。

抗体介导的免疫应答

　　成熟的 B 淋巴细胞合成能与特定的抗原结合的免疫球蛋白分子,即与抗原相对应的抗体分子。所有的抗体分子都是蛋白质,但每一种抗体分子的结合位点只能与一种抗原匹配。抗体分子的基本结构是 Y 形的,由四条多肽链构成的:两条重链形成 Y 形的基本架构;两条轻链由二硫键分别连接在两条重链上。轻链和重链都有各种抗体分子相同的恒定区;此外分别还有可变区,这是每种抗体分子所具有的独特构型,具有与相应的抗原结合的位点(图8-11)。抗原的结构和形状适应于结合位点的构造和形状。成熟的 B 淋巴细胞的抗体分子在合成后便移到细胞膜上。每个抗体分子的尾部嵌入脂双层中,而两臂伸在外面。

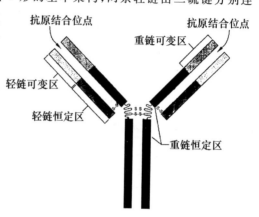

图 8-11　抗体(仿 Starr,1995)

成熟的 B 淋巴细胞在血液中循环流动。当一个 B 淋巴细胞的抗体分子的两臂遇到相应的抗原并将它锁定在结合位点后,便被致敏了,准备开始分裂;但此时还需要另一个适当的信号,它才会分裂。这个信号来自一个已被抗原-MHC 复合体活化的辅助性 T 淋巴细胞,即活化的 T 淋巴细胞分泌白细胞介素-2,促进致敏 B 淋巴细胞分裂。反复分裂后形成的 B 淋巴细胞克隆分化为效应 B 淋巴细胞(又称浆细胞)和记忆 B 淋巴细胞。效应 B 淋巴细胞产生、分泌大量的抗体分子,分布到血液和体液中。当抗体分子与抗原结合时,它便给这个病原体加上标签,使巨噬细胞和补体蛋白质能消灭它。抗体介导的免疫应答的主要目标是细胞外的病原体和毒素,不能与在寄主细胞中的病原体和毒素结合。当病原体和毒素在组织、体液中自由地循环流动时,抗体与这些细胞外的病原体和毒素结合,以致病毒一类的抗原失去进入寄主细胞的能力,使一些细菌产生的毒素被中和而失效,还可使一些抗原(如可溶的蛋白质)凝聚而有效地被巨噬细胞吞噬(图 8-12)。在一次免疫应答中产生的抗体不会全部用完,各种抗体在血液中循环流动。因此检查血液中的某一种抗体,便可确定一个人是否曾经受到某种特定的病原体(例如引发肝炎或艾滋病的病毒)的侵袭。

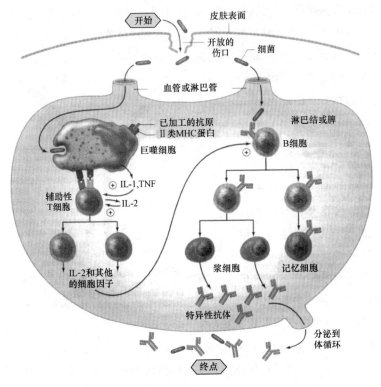

图 8-12 抗体介导的免疫应答(引自 Widmaier,2006)

免疫应答在人体的哪些部位进行呢?

病原体入侵人体后,免疫应答首先在免疫器官中进行。这些器官包括扁桃体和广泛分布的淋巴结。淋巴结多在呼吸、消化、生殖系统的黏膜下,这样的位置便于抗原呈递细胞(如巨噬细胞)、淋巴细胞拦截刚突破体表屏障的入侵者。病原体侵入组织液后,随组织液进入淋巴管,沿淋巴管流经淋巴结。病原体进入淋巴结便会遇到巨噬细胞一类的抗原呈递细胞并将它们吞噬，呈递出抗原标志。这便引发淋巴细胞分裂，产生效应细胞群和记忆细胞群。效应细胞群通过淋巴结进入血液循环再到全身，以细胞免疫或体液免疫的方式对抗病原体。

免疫接种

免疫接种（预防接种）是以诱发机体免疫应答为目的接种疫苗，预防某种传染性疾病。如前所述，在历史上最早的免疫接种可以追溯到我国古代发明的接种人痘以预防天花。18 世纪詹纳用接种牛痘来预防天花，牛痘的病毒能在人体内诱发出抵抗天花病毒的免疫力。19 世纪巴斯德发明了灭活和减毒的疫苗。现有的疫苗有三种类型：① 灭活的微生物，如将百日咳博代氏（Bordetella）杆菌灭活后制备的百日咳菌苗、用丙酮灭活的沙门氏伤寒菌制备的伤寒疫苗；② 用分离的微生物成分或其产物作为菌苗，如链球菌脂多糖预防链球菌性肺炎疫苗；③ 减毒的微生物，如口服的脊髓灰质炎病毒疫苗。这三种疫苗通过注射或口服使人体内产生初次免疫应答；再次接种则引发二次免疫应答。两次或更多次数的接种可以使机体产生更多的效应细胞和记忆细胞，提供对相关疾病的长期保护。这种免疫方式称为主动免疫。

另一种免疫方式是被动免疫，通过接受针对某种特定的病原体的抗体（抗血清）而获得免疫力。例如，马在多次接种破伤风菌后，其血清内产生大量的抗破伤风抗体，可以用来医治破伤风菌感染者。被动免疫的效果的持续时间不长，因为患者没有自身的 B 淋巴细胞的记忆细胞；但接种后立即起作用。这种免疫方式通常用于帮助已感染某种病原体（如白喉、破伤风、麻疹、乙型肝炎等）的患者。由于这些抗体是异体血清（蛋白质），能诱发过敏反应，应慎重使用。

过强、过弱的免疫应答

免疫应答的作用是清除突破体表屏障侵入人体内的病原体；但对外来抗原的异常免疫应答和对某些自身组织的反应都可以产生疾病。

（1）过敏反应（变态反应）。

有些人会对某种无害的物质（如花粉、某些食物、某些药物、螨虫、蘑菇孢子、昆虫的毒液、灰尘、化妆品等）产生强烈的免疫应答，叫作过敏反应。

能引发过敏反应的物质叫作致敏原。过敏反应分为速发型与迟发型两类，其中速发型过敏反应（如青霉素、蜂毒等引起的过敏反应）可在接触致敏原几分钟后开始，反应强烈，如不及时治疗可以导致死亡。

致敏原进入人体内引起特异性抗体（IgE 抗体）的大量合成，抗体与肥大细胞等结合。当这些细胞再次与抗原结合时，便会释放组胺一类的细胞产物。这些产物有强烈的舒张血管、收缩平滑肌等作用，可以导致皮肤红肿、哮喘、流鼻涕、黏膜水肿等症状，严重的可以出现过敏性休克。此时用抗组胺类药物治疗，可以暂时缓解症状。脱敏的方法有一定的效果，即找到引起过敏反应的致敏原，在一定时间内逐渐加大患者对致敏原的接触量，直到不再出现过敏反应为止。

（2）自身免疫病。

人体的免疫系统在正常情况下可以识别"自我"与"非我"，不攻击自身的细胞。但在某些情况下，患者的抗体和 T 淋巴细胞会攻击自身的组织。这便是自身免疫病，造成这种状况的原因还不清楚。

自身免疫病可分为器官特异性自身免疫病和系统性自身免疫病两类：器官特异性自身免疫病的自身抗体只攻击某一器官，例如突眼性甲状腺肿中的甲状腺促甲状腺激素受体、重症肌无力中的肌肉乙酰胆碱受体、胰岛素依赖性糖尿病中的胰岛细胞等。系统性自身免疫病则波及人体全身。例如，系统性红斑狼疮表现为原因不明的全身性血管炎，面部有蝴蝶样红斑并因日照而加重，多见于青年女性（15～35 岁）；又如，类风湿性关节炎表现为指关节和腕关节的痛、肿、僵直，甚至波及踝、膝、肘关节（女性的发病率为男性的三倍）。

（3）免疫缺乏病。

患有先天性免疫缺乏病的婴儿缺乏 B 淋巴细胞或 T 淋巴细胞，对异物缺乏免疫应答能力，很容易因感染病原体而致病，甚至死亡。

除此之外，还有后天获得的免疫缺乏病。艾滋病就是由人类免疫缺陷病毒（human immunodeficiency virus，HIV）感染所引起的严重的免疫缺乏病（见第九讲）。

第九讲

人类的性

性的生物学意义

每一生物的个体都是要死亡的,人类也不例外。生物的个体虽必然要死亡,但种族的生命却可以延续下去。这便要依靠生物的生殖机能,产生新一代的个体。

低等单细胞生物一般是通过无性生殖繁衍后代;而绝大多数的动物和植物,包括人类,都是通过有性生殖繁衍后代。生物个体分为雄性与雌性两类,繁衍的后代由雄性个体与雌性个体各提供一半的遗传信息,结合成为一个新的个体。有性生殖将雄性个体与雌性个体的遗传物质结合起来,产生的后代具有更多的变异。这种后代将比无性生殖产生的与亲代完全一致的后代更能适应多变的生活环境。因此,生物区分为两性,进行有性生殖,在自然选择中更为有利,这也是自然选择的结果。

低等动物的生殖系统比较简单,而且多数是在水中受精。随着动物的进化,从水生到陆生,从体外受精到体内受精,逐步形成两性不同的内、外生殖器官。哺乳动物则进一步由卵生发展到胎生,在雌性动物体内出现了专供胚胎发育的器官——子宫。人类男、女两性的生殖器官及其附属结构以及相关的机能已经发展到相当复杂的程度。

男性的生殖系统

男性的主要生殖器官是睾丸(图 9-1),它产生精子和雄激素。男性之所以成为男性就在于他们有睾丸。其他的男性生殖器官(阴囊、输精管道、腺体和阴茎)都是附属的生殖器官。它们保护精子,帮助精子运行到体外,进入到女性生殖管道中去。通常将阴囊和阴茎称为外生殖器;而将睾丸、输精管道和附属腺体称为内生殖器。

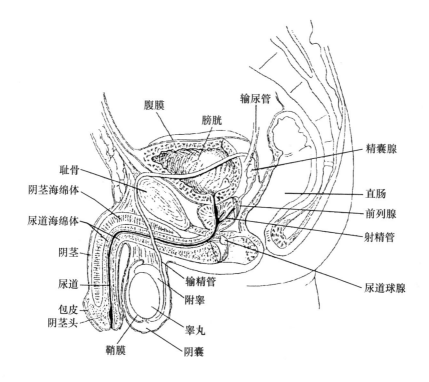

图9-1　男性的生殖系统(仿 DeWitt,1989)

阴囊与睾丸

　　卵圆形的睾丸位于骨盆腔外面的袋状阴囊中。阴囊是由薄而柔软的皮肤构成的囊,悬在阴茎的根部;有一中隔将阴囊分成左、右两半,其内各有一个睾丸。阴囊皮肤上有稀疏的毛发和较多的色素,颜色较深暗。受到寒冷刺激时,阴囊便会反射性地缩小、起皱,将睾丸拉近身体的体壁;当温暖时,阴囊松弛,睾丸下坠,离开身体。这种变化协助维持阴囊内较稳定的温度,有利于精子的生长发育。阴囊受交感神经和副交感神经支配。这些神经、血管与淋巴管以及输精管被包围在纤维性结缔组织鞘中,这便是精索。

睾丸长约 4 厘米,直径约 2.5 厘米,被两种膜所包围(图 9-2):外面是由腹膜发展来的鞘膜;里面是由纤维状结缔组织构成的白膜。白膜向内延伸将睾丸分隔成 250~300 个楔形小室,叫作睾丸小叶。每个小叶内含有 1~4 根弯曲的生精小管,这是真正的"精子工厂",产生精子的地方。每个小叶的生精小管汇合成一条直细精管,将精子运送到紧贴在睾丸上的附睾。

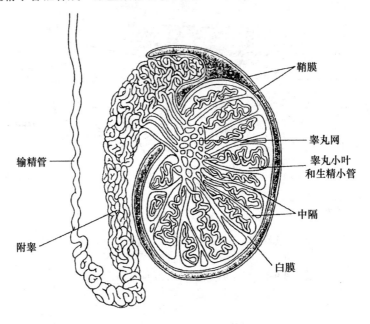

图 9-2　睾丸的结构(仿 DeWitt,1989)

在生精小管之间有间质细胞。这些细胞产生雄激素,并分泌到周围的组织液中。雄激素中最主要的成分是睾酮,化学结构类似胆固醇。由此可见,睾丸产生精子和激素的机能是分别由两类不同的细胞群体所完成的。

睾丸癌是比较少见的,最常发生在 20~30 岁的青年男性中。患流行性腮腺炎或睾丸炎会增加患睾丸癌的危险性,但隐睾病是引发睾丸癌的最重要的危险因素。由于睾丸癌最常见的信号是睾丸中出现无痛的硬块,所以每个男性应该常进行自我检查。睾丸癌可用外科手术切除并辅以放射治疗或化学治疗,预后一般良好。

管　道　系　统

整个男性生殖系统是一条长长的管道。精子从睾丸出发,经过由附睾、输精管和尿道组成的管道系统运行到体外。

附睾

附睾是一条长约 6 米的管道,盘旋弯曲成条索状附在睾丸上(图 9-2)。未成熟的精子几乎不能运动,离开睾丸后暂时储存在附睾中。精子在附睾的弯弯曲曲的管道中大约运行 20 天,才变成能运动、能生育的精子。当男性受到性刺激而射精时,附睾上的平滑肌剧烈收缩,将精子从附睾尾部排出,送到下一段管道,即输精管。

输精管

输精管长约 45 厘米,从附睾尾部向上经腹股管进入骨盆腔(图 9-1),在耻骨前经过,可以用手触摸到。它绕过膀胱,沿膀胱后壁下降,末端膨大成为输精管壶腹,然后与精囊腺的导管汇合形成射精管。左、右两根射精管都进入前列腺中与尿道汇合。输精管的主要机能是将精子从其储存处(附睾和输精管末端)推入尿道。射精时,输精管壁中的平滑肌层产生蠕动波,迅速将精子向前推进。

尿道

尿道是男性生殖管道的最后部分,为泌尿和射精服务。尿道从膀胱出来,穿过前列腺,再穿过阴茎,开口于阴茎的顶端,长约 20 厘米(图 9-1)。排尿时,尿道运送尿到体外;射精时,精液从尿道排出体外。

附属腺

附属腺包括成对的精囊腺、单个的前列腺和尿道球腺(图 9-1)。这些腺体产生大量的分泌物,是精液的主要成分。

(1)精囊腺位于膀胱的后壁。这对腺体相当大,其形状与长度(5~7 厘米)接近手指。它们分泌黏稠的黄色碱性液体,约占精液体积的 60%。精囊腺的导管与同侧的输精管汇合形成射精管。精子与精液在射精管内混合,在射精时进入前列腺尿道。

（2）前列腺的形状与大小类似一个栗子。尿道从膀胱出来就入前列腺。前列腺被厚结缔组织囊所包围。它由 20～30 个复合管泡腺所组成,管泡腺外包有平滑肌和纤维性结缔组织。前列腺分泌乳状碱性液体,有激活精子的作用,约占精液体积的 1/3。射精时,前列腺平滑肌收缩使前列腺分泌物通过一些管道进入前列腺中的尿道。

前列腺肥大是老年男性的常发病,大多数老年男性都会发生。它使患者排尿困难,增加膀胱感染和肾损伤的危险,严重时可用外科手术治疗。前列腺癌是男性生殖系统中常见的癌症。

（3）尿道球腺是豌豆大小的小腺体,位于前列腺之下。它分泌一种透明的碱性黏液流入阴茎中的尿道。这种分泌物在射精前释放,可中和尿道中残留尿液的酸性。

阴　　茎

阴茎是泌尿器官,也是交配器官,它将精子输送进女性生殖管道。阴茎和阴囊是男性的外生殖器官(图 9-1)。阴茎包括根部和体部,体部末端膨大为阴茎头。阴茎外包有松弛的皮肤,还有一部分皮肤延伸出去覆盖在阴茎头上。这部分皮肤是双层的,叫作包皮。

阴茎由三个圆柱形海绵体组成:两个在背侧,叫作阴茎海绵体;一个在腹侧,尿道贯穿其中,叫作尿道海绵体,其前端膨大形成阴茎头,后端膨大成为尿道球。这三个圆柱形海绵体是勃起组织,在非性兴奋状态时,阴茎柔软;当处于性兴奋状态时,三个海绵体内充血胀大,变粗变硬,并向上翘起。

精　　液

精液是乳白色的黏液,是精子、附属腺与管道分泌物的混合物。这种液体协助精子转运并给精子提供营养素。它含有的化学物质可以保护和激活精子,并促进精子的运动。成熟的精子细胞是流线型的细胞"导弹",只含有少量的细胞质和营养素。精囊腺分泌物中的果糖提供精子活动的基本能源。精液中的前列腺素可降低女性子宫颈口黏液的黏度,并引起子宫的逆蠕动,这些都促进精子在女性生殖管道中的运动。精液呈碱性(pH 7.2～7.6),有利于中和女性阴道中的酸性环境(pH 3.5～4),保护精子并加强其活动性,因为精子在酸性环境中(pH 6 以下)行动迟缓。

射精时,射出的精液量相当少(只有 2～6 毫升),但每毫升约含精子 1 亿个。

男性生殖系统的机能

精 子 发 生

生精小管内壁上的精原细胞经过几次分裂成为初级精母细胞,核内含有 46 条染色体(包括性染色体 X、Y)。每个初级精母细胞进行一次减数分裂,产生两个次级精母细胞,内含的染色体数目减少 1/2,只有 23 条。次级精母细胞再分裂一次,产生精子细胞。

男性的性反应

男性的性反应主要有两个时相:一个是阴茎勃起,使它能够插入女性阴道;另一个是射精,在阴道中排出精液。

勃起

阴茎的勃起是由于阴茎的勃起组织(特别是阴茎海绵体)充血时产生的。当男性没有性兴奋时,勃起组织的血液供给受到限制,阴茎是疲软的。当性兴奋时,引发一副交感神经反射,从骶部脊髓中枢发出冲动,刺激供给阴茎血液的微动脉,引起它们舒张;其结果是阴茎中三个海绵体的血管腔隙被血液充满,引起阴茎胀大和坚挺。阴茎的胀大压迫其排出静脉,阻碍血液流出,使充血的阴茎进一步胀大。另一副交感神经的效果是刺激尿道球腺分泌黏液,使阴茎头润滑。勃起反射可由多种性刺激引起,如触摸生殖区皮肤,触摸阴茎头的压力感受器以及其他的性感的刺激,等等。

射精

射精是将精液从男性生殖管道系统排出体外。当传出冲动激发勃起达到临界水平时,便会引发一个脊髓反射,在交感神经(L_1、L_2)产生大量的传出冲动发放。其结果是:① 生殖管道蠕动,将其中的精子和精液挤入尿道;② 膀胱括约肌收缩,阻止尿液排出和精液回流入膀胱;③ 阴茎的球海绵体肌进行一系列的快速收缩,从尿道排出精液。这些有节律的肌肉收缩伴随着强烈的快感和许多系统的变化,如广泛的肌肉收缩、心搏加快和血压升高。整个事件叫作性高潮。性高潮之后出现肌肉放松和心理放松,供给阴茎血液的微动脉收缩,使阴茎重新变得疲软。射精之后出现一个不应期,从几分钟到几小时不等,在此期间男性不可能达到另一个性高潮。

男性生殖机能的激素调节

精子发生和睾丸雄激素产生的激素调节包括下丘脑、腺垂体和睾丸的相互作用。有关的调节事件顺序如下(图 9-3):

(1)下丘脑释放促性腺激素释放激素(GnRH)。GnRH 通过垂体门脉系统的血流到达腺垂体,控制腺垂体促性腺激素——促卵泡激素(FSH)和黄体生成素(LH)的释放。

(2)GnRH 与腺垂体细胞(促性腺细胞)结合,促使它们分泌 FSH 和 LH 进入全身血液循环。

(3)FSH 在睾丸中刺激精子发生。

(4)LH 与间质细胞结合,刺激它们分泌睾酮(和少量的雌激素)。生精小管被局部高浓度的睾酮所浸浴,最后引发精子发生。睾酮进入血液循环,在男性身体的其他部位产生一系列的效应。

(5)睾酮抑制下丘脑释放 GnRH,并可直接作用于腺垂体抑制促性腺激素的释放。

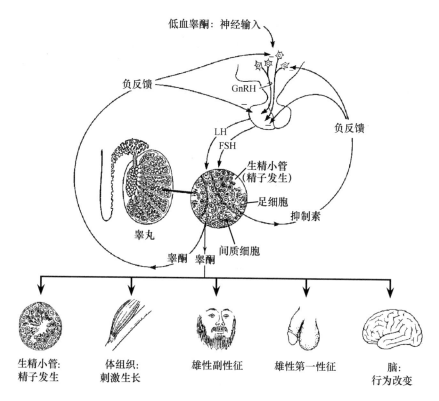

低血睾酮：神经输入

负反馈

GnRH

负反馈

LH
FSH

生精小管
（精子发生）

足细胞

抑制素

睾丸

睾酮　睾酮

间质细胞

生精小管：
精子发生

体组织：
刺激生长

雄性副性征

雄性第一性征

脑：
行为改变

图 9-3　下丘脑-腺垂体-睾丸的相互作用（仿 Eckert，1988）

睾酮的作用

　　当青春期启动时，睾酮不仅促进精子发生，在全身还有多方面的作用。它促使全部附属生殖器官——阴囊、输精管道、腺体和阴茎的生长，以承担成年男性的机能。在成年男性，正常的血浆睾酮浓度是维持这些器官所必需的。当激素不足时，成年男性的附属生殖器官全部萎缩，精液量明显下降，勃起和射精削弱，将出现阳痿和不育。这种状况可用睾酮替补疗法纠正。

　　男性第二性征的发育也依靠睾酮。第二性征包括：① 阴阜、腋下和面部长出毛发；② 喉部长大，出现喉结，声音低沉；③ 皮肤增厚和出油；④ 骨骼生长和骨密度增加,骨骼肌发育增长。

睾酮增强男性的基础代谢率,并影响其行为。睾酮是男、女两性性欲的基础。睾酮虽然被称为"男性激素",但它并不只是男性性活动的促进者,它也促进女性的性活动。

睾丸并不是雄激素的唯一来源,男、女性的肾上腺皮质都释放雄激素,但数量较少。

女性的生殖系统

女性的生殖机能比男性的生殖机能要复杂得多。女性不但要产生雌性配子,其身体还必须准备孕育一个发育中的胚胎长达九个月。女性生殖系统的结构包括卵巢和管道系统两部分(图 9-4)。女性卵巢和管道系统绝大部分位于骨盆腔之中,叫作内生殖器。

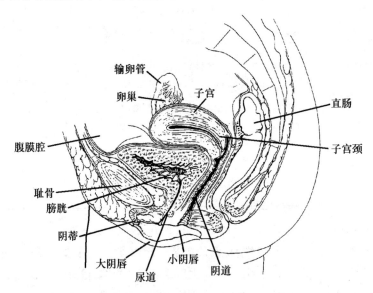

图 9-4　女性的生殖系统(仿 DeWitt,1989)

卵　巢

在子宫的左、右两侧各有一个卵巢(图 9-5)。卵巢是女性的主要生殖器官。如同男性的睾丸一样,卵巢也有双重任务,即除了产生雌性配子(卵子)外,还产生雌激素和孕激素。卵巢分为皮质和髓质两部分。在皮质中有许多小的囊形结构,叫作卵泡。每个卵泡内有一个未成熟的卵子,被一层或几层细胞所包围。

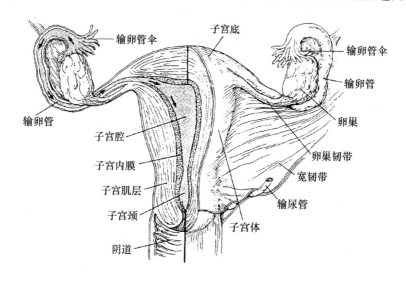

图 9-5　卵巢、输卵管及子宫（仿 DeWitt,1989）

管 道 系 统

女性生殖系统也是一条管道。附属的生殖器官(输卵管、子宫和阴道)除转运生殖细胞外,还要为发育中的胎儿服务。

输卵管

输卵管又称子宫管,不仅接受排出的卵子,还提供受精的场所(图 9-5)。每根输卵管长约 10 厘米,一头与子宫腔相通,另一头逐渐扩大,在末端成为漏斗形,并分开成手指状的突起(称为输卵管伞),悬挂在卵巢上面。男性的管道系统是与睾丸的生精小管相连的;而女性的输卵管并不直接与卵巢接触。成熟的卵子不一定都进入输卵管,有可能掉进腹腔之中。

子宫

子宫在骨盆中,位于直肠与膀胱之间,是一个中空的厚壁器官(图9-5)。它的机能是接受、容留和滋养受精卵。未曾怀孕的成年女性的子宫的形状与大小像一个倒置的梨;生育过的女性的子宫则大一些。子宫可分为子宫底、子宫体和子宫颈等几部分,经子宫颈的通道与阴道相通。

宫颈癌是女性常见的癌(患病率在肺癌和乳腺癌之后居第三位),主要发生在30~50岁的女性中。危险因素包括常发的子宫颈感染、性传播疾病、多次妊娠、与多个性伙伴或患有阴茎疣的性伙伴有活跃的性生活等。女性应每年进行子宫颈细胞的涂片检查。这对于发现这种生成缓慢的癌是重要的诊断技术。

阴道

阴道是一条薄壁的肌肉性管道,长约8~10厘米,位于直肠和膀胱之间,从子宫颈通到体外(图9-4)。阴道是月经血流到体外的通道,也是胎儿的产道。阴道在性交时接纳阴茎,是女性的交配器官。

在阴道末端的阴道孔,有一个由黏膜构成的不完全的分隔,叫作处女膜(图9-6)。处女膜上血管丰富,一般第一次性交时破裂,常出血。但处女膜的韧性不同:有的很脆弱,某些女性的处女膜在体育运动中、插入月经棉条或骨盆检查时就可能破裂;有的却很坚韧,必须用外科手术切开才能性交。阴道腔平时很小,它的前壁和后壁贴在一起;但在性交或分娩时能显著扩张。

外 生 殖 器

在阴道之外的生殖结构称为女性的外生殖器(图9-6),又称外阴,包括阴阜、大阴唇、小阴唇、阴蒂以及尿道口、阴道口和孔腺。

阴阜是耻骨联合上面的脂肪丰富的圆形区域,在女性青春期后长出阴毛。从阴阜向后有两条毛发覆盖的脂肪丰富的皮褶,叫作大阴唇。这是与男性的阴囊同源的器官。被大阴唇覆盖着的小阴唇是两片薄而柔软的无毛

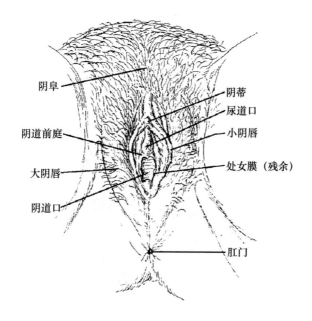

阴阜

阴道前庭

大阴唇

阴道口

阴蒂
尿道口
小阴唇

处女膜（残余）

肛门

图 9-6 女性的外生殖器（仿 DeWitt, 1989）

的皮褶。小阴唇覆盖的区域叫作前庭，包括尿道和阴道的开口。在阴道口的两侧有豌豆大的前庭大腺。这是男性尿道球腺的同源器官。在性兴奋时，它们向前庭分泌黏液，使之潮湿、润滑，利于性交。

前庭的前端是阴蒂。这是一个小而突出的结构。它含有勃起组织，是男性阴茎的同源器官。两片小阴唇的皮褶汇合成为蒙在阴蒂上的阴蒂包皮。阴蒂上有丰富的神经末梢，对触刺激很敏感。当受到触刺激时，阴蒂胀大、勃起，促进女性的性唤起。阴蒂类似阴茎，有背部勃起柱（类似阴茎海绵体），但没有尿道海绵体。男性的尿道既输送尿液又输送精液，经过阴茎到体外；但女性的泌尿管道和生殖管道是完全分开的，而且都不经过阴蒂。

乳　腺

男、女性都有乳腺，但通常只在女性发育成为有机能的（图 9-7）。由于乳腺的生物学作用是产生乳汁喂养新生的婴儿,所以其重要性体现在生殖完成以后。

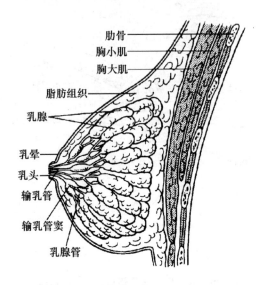

肋骨
胸小肌
胸大肌
脂肪组织
乳腺
乳晕
乳头
输乳管
输乳管窦
乳腺管

图 9-7　乳房的结构(仿 Graaff,1994)

从发育上来看,乳腺是由汗腺发展而来的,是皮肤的一部分。全部乳腺都是包在皮肤覆盖的圆形乳房中,位于胸肌前面。在乳房的中心偏下处有一环形的色素皮肤,叫作乳晕。乳晕的中心有突起的乳头。乳晕上有大皮脂腺,使其表面不平,有小突起。这些腺体分泌油脂,使乳头和乳晕在哺乳时润滑。植物性神经系统控制乳头和乳晕中的平滑肌,当乳头受到触刺激、性刺激或寒冷刺激时会勃起。在乳腺内有 15～25 个乳腺叶,围绕乳头呈放射状排列。这些乳腺叶被结缔组织和脂肪所填充、分隔。叶间结缔组织形成的悬韧带将乳房附着在其下的肌肉筋膜和其上的真皮上。悬韧带给乳房提供了天然的支持,像一个内置的乳罩。乳腺叶中还有更小的单位,叫作乳腺小叶。乳腺小叶由乳腺腺泡组成。在女性哺乳期间,腺泡产生乳汁,经输乳管通过乳头上的开口送到体外。每一输乳管都有扩大部分成为输乳窦,在哺乳时乳汁聚集在输乳窦。未怀孕的女性的乳房的乳腺结构远未发育,管道系统也未发育。因此乳房的大小主要是由脂肪的储存量所决定的。

乳腺癌是女性中患病率仅次于肺癌的常见癌症。女性应每月（约在月经后一周）进行自我检查以发现可能出现的乳腺癌团块。这种简单的自我检查应在每位女性一生中坚持定期进行。

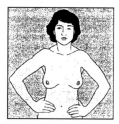
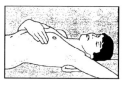

乳房自我检查法的步骤如下（图9-8）：

（1）两肩上举，对镜观察双侧乳房的外形是否对称，大小是否一致，乳头是否在同一水平线上，乳头是否内陷、流液，皮肤是否有轻微的毛孔内缩现象（"橘皮样"改变）。

（2）两手叉腰，重复以上观察。

（3）仰卧，肩下垫一枕头。先用左手检查右乳房，四指并拢，从乳房上方顺时针方向轻轻扣摸（不要抓捏），由外到内摸两三周，摸到乳晕和乳头，注意有无肿块。再摸右腋窝，注意是否有肿大的淋巴结。然后用右手检查左乳房和左腋窝。

如果自我检查时发现异常情况，应请医生检查，判明性质。

图9-8　乳房自我检查法

女性生殖系统的机能

卵 子 发 生

男性配子的产生是从青春期开始的，一般持续终身；女性则完全不同。每位女性出生时就已决定其一生中能释放的卵子的数量，而释放卵子的时期是从

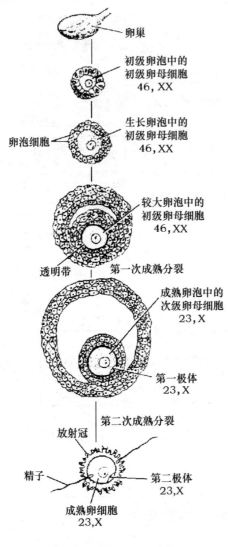

卵巢

初级卵泡中的
初级卵母细胞
46，XX

卵泡细胞

生长卵泡中的
初级卵母细胞
46，XX

较大卵泡中的
初级卵母细胞
46，XX

透明带　　　第一次成熟分裂

成熟卵泡中的
次级卵母细胞
23，X

第一极体
23，X

第二次成熟分裂

放射冠

精子

第二极体
23，X

成熟卵细胞
23，X

图 9-9　卵子发生(仿 Moor，1983)

青春期到绝经期(50 岁左右)。

产生女性生殖细胞的过程叫作卵子发生(图 9-9)。在女性的胚胎时期，原始生殖细胞发育成为卵原细胞，经过有丝分裂发育成为初级卵母细胞。初级卵母细胞被一层扁平的卵泡细胞所包围，形成初级卵泡。初级卵母细胞复制它们的 DNA 并开始减数分裂，但没有完成，在前期Ⅰ停下来。很多初级卵泡在出生前退化，保留下来的分布在未成熟的卵巢的皮质部分。女性出生时，约有 100 万个初级卵母细胞处在初级卵泡中，等待完成减数分裂后发育成为有机能的卵母细胞。大约经过 10～14 年，女性青春期开始时，每月有少数初级卵母细胞被激活并开始生长，但通常情况下只有一个初级卵母细胞能够继续进行减数分裂，产生两个单倍体细胞(每个细胞含 23 条染色体)，不过它们的大小差别很大。较小的细胞叫作第一极体，几乎不含细胞质；较大的细胞包含几乎全部初级卵母细胞的细胞质，叫作次级卵母细胞。第一极体通常进行减数分裂，产生两个更小的极体。人类的次级卵母细胞停留在中期Ⅱ，并从卵巢中排出。如果排出的次级卵母细胞没有受精，它就会退化。如果一个精子钻进次级卵母细胞就会完成减数分裂，产生一个大的卵子和一个小的第二极体。这样,卵子发生的最终产物是三个小极体和一个大卵子。它们都是单倍体,但只有卵子是有机能的配子。这与精子发生不同,精子发生会产生四个有活力的精子。

卵子发生中的不平均的细胞质分裂保证了受精卵能保有充足的营养物质,以支持它进入子宫的七天行程。极体则退化而消亡。

女性的生殖时期为 45 年左右(约 11~55 岁),每月只排卵一次。在女性一生中只有 400~500 个卵母细胞从 100 万个初级卵母细胞中排出。

卵巢周期的激素调节

在卵巢中卵泡的发育、成熟和排放呈月周期变化,这是在多种激素的相互作用下完成的(图 9-10)。

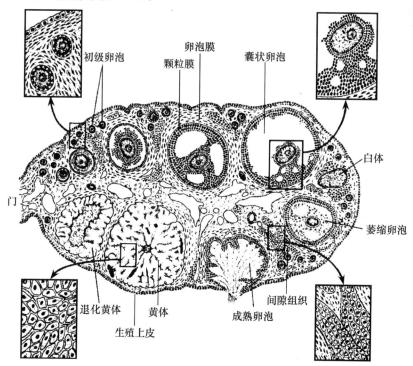

图 9-10　卵巢(仿 Tribe,1979)

月经周期是卵巢周期的反映。在卵巢中,从原始卵泡到成熟,经过卵泡发育、排卵和黄体形成等阶段,可分为卵泡期、排卵期和黄体期,周而复始,一个周期约为 28 天。卵巢周期开始时,下丘脑释放促性腺激素释放激素的浓度升高,刺激腺垂体产生和释放促卵泡激素和黄体生成素。原始卵泡被激活,卵泡周围的鳞状细胞变成立方体状,卵母细胞长大。这时的卵泡叫作初级卵泡。然后卵泡细胞增生,在卵母细胞周围形成多层上皮。这些多层卵泡细胞叫作颗粒细胞。在卵泡的外周结缔组织包围卵泡形成卵泡膜。促卵泡激素和黄体生成素刺激卵泡生长、成熟,在它们的共同影响下开始分泌雌激素。这时卵泡的颗粒细胞分泌一种富含糖蛋白的物质,包围在初级卵母细胞外形成一层透明的厚膜,叫作透明带。颗粒细胞之间出现空隙,空隙中充满颗粒细胞所分泌的卵泡液,内含雌激素。随着颗粒细胞的增生和卵泡液的增多,卵泡中的空隙增大,成为卵泡腔。初级卵母细胞位于卵泡腔内的一侧。卵泡完全成熟时直径可达 2.5 厘米,变成囊状,突出于卵巢表面。这发生在原始卵泡开始生长后的 10 天左右。

血液中的雌激素在浓度不高时对下丘脑-腺垂体轴起抑制作用;高浓度的雌激素产生相反的效果。一旦血液中的雌激素浓度达到一个临界值,就会对下丘脑和腺垂体产生正反馈作用,引发一连串的事件:腺垂体爆发式地释放积累的黄体生成素,同时也释放促卵泡激素。黄体生成素的突然大量出现刺激成熟卵泡中的初级卵母细胞重新恢复停顿了的减数分裂,完成第一次减数分裂,产生第一极体,成为次级卵母细胞。黄体生成素还引发突出的卵泡壁破裂,排出卵母细胞(卵子),这大约在原始卵泡开始生长后的第14 天。排卵后不久雌激素浓度开始下降。

一般情况下,卵巢中只有一个卵泡成熟、排卵;但也有 1%～2% 的特殊情况,同时有一个以上卵泡成熟,排出不止一个卵母细胞,可能形成多胎。由于不同的卵母细胞接受不同的精子,便成为双卵性双胎,甚至多卵性多胎。单卵性双胎是由一个卵母细胞与一个精子结合,在早期发育中受精卵分离成为两个子细胞之后各自发育而成的。

排卵和排放卵泡液之后,破裂的卵泡壁内陷,卵泡膜血管出血,卵泡变成血体。在大量的黄体生成素的作用下,卵泡残留的颗粒细胞变大,细胞质内出现黄色颗粒,与内膜细胞一起变成了一个新的完全不同的内分泌腺,即黄体。黄体一旦形成就分泌孕激素和少量的雌激素。当血液中孕激素和雌激素的浓度升高时,便对腺垂体释放黄体生成素和促卵泡激素产生强有力的抑制作用。由于促性腺激素浓度下降,在黄体期不再出现新的卵泡发育。

如果排出的卵母细胞没有受精,随着血液中黄体生成素浓度进一步缓慢地降低,黄体生成素对黄体的刺激也便终止。在排卵后的第十天黄体开始退化、变性,颗粒细胞被结缔组织所代替,并变为白色,黄体变成白体。随着黄体的退化,血液中雌激素和孕激素浓度急剧下降。它们对促卵泡激素和黄体生成素的抑制作用终止,一个新的卵巢周期重新开始(图 9-11)。

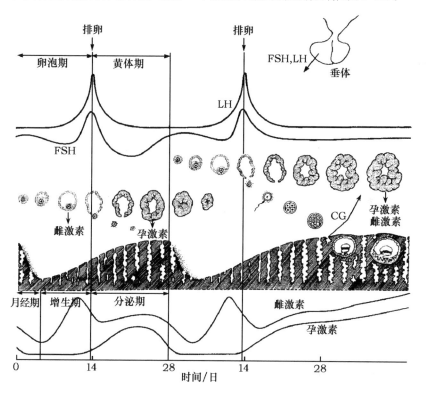

图 9-11 卵巢周期与子宫周期(仿 Eckert,1988)

如果排出的卵母细胞受精,受精卵便种植在子宫内膜上,产生黄体生成素样激素,即绒毛膜促性腺激素(CG)。CG 促使黄体继续长大,一直维持到妊娠后 5~6 个月。此时胎盘已经充分发育起来,代替黄体产生激素的作用,黄体才开始退化。

随着血液中雌激素和孕激素浓度的变化,子宫内膜也相应改变。子宫内膜的变化可以分为三个时期:

(1) 月经期。月经期出现在分泌期之后。当血液中雌激素和孕激素的浓度降低时,子宫内膜脱落,与血液混在一起从阴道流出,为期 3~5 天,平均失血50~150毫升。

(2) 增生期。在血液中的雌激素的作用下,基底层增生,重建子宫内膜。子宫内膜增厚,管状腺形成,螺旋动脉增多。增生期的最后发生排卵。子宫颈黏液在正常情况下是黏稠的。当雌激素的浓度升高时,子宫颈黏液变得稀薄、透明,便于精子进入子宫。

(3) 分泌期。排卵后黄体生成,黄体产生孕激素。血液中孕激素的浓度升高,在雌激素作用的基础上促使子宫内膜进一步增生,腺体长大并开始向子宫腔内分泌糖原,为受精卵提供营养,直到受精卵种植到血管丰富的内膜中。孕激素浓度的升高使子宫颈黏液重新变黏稠,将子宫颈"封锁",使精子不得入内。

雌激素和孕激素的子宫外效应

雌激素对女性的作用相当于睾酮对男性的作用,可以说是"性活动的发动机"。当女性青春期血液中雌激素的浓度升高时,它促进卵巢中卵子发生、卵泡生长以及女性生殖管道的合成代谢。其结果是:① 输卵管、子宫和阴道长大,准备支持妊娠活动;② 输卵管和子宫的活动性开始增强;③ 外生殖器成熟。

雌激素也支持女性青春期的突发性快速增长,使女孩在 12~13 岁比男孩长得快得多。但这种生长的时间不长,因为雌激素的浓度升高也引起长骨的骨骺较早封闭。女性在 15~17 岁就达到了她们的最大的高度。男性青春期的生长较迟,但生长持续到 19~20 岁。

雌激素引发女性的第二性征,包括:① 乳腺的生长;② 皮下脂肪的积聚(特别是在臀部和乳房);③ 骨盆变宽和变轻(适应于生育);④ 腋下和阴阜长出毛发;⑤ 某些代谢效应,如血液胆固醇维持较低水平,对钙的吸收加强等。

孕激素与雌激素一起建立和调节女性的子宫周期,刺激子宫颈黏液的变化。孕激素的主要作用表现在妊娠时抑制子宫的运动,并使乳房准备哺乳。在妊娠时,大部分孕激素和雌激素是来源于胎盘而不是卵巢。

女性的性反应

女性的性反应在很多方面与男性的性反应相似。例如性兴奋引起阴蒂、阴道黏膜和乳房充血、胀大;乳头勃起;前庭腺分泌增加,润滑前庭使阴茎易于进入。这些活动都类似男性的勃起期。触摸和心理刺激可促进女性的性兴奋,其植物性神经通路也与男性相同。

女性性反应的末期是性高潮。它不伴随射精,但全身肌肉紧张,心率和血压升高,子宫发生有节律的收缩。与男性相似,女性的性高潮先伴随着强烈的快感,然后便是全身松弛,但还感到一种温暖的浪潮流遍全身。在女性的性高潮后没有不应期。男性必须达到性高潮并射精,才会受精;但女性的性高潮对于怀孕并不是必需的。有些女性从来没有经历过性高潮,仍能怀孕。

生 育 控 制

谈到节制生育,就不能不介绍桑格夫人(M. Sanger,1879—1966)(图9-12)。她是"节制生育"一词的首创者,美国节制生育运动创始人,节制生育运动的国际领袖。桑格夫人的母亲是一位结核病患者,在怀过 11 个小孩后过世。护理重病的母亲使桑格夫人决心从事护理工作,并就读医学院接受护士训练。她在纽约市下东区进行产科护理实习,目睹了贫穷、无节制生

图 9-12　桑格夫人

(引自 Allgeier,1995)

育、母婴死亡率高以及非法堕胎致死等社会现象,从而成为一个女权运动者。她认为每个妇女都有权避免不必要的怀孕,于是致力于消除宣传避孕的法律障碍。1914 年桑格夫人开始发行杂志宣扬她的观点。1916 年她在纽约布鲁克林区创建美国第一家节制生育诊所,开张 9 天后被警察封闭。她被控"有伤风化",遭到逮捕,1917 年被判服劳役 30 天。桑格夫人依法上诉,促使联邦法院第一次认可医生有权提供节制生育的方法。1921 年桑格夫人建立美国节制生育联盟并担任主席;后来又把她的节制生育运动推广到东亚国家。

北京大学在提倡计划生育、控制人口数量方面也曾起过积极作用。北京大学教授张竞生(1888—1970)在 1920 年从法国回国之初就曾向时任广东省省长陈炯明建议中国应限制人口发展,实行避孕节育,提高人口素质。张竞生在北京大学任教期间(1921—1926 年)继续提倡节制生育。1922 年 4 月,北京大学校长蔡元培邀请桑格夫人到北京大学演讲,宣传节制生育,胡适任翻译,张竞生作陪。

我国著名的经济学家、北京大学校长马寅初(1882—1982)(图 9-13)对中国的人口控制等重大问题提出了独到的、具有远见卓识的见解,并始终不渝地坚持科学真理。他在 1957 年 7 月发表的《新人口论》一文中指出,我国人口增殖得太快,而资金积累得不够快,应控制人口。他还指出,中国的宗嗣继承观念太深,"早生贵子""多子多孙""儿孙满堂""五世其昌"等思想影响很深。他主张要节制生育,控制人口数量,第一步是依靠普遍宣传使广大农民群众都明知节育的重要性,并能实际应用节育的方法。实践证明马寅初《新人口论》的观点是正确的,许多主张也是可行的。

图 9-13　马寅初在北京大学学生中（北京大学校史馆提供）

　　由于对受精过程（从卵子、精子的发生到排出，从受精卵的形成到种植在子宫内膜上）的种种机制有了比较深入的了解，人们才有可能提出多种有效的生育控制技术。

　　受精需要一个健康的精子与一个健康的卵子相结合。性交时精子由男性的阴茎射入女性的阴道底部。少数精子通过子宫颈口，经子宫进入输卵管，一般在输卵管的上 1/3 处遇到卵子，其中之一与卵子结合，即受精。受精卵向子宫移动，6～8 天后到达子宫，种植在子宫内膜上，发育、成长。在这一过程中，凡是能干扰精子、卵子的生成与发育，或阻断精子与卵子的结合，或干扰受精卵的种植的方法，都有可能成为控制生育的技术。

口服避孕药

　　口服避孕药在一些国家中广泛使用。它含有少量的雌激素和孕激素，每天服用一片,但在 28 天月经周期的最后 5 天停服。口服避孕药可以提高血液中雌激素和孕激素的浓度,足以抑制腺垂体释放促卵泡激素,使卵巢中的卵泡停止生长发育,并停止排卵。其中的孕激素还使子宫颈黏液的黏稠度增加,阻碍精子进入子宫。口服避孕药使子宫内膜轻度增生,停止服用时子宫内膜也会脱落,不过月经血量大为减少。在服用期间卵巢处于相对静止状态,不产生成熟的卵细胞,这与怀孕后排卵受到抑制的原理相同。

宫内节育器

宫内节育器(又称宫内避孕器)(图 9-14)是一种很小的、适于安置在子宫腔内的避孕器具,由塑料、不锈钢或硅胶等制成,有环形、T 形、V 形和带有两根尾丝的。它必须由有经验的医生放置入女性的子宫腔内。

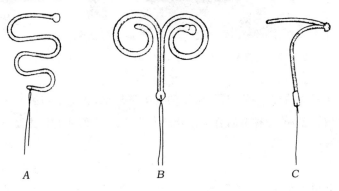

A   *B*   *C*

图 9-14　宫内节育器(引自 Lanson,1981)

宫内节育器的原理目前还不清楚。有一种假说认为宫内节育器促进子宫收缩,使胚胎很难种植在子宫内膜上;另一种假说则认为宫内节育器引起子宫内膜轻度局部感染,造成不适合胚胎生长发育的环境,终止受精卵种植,受精卵被排出。

宫内节育器的效果很好,使用简便、经济,在发展中国家广泛使用。但它也有副作用,有些还是严重的,例如容易脱落,这是因为人体有排斥异物的倾向。

屏　障　法

屏障法包括阴茎套(男用避孕套)、阴道隔膜、宫颈帽、阴道套(女用避孕套)和避孕海绵,其原理都是阻止精子进入子宫。

阴茎套(图 9-15)是用超薄的强弹性乳胶制成的,可恰好戴在男性勃起的阴茎上,阻止精液进入女性的阴道。它既是一种节育工具,又可防止某些性传播疾病(包括艾滋病),被公认为安全、可靠、简便、经济的避孕工具。

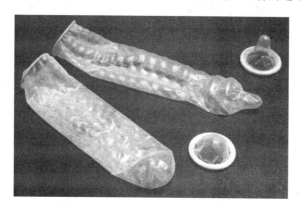

图 9-15　阴茎套(引自 Allgeier,1995)

阴道隔膜(图 9-16)是由乳胶制成的浅杯状物,可舒适地套在女性的子宫颈上。为了提高效率,还要在阴道隔膜的杯内侧涂上杀精膏。阴道隔膜有不同的型号,应在医生的指导下选择并学会正确的放置方法。

宫颈帽是较小的阴道隔膜(图 9-17),也可恰好戴在女性的子宫颈上,在子宫颈口周围形成一个几乎不透气的密封圈。宫颈帽内也要涂杀精膏,既可增加密封性,又可杀死精子。

阴道套(图 9-18)的两端各有一个弹性环,其中一个位于封闭端,一个在开口端。封闭端的环便于将避孕套插入阴道并固定在女性的子宫颈处;开口端的环留在阴道外,覆盖在阴唇上。阴道套有助于女性避免怀孕和感染

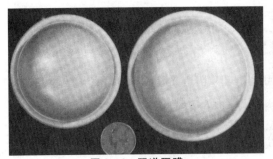

图 9-16　阴道隔膜

（引自 Gotwald,1981）

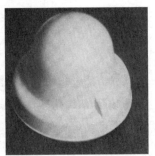

图 9-17　宫颈帽

（引自 Crooks,1992）

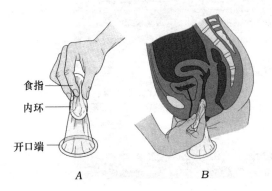

食指

内环

开口端

A　　　　　　*B*　　　　　　耻骨　　*C*

图 9-18　　阴道套（引自 Byer,1999）

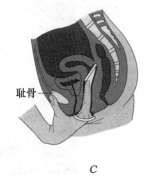

图 9-19　避孕海绵

（引自 Allgeier,1995）

性传播疾病。在性传播疾病发生率激增和女权运动的推动下,阴道套在欧、美发达国家中推广使用较快。

　　避孕海绵(图 9-19)是一种控制生育的新方法。它是由聚氨基甲酸乙酯制成的人造海绵,直径约 6 厘米,厚约 2 厘米,中间有个浅凹。避孕海绵含有杀精剂,使用时先用水浸湿,挤去多余的水分后再置入女性的阴道,使其浅凹正好盖住子宫颈口。避孕海绵容易放置,不必另加杀精剂。

安全期避孕法

　　安全期避孕法是一种自然方法,即在排卵期间避免性交。一般情况下卵子在排出后12~24小时仍具有活力,而精子可以在女性生殖管道中存活2~3天。如果知道排卵日期,便可避开可能受孕的日期。

　　基础体温测定法有助于确定女性排卵的日期(图9-20)。多数女性在排卵后基础体温轻微上升。每天早晨起床前,清醒静卧时测量口腔温度,发现月经前体温较高,月经期的体温下降0.2~0.3℃,排卵日再降低0.2℃;排卵后体温立即升高约0.5℃,恢复到月经前的水平,这是由于卵巢中具有发热效应的孕激素分泌增加所引起的。连续测量几个月经周期,便可测定女性的月经周期的长度和排卵日期。在排卵日的前四天和后四天(共八天)内避免性交,便可避孕。

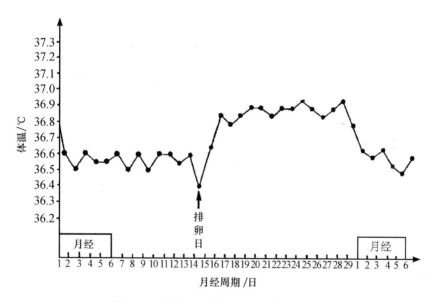

图 9-20　女性月经周期中基础体温的变化

由于女性的月经周期可能受健康、情绪等因素的影响而发生变化,所以单纯靠安全期避孕法失败率较高。

绝　　育

绝育是用外科手术结扎(切断)输精管(男性)或输卵管(女性),阻止精子或卵子的输出以达到避孕的目的(图 9-21)。结扎输精管的手术比较简单,可以实施局部麻醉在门诊手术室进行;输卵管结扎则需要住院进行。

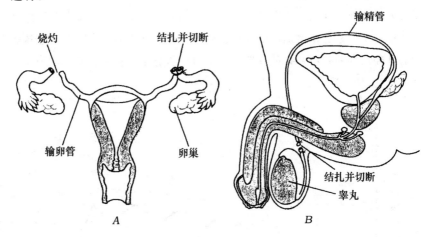

图 9-21　绝育手术(仿 Chiras,1991)

A. 输卵管结扎术(女性);*B.* 输精管结扎术(男性)

这两种手术只是切断精子和卵子的运行通道。精子和卵子的发生照常进行,但是不能输出,在体内被吸收;对性激素的分泌(包括女性的月经周期),男、女性的第二性征和性生活都没有影响;也不影响男性的射精,因为精液中 99% 的体积是来自附属管道的分泌物,精子只占 1%。

在一般情况下结扎输精管或输卵管后是不容易复原的。因此,这两种方法只适用于确定不想再生育的人。

人 工 流 产

人工流产是在避孕失败后不得已而采取的人工终止妊娠的措施,绝不可以当作避孕措施来运用。为了保证安全,务必在正规的医院进行手术。在妊娠的前10周内可由医生用真空吸引器从女性的子宫内吸出胚胎(图9-22)。妊娠中期虽也可进行人工流产,但手术更复杂,危险性更大,应尽可能避免。多次人工流产有损女性健康,主要是失血和引起并发症。

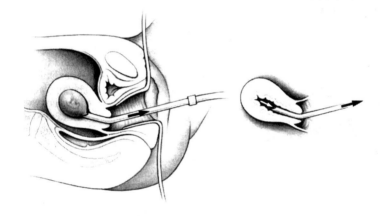

图 9-22　吸引式真空流产(引自 Allgeier,1995)

性传播疾病

性传播疾病(sexually transmitted diseases,STDs)是指在人与人之间主要通过性接触而传染的疾病。这类疾病可由细菌、病毒或寄生虫引起。引起性传播疾病的病原体一般是通过阴道、尿道、肛门和口腔的温暖而潮湿的黏膜表面进入人体的(阴虱和疥疮除外)。这类病原体也只能生活在温暖、潮湿的环境中,到了体外绝大多数就会很快死亡。

近年来,很多国家的性传播疾病的发病率都在上升,我国也不例外。有些由病毒引起的性传播疾病目前无法治愈,而艾滋病至今还是不治之症。

因此,预防性传播疾病就显得十分重要。

淋 病

淋病是由淋球菌引起的。淋球菌呈肾形,是一种成对排列的双球菌(图9-23)。它能在温暖、潮湿的生殖管道和泌尿管道中生长、繁殖。

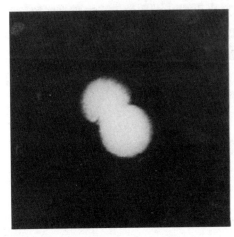

绝大多数淋病是通过性接触传染的。男性感染后常有乳白色的黏稠的分泌物从阴茎口排出,排尿时有疼痛感或烧灼感;但约10％的患者没有症状。女性感染后大多数没有症状;但80％的患者是由于症状轻微或将症状与其他问题混淆而没有引起注意。女性患者的症状一般出现在接触感染者后两天到三周内。子宫颈是女性患者最常感染的部位,表现

图 9-23　淋球菌(引自 Starr,1995)

为子宫颈的分泌物增加。如果尿道感染则出现排尿时疼痛,有烧灼感。感染蔓延到子宫和输卵管,还可能出现下腹疼痛、呕吐、发烧、月经不调。

淋病可用抗生素治疗。治疗后,应再进行细菌培养以检查是否治愈。

梅 毒

梅毒是由螺旋形的梅毒螺旋体引起的(图9-24)。梅毒一般是通过性接触(包括接吻)而感染的,患梅毒的孕妇也可将此病传给胎儿。梅毒患者通过带有梅毒螺旋体的溃疡或斑疹将螺旋体传给他人。梅毒螺旋体可以穿过生殖器、口腔、肛门的黏膜或身体其他部位的皮肤破损而进入患者体内。

梅毒螺旋体一旦进入体内,可能经历四个阶段:

（1）一期梅毒。在螺旋体进入人体的2～4周内，患者的身体出现无痛的结节（叫作硬下疳），类似丘疹、小疱或溃疡。发生在男性阴茎和阴囊上的硬下疳容易发现；发生在女性阴道、子宫颈上的不易发现。一般在1～5周以后，由于人体产生免疫反应，这种硬下疳可以自愈，但少数未被消灭的螺旋体进入血液循环，遍布全身。

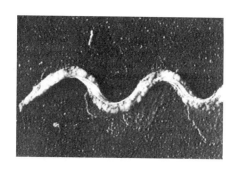

图9-24　梅毒螺旋体（引自 Allgeier，1995）

（2）二期梅毒。如不治疗或治疗不彻底，在硬下疳愈合后的几周或几个月之内，二期的全身症状就会表现出来。患者全身的皮肤上出现红疹，还伴有口腔疹、关节肿痛、轻度发热、头痛等。此时患者身体内产生大量抗体，逐渐将螺旋体消灭，但仍有少数螺旋体待机而动，引起二期复发。经过反复抗争，患者机体免疫力增强，很少出现复发。

（3）隐伏期。患者在这个阶段没有外在症状，但螺旋体侵犯其内部器官（包括心脏和脑）。经过几年隐伏期以后，梅毒就没有传染性了。

（4）晚期梅毒。一、二期梅毒未经治疗或治疗不彻底，经过一定的隐伏期，一部分患者会发生各种晚期症状，出现严重后果。由于螺旋体侵害的器官不同，患者可能出现严重的心脏病、失明、跛行或精神障碍等。这个阶段的梅毒不会传染。

注射青霉素可以治疗梅毒；对青霉素过敏者可用强力霉素或四环素代替。梅毒的前三期都可以彻底治好，不留任何永久性损害；晚期梅毒经过治疗也可以防止其进一步的破坏。

生殖器疱疹

生殖器疱疹是由单纯性疱疹病毒引起的。病毒是经生殖器的黏膜进入患者的身体，沿着神经末梢运动到脊髓，长期潜伏在神经细胞里面。在一些国家生殖器疱疹也是最常见的性传播疾病之一。

感染生殖器疱疹病毒的早期,女性患者的外生殖器或男性患者的阴茎上先出现疼痛感、发痒或敏感;随后出现疱疹(一个或多个红色小疱),一两天后变成水疱。水疱出现的部位,在女性是大小阴唇、阴道口、会阴等处;在男性是阴茎头、阴囊、会阴等处。几天后水疱破裂,形成浅表性溃疡,然后结痂、愈合、消退。

生殖器疱疹是通过性接触而传染的,但只有水疱存在时才传染,目前还不能治愈。疱疹病毒对新生儿有致命的危险。如果孕妇在分娩时有生殖器疱疹的症状应进行剖腹产,以免感染。

艾 滋 病

艾滋病是英文 AIDS 的直译名。AIDS 是获得性免疫缺陷综合征(acquired immune deficiency syndrome)的英文缩写。这是一种新发现的性传播疾病,1981 年才被确诊。它是由人类免疫缺陷病毒引起的(图 9-25)。

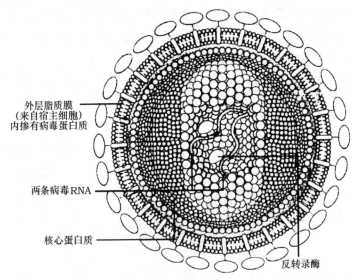

图 9-25　人类免疫缺陷病毒(引自 Starr,1995)

艾滋病是一种削弱人体免疫系统机能的疾病。免疫系统受到削弱,就削弱了人体保卫自身免受许多致命的感染和恶性疾病侵袭的能力,造成严重后果。艾滋病至今无法治愈。

艾滋病的主要传播途径有三种:

(1) 性接触。艾滋病病毒可通过性交在男、女之间或同性恋者之间传播。

(2) 血液传播。艾滋病病毒可通过输血、血液制品或共用注射器针头传播。

(3) 母婴传播。感染了艾滋病病毒的孕妇通过妊娠、分娩或哺乳可将病毒传给婴儿。

艾滋病病毒不会通过一般的身体接触(如握手、拥抱)或空气途径(如打喷嚏、咳嗽)而传播,不会通过昆虫传播,也不会通过共用马桶、浴盆而传播。

感染艾滋病病毒以后,一般要经过很长的潜伏期(约 8～10 年)才发病。大多数艾滋病病毒感染者的外观和感觉都正常,但多年以后会出现一系列的症状,如发热、疲乏、腹泻、体重下降、血液中辅助性 T 淋巴细胞数目很低以及淋巴结普遍肿大等。这些症状往往是艾滋病的前奏。

艾滋病病毒是一种逆转录酶病毒。它侵入人体后能识别并结合辅助性 T 淋巴细胞表面的受体而进入细胞。艾滋病病毒的遗传物质是 RNA,在辅助性 T 淋巴细胞中由于逆转录酶的作用形成互补的 DNA(前病毒),并整合到辅助性 T 淋巴细胞的 DNA 中。经过长时间的潜伏后,辅助性 T 淋巴细胞被激活,前病毒复制出新的艾滋病病毒,并破坏辅助性 T 淋巴细胞;新的艾滋病病毒又侵入其他的辅助性 T 淋巴细胞,产生新病毒并破坏细胞。如此循环往复,导致大量的辅助性 T 淋巴细胞被破坏。由于辅助性 T 淋巴细胞在人体免疫系统中起着调节作用,它影响着细胞毒性 T 淋巴细胞(直接杀死被感染的细胞和病毒的 T 淋巴细胞)、B 淋巴细胞和巨噬细胞,因此大量的辅助性 T 淋巴细胞被艾滋病病毒破坏便会严重削弱免疫机能。艾滋病病毒还可以感染人体内的其他类型的细胞,如脑细胞、巨噬细胞。

由于艾滋病病毒的破坏作用,艾滋病患者的免疫机能严重衰退,会招致一些对免疫机能正常的人无害的感染。其中许多感染在平时可用抗生素治愈，但是艾滋病患者却无法控制，以致产生致命的后果。最常见的感染有卡氏（Carinii）肺囊虫肺炎、隐球菌脑膜炎、脑部弓形体病以及巨细胞病毒病等。艾滋病患者还易发生一种罕见的毒瘤，即卡波济氏（Kapasi）肉瘤；其特征是患者皮肤上出现暗蓝色或红褐色皮疹并伴有内部肿瘤。艾滋病患者往往很消瘦，也可能出现痴呆。从症状出现起，艾滋病患者的预期寿命只有1～3年。

针对艾滋病的三种感染途径，预防艾滋病感染应注意洁身自爱，避免不安全的性行为，提倡使用避孕套；献血、输血要严格检查；远离毒品。已感染艾滋病病毒的女性应避免怀孕，怀孕后应避免生育。

第十讲

人类的妊娠、生长与发育、老化

受精与妊娠

    成年人体内的细胞数以万亿计。追根溯源，这么多的细胞都是来自一个细胞，即受精卵。精子和卵子的结合启动了一系列的错综复杂的、惊人的变化过程。这就是一个人的诞生及其一生的生命活动。

卵子、精子的运行与受精

    女性的输卵管末端和卵巢很接近，排卵时由于输卵管末端的手指状输卵管伞在卵巢上来回地运动，将卵子扫进了输卵管。此后，卵子依靠输卵管上皮细胞纤毛的摆动和平滑肌的收缩在输卵管内向子宫方向运行。

性交时,精子由男性的阴茎射入女性的阴道底部,其数量很多(至少1亿个)。精子本身有运动能力,依靠其尾部的摆动而前进,速度为每分钟0.1～3毫米。从阴道到输卵管末端的距离约15厘米,精子运行需30分钟左右,大约每分钟运行5毫米。由此可见,子宫、输卵管的平滑肌的收缩与纤毛的摆动加快了精子运行的速度。这种收缩可能是精液中某些物质刺激的结果。大约只有1%(即100万个左右)的精子能经子宫颈口游入子宫;而其中只有几千个精子能到达子宫与输卵管的接口处,最后只有几百个精子能经过输卵管来到输卵管的上三分之一处遇到卵子。

男性射精时排出的成熟的精子必须在女性的生殖管道(子宫和输卵管)中经历一段时间才能获得受精能力。这个过程叫作获能。获能后的精子还要经过一激活过程才能使卵子受精。

经过获能和激活过程的一个精子穿过次级卵母细胞(卵子)的透明带。精子的头部与卵母细胞的细胞膜接触,两个细胞的细胞膜融合,精子细胞膜内的遗传物质进入卵母细胞。这便是受精的第一步。精子进入卵母细胞后,随即触发一系列的反应:卵母细胞的细胞膜发生变化,不再接受其他精子进入,阻止多精受精;激活处于减数分裂前期的次级卵母细胞,继续完成第二次成熟分裂;完成第二次成熟分裂的卵子的细胞核与精子的细胞核融合,形成一个二倍体的细胞核。这样便形成了一个单细胞的受精卵。受精过程完成(图10-1),胚胎发育开始。

受精卵向子宫移动,6～8天后到达子宫,种植在子宫内膜上,发育、成长。

胚胎的生长、发育

人体的发生从受精开始到胎儿出生,在子宫内大约经过266天,可分为三个时期:胚卵期、胚胎期和胎儿期。

胚卵期

从受精至第一周末胚胎开始着床为胚卵期。

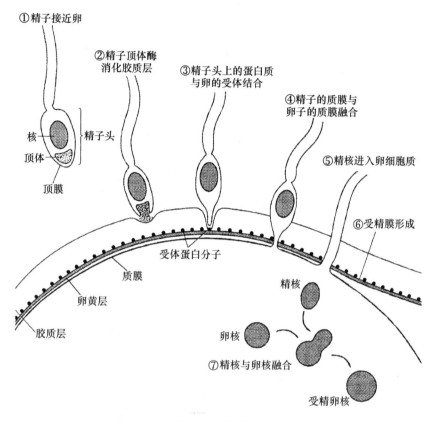

图 10-1　受精过程图解（Campbell, 2000）

　　受精卵在从输卵管向子宫腔移动的同时,不断地进行分裂(图 10-2)。首先受精卵一分为二,二再分为四,四分为八,到第三天已形成一个由 16 个细胞组成的实心细胞团,形如桑椹,称为桑椹胚。

　　然后桑椹胚中出现一个腔,形成一个囊泡状的结构,称为胚泡,在第四天进入子宫腔。胚泡的周围是一单层细胞,称为滋养层。

　　大约在第六天,滋养层可分泌蛋白消化酶。与子宫内膜接触处的滋养层细胞迅速分化出另一层细胞,它们的细胞膜消失,形成一团含多个细胞核

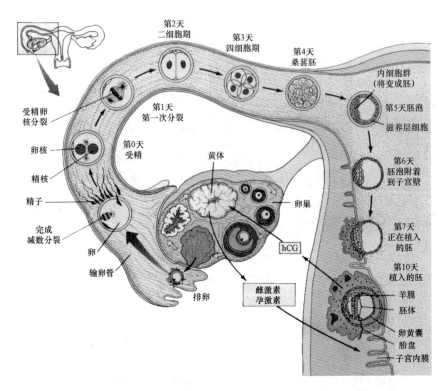

图 10-2 排卵、受精、卵裂及胚泡在子宫中运行的示意图(仿 Postlethwail,1992)

hCG：人绒毛膜促性腺激素

的细胞质,叫作合胞体滋养层。合胞体滋养层侵入子宫内膜,消化它所接触的子宫细胞,使子宫内膜溶解成一缺口,胚泡由此逐渐埋入子宫内膜。子宫上皮细胞增生将缺口修复。这一过程称为着床或植入(图 10-2)。着床过程自受精后第 6~7 天开始,第 11~12 天完成。如子宫腔内有异物干扰(如宫内节育器),将阻碍着床。

胚泡植入部位通常在子宫内。若发生在子宫以外(如输卵管及腹腔等处)为子宫外孕。

到第七天,胚泡已有一百多个细胞,但此时这些细胞的体积并不比刚受精时的体积大。这是由于原来的次级卵母细胞含有大量的细胞质,足够分裂成 100 多个普通大小的细胞。

胚胎期

从第二周至第八周末为胚胎期。胚胎建立了各器官的原基,已初具人形。

胚泡种植入子宫壁后,合胞体滋养层继续侵蚀子宫。胚泡内有一团细胞,叫作内细胞群,以后形成胚盘。在胚盘细胞中分化出羊膜,出现羊膜腔。胚盘细胞成为两层,再发展成为胚胎(图10-3)。

第二周,胚外中胚层在滋养层下出现,开始形成绒毛膜。

第三周,出现绒毛膜和突出的绒毛,此后胎盘逐渐形成(图10-4)。原来两层细胞的胚盘分化出三个胚层:外胚层、内胚层和

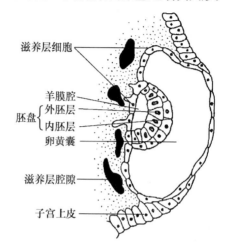

图 10-3　第八天的胚胎

(仿 DeWitt,1989)

中胚层。三个胚层将分别逐步发育成身体的各个部分:外胚层发育出神经系统和表皮;中胚层发育出肌肉、骨骼、血液、真皮、心脏血管系统、泌尿系统、生殖系统、结缔组织等;内胚层发育出消化系统、呼吸系统的上皮和有关的腺体(如胰、肝)以及膀胱上皮等。

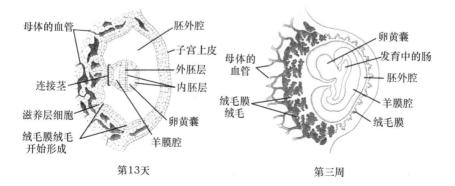

第13天　　　　　　第三周

图 10-4　第 13 天和第三周的胚胎(仿 DeWitt,1989)

约在第三周末,心脏出现。约在第四周末,心搏出现,血液循环开始,并且从此不再停止,直到生命的终结。神经系统也开始发生,脑泡形成,眼杯、听泡、鼻窝及上肢和下肢的胚芽初现。胚胎坐高 4.5 毫米。

第八周末,各器官都初具雏形(图 10-5)。头部很大,几乎接近身躯的大小;肝也很大,开始产生血细胞;肢体出现,手指、足趾分开;耳郭、眼睑形成,颜面似人形;可见外生殖器但不辨性别。心脏血管系统充分活动。胚胎坐高 31 毫米,重 3~4 克。

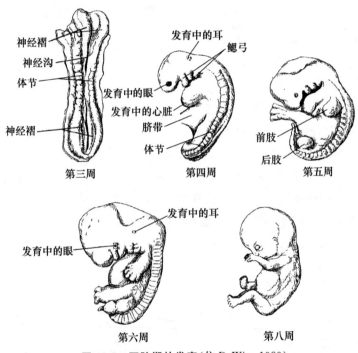

图 10-5　胚胎期的发育(仿 DeWitt,1989)

胎盘的形成和机能

植入后,胚泡的滋养层细胞增生很快,发展成绒毛膜,并形成指状突起。随后,胚胎的血管和结缔组织长入指状突起,形成绒毛膜绒毛。与此同时,子宫内膜的基质细胞转变为较大的蜕膜细胞。妊娠期的子宫内膜称为蜕膜。胚胎发育时,绒毛膜绒毛外层的滋养层分泌蛋白酶,与之接触的母体蜕膜被侵蚀;遇到血管时,可使血管破裂出血。因此,胎儿的绒毛膜绒毛是浸浴在母体的血液中的,但胎儿的血液并不直接与母体的血液相通。这样,母体的部分蜕膜和子体的绒毛膜结合起来形成胎盘(图 10-6)。

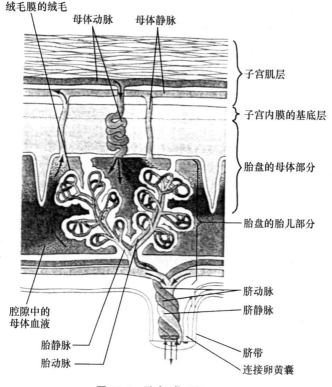

图 10-6　胎盘(仿 Chiras,1991)

胎盘的主要机能是实现胎儿与母体之间的物质交换与激素分泌。绒毛与母体血液的全部接触面积可达 7～14 平方米。此处血流缓慢,对物质交换有利。它既能吸收营养物质,又能进行气体交换,还能排出废物,其机能相当于小肠、肺和肾的作用。红细胞和大分子蛋白质一般不能通过胎盘。胎盘还可分泌雌激素、孕激素和绒毛膜促性腺激素。绒毛膜促性腺激素的作用与黄体生成素相似,可维持黄体继续发育。临床上常把对血中或尿中绒毛膜促性腺激素的测定作为诊断早期妊娠的指标。

胎儿期

从第九周至第 38 周为胎儿期。胎儿逐渐长大,各器官系统发育成长(图 10-7)。

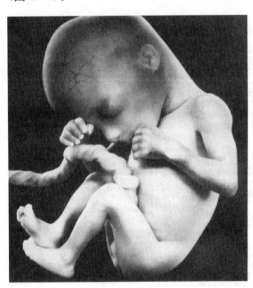

从第九周到第 12 周(第三个月),头部仍占优势,头形变圆,但躯体长高;脑继续增长,呈现出初始的面部特征;肝开始分泌胆汁;骨骼与关节在发生中;血细胞开始在骨髓中形成;脊索退化,骨化加速;从外生殖器可辨性别。胎儿坐高 87 毫米,身高 101 毫米,体重 7~45 克。

从第 13 周到第 16 周(第四个月),小脑变得突出;一般感觉器官分化,耳郭伸出,出现闭眼和吸吮的

图 10-7　胎儿期的发育(仿 DeWitt,1989)

动作;躯体开始超过头部,面部更像人;肾的基本结构已形成;大多数骨骼长出。胎儿坐高 140 毫米,立高 167 毫米,体重 60~200 克。

从第 17 周到第 20 周(第五个月),出现睫毛和眉毛;皮肤分泌胎儿皮脂,胎毛覆盖皮肤。孕妇可感到胎儿自发的肌肉动作。

从第 21 周到第 30 周(第六、七个月),体重持续增加。如在第 27~28 周早产可存活,但体温调节等机制仍不完善。皮肤红而皱;无皮下脂肪,体瘦而匀称;手指甲和脚趾甲长好,眼睁开;男性的睾丸下降至阴囊内。胎儿坐高 280 毫米。

从第 30 周到第 40 周(第八、九个月),皮肤淡红而光滑;皮下脂肪增多,渐胖;胎毛开始脱落。胎儿坐高 350~400 毫米,体重 2700~4100 克。

分　娩

分娩是成熟的胎儿从子宫娩出母体的过程(图 10-8)。

妊娠期若从受精到分娩计算平均为 266 天;若从最后一次月经的第一天到分娩计算平均为 280 天。妊娠期的长短有相当大的差异,在 280 天前、后两周内分娩都视为正常;但也有超过 20% 的分娩发生在 280 天的前、后两周以上。

启动分娩的原因现在还不清楚。在妊娠的最后两、三个月,子宫常会发生不定期的较弱的收缩(宫缩),但这不是真正的分娩活动。分娩可以分为三个时期:扩张期(开口期)、娩出期和胎盘期。

第一期为扩张期,即从分娩开始发动(第一次有节律的子宫收缩)到子宫颈口被胎儿头部充分扩张(直径约 10 厘米)。开始时有节律的收缩从子宫上部向下部推移(类似蠕动),大约每 15～30 分钟持续 10～30 秒;以后间歇时间缩短,子宫收缩越来越强。随着每次收缩,胎儿头部压迫子宫颈,子宫颈变软、变薄,子宫颈口扩张。强烈的收缩使羊膜破裂,流出羊水(破水)。扩张期在分娩过程中持续的时间最长,初产妇为 6～14 小时,经产妇则短得多。子宫颈的扩张刺激其上的压力感受器产生神经冲动,传送到下丘脑。下丘脑的神经分泌细胞受到刺激,分泌催产素从神经垂体释放到血液中。催产素促使子宫更加强有力地收缩,使子宫颈口进一步扩张,于是更进一步地刺激压力感受器。这是一种正反馈,不同于协助维持稳态的负反馈。正反馈导致一个爆发性事件,这里就是胎儿的娩出。

第二期为娩出期,即胎儿被挤出子宫经产道(阴道)娩出体外。此时子宫颈口已充分扩张,每两、三分钟发生一次强收缩,持续一分钟左右。经产妇的娩出期一般约为 20 分钟,初产妇约为 50 分钟(也有的需两小时)。正常分娩是胎儿的头部先露出,然后是两肩先后娩出,最后是躯干和下肢迅速滑出。如果胎儿不是头部朝下而是臀部朝下(臀位),甚至横卧在子宫中(横位),则应在分娩前实行人工转位。这是因为臀位和横位的胎儿会增加分娩困难;并且如果不是先露出头部,则在分娩时头部和脐带会在孕妇的骨盆中受到挤压,时间一长便会严重影响胎儿的血液供给。横位的胎儿应进行剖腹产的外科手术。

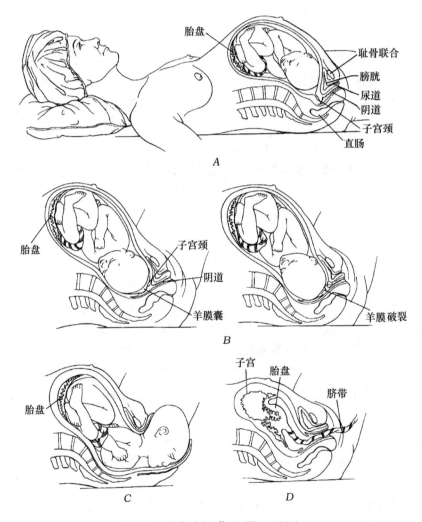

图10-8 分娩过程(仿 DeWitt,1989)

A. 分娩开始前胎儿的位置;*B.* 子宫颈扩张,羊膜破裂;

C. 胎儿经过产道;*D.* 胎盘娩出。

第三期为胎盘期,即在胎儿娩出后子宫继续收缩,约 15 分钟后胎盘与子宫壁分离,随即排出体外。胎盘娩出后,子宫强烈收缩,压迫血管裂口,阻止继续流血。

不孕症与生殖技术

有一些夫妇结婚多年未采用避孕措施仍不能怀孕,这便是不孕症。不孕症是一种常见病。不孕并不只是女性的问题,一部分是女性的原因造成的,一部分是男性的原因造成的,也有男女双方的原因造成的。男性的原因有睾丸产生的精子数量不足或活力不强,不能穿过阴道、子宫去与卵子会合。女性的原因有内分泌异常导致排卵不正常,输卵管堵塞妨碍卵子与精子结合等。男女一方体内有精子抗体,破坏精子的机能也会造成不孕。生殖技术能解决许多不孕问题。激素治疗可以促进精子或卵子的产生。外科手术可以疏通输卵管。但仍有不少的不孕症未能治愈。

体外授精-胚胎移植是生殖技术的一项突破。这项技术主要用于卵巢和子宫机能正常,只是因输卵管堵塞或机能失调卵子不能进入子宫的妇女。体外授精是从卵巢中提取一个成熟的卵放在玻璃容器中使之与精子结合成受精卵。大约在授精后两天受精卵分裂成 8 个细胞,再将这个胚胎移植入子宫。第一例体外授精-胚胎移植是 1977 年 11 月在英国进行的,1978 年 7 月 25 日诞生了第一个试管婴儿——路易丝·布朗(图 10-9)。现在世界上许多医学中心都能进行体外授精-胚胎移植。北京大学第三医院在张丽珠教授主持下成功地进行了体外授精-胚胎移植,1988 年 3 月 18 日诞生了我国大陆第一个试管婴儿(图 10-10)。

图 10-9　路易丝·布朗

图10-10 中国大陆第一个试管婴儿在张丽珠教授的怀抱中

生长与发育

生　长

图 10-11 表示胎儿出生后不同年龄的男、女的生长速率与身高的变化。新生儿在第一年生长很快,但以后生长速率下降并趋于稳定直到青春期以前。青春期的生长速率加快,在 11～12 岁(女性)或 13～14 岁(男性)时达

到高峰，以后逐渐减慢。根据西欧、北美的资料，在青春期以前，男孩平均比女孩高一些；但女孩在青春期（11～13 岁）平均比男孩高，男孩在青春期（13～15 岁）生长速率加快；青春期以后男孩平均又比女孩高。

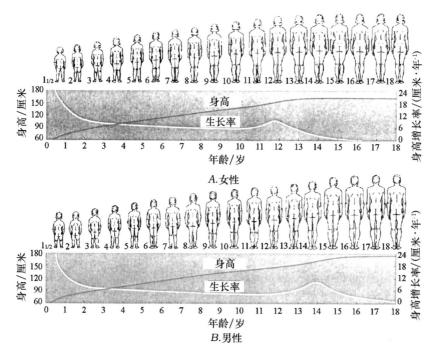

图 10-11　不同年龄的男、女的生长速率与身高的变化（仿 Singer,1978）

出生后，人体不同部分的生长速率也不同。例如，在胎儿期脑长得很快，到出生时已长到成年人脑重的 24％，而新生儿的体重只占成年人体重的 6％；出生后脑继续快速生长，到四岁时已达到成年人脑重的 90％，而体重则只占成年人体重的 25％。又如，生殖器官（如睾丸、子宫）直到青春期以前只有成年人重量的 10％；淋巴系统（淋巴结、胸腺等）在 12 岁时就已达到最大重量（是成年人的两倍）。这可能是由于在幼年时期获得了对多种微生物的免疫。图 10-12 显示出在生长发育过程中人体各部分比例的变化，即从胎儿发育到成年人，头部所占的比例缩小，而躯干和四肢所占的比例增大。

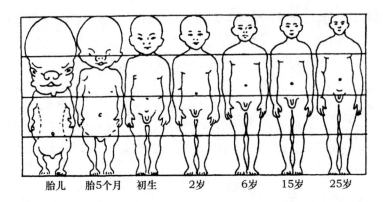

图 10-12　人体各部分比例在生长发育过程中的变化(引自王玢,2002)

青春期的变化

青春期的发动

青春期是指由儿童生长、发育成为有生育能力的成年人的过渡时期,通常是在 10～16 岁。女孩的青春期从 10～11 岁开始;男孩的青春期稍晚一些,从 12～13 岁开始。

青春期的发动是由于人体内的性激素的变化。如第五讲所述,神经系统和内分泌系统调节、控制着人体的发育。在青春期以前,与生殖器官发育有关的下丘脑、垂体和性腺就已开始分泌有关的激素,但此时下丘脑对性激素十分敏感。性腺(睾丸和卵巢)分泌的雄激素、雌激素对下丘脑的负反馈作用使下丘脑释放的促性腺激素释放激素浓度很低。到了青春期,由于现在还不清楚的原因,下丘脑对性激素(雄激素、雌激素等)的敏感性降低,因而血液中的性激素对下丘脑的负反馈作用降低,下丘脑开始增加促性腺激素释放激素的分泌。促性腺激素释放激素促使垂体增加促性腺激素(促卵泡激素和黄体生成素)的分泌;促性腺激素就会刺激性器官的发育,促使主要的性器官(睾丸和卵巢)增加分泌雄激素、雌激素。雄激素、雌激素分泌的增加分别引起男孩、女孩身体的一系列的变化,例如雄激素促进生长,引发男性第二性征的发育,促使睾丸产生精子;又如雌激素促进生长,引发女性第二性征的发育,促进卵巢中的卵子发生和卵泡成长等。这便是青春期的开始。

青春期女孩的变化

在青春期,女孩和男孩的身体都迅速增长,体形和体内组织器官发生变化,生殖器官和第二性征迅速发育。

女孩从 10～11 岁生长速率开始加快,12～13 岁时生长速率最高,一般到 15～16 岁停止增长。

女孩青春期的第一个可见的标志是乳房的发育,即乳头胀大,乳房组织增长。图 10-13 表示乳房发育的过程:图 10-13A 为青春期以前的乳房是扁平的。图 10-13B 为乳房开始发育,时间为 10～12 岁。在围绕乳头的部位皮下脂肪组织增加,乳腺开始发育,乳头长大,乳晕扩大。图 10-13C 的乳房类似圆锥形,乳头和乳晕的颜色加深。图 10-13D 为乳头和乳晕形成在乳房上突出的部位。图 10-13E 为已充分发育的乳房:乳晕不再突出于乳房,而是圆形乳房的一部分,乳头向外突起。乳房内的乳腺和导管进一步发育,周围包着脂肪组织。这时的乳腺和导管并未充分发育,还不能分泌乳汁。

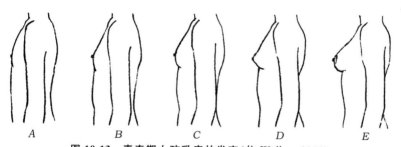

A　　　　*B*　　　　*C*　　　　*D*　　　　*E*

图 10-13　青春期女孩乳房的发育(仿 Walker,1996)

许多女孩过分关心自己的乳房的形状和大小,甚至担心乳房的发育。这种担心主要是由于一些媒体、广告中宣传的所谓"完美"的乳房所造成的。其实,乳房有各种形状和大小。一个女孩的乳房的形状和大小是由遗传基因决定的。

阴毛的生长也是女孩青春期的一个标志。青春期以前在外生殖器周围没有阴毛;大约从11~12岁开始在大阴唇外侧或阴阜出现比普通的体毛更长、更黑的阴毛;到成年阶段,阴毛呈倒三角形分布在阴阜区。一个女孩的阴毛的分布与多少也是由遗传基因决定的。

在青春期,由于卵巢分泌的雌激素增多,导致女孩的臀部和大腿的脂肪增加,逐渐显现出丰满的体形。

此外,由于垂体分泌的促性腺激素增多,促使女孩的内生殖器官进一步发育。卵巢、输卵管和阴道都由幼稚状态发育到成熟状态。

此时卵巢长大,雌激素分泌增加,初级卵泡开始成熟,在青春期的后期开始释放卵子。一旦开始排卵,就会大约每28天进行一次,体内还会发生相应的变化。这便是月经周期。自月经周期开始后直到40~50岁的绝经期,每位女性一生中排卵400~500个。

一个女孩的子宫在青春期大约长到其握紧的拳头大小,向前倾斜靠在膀胱的背面上(图9-4)。在雌激素的作用下子宫内膜增厚,血液供给增加。

青春期开始时,阴道开始增长。在青春期的早期,阴道会流出一种清澈的或乳状的液体。这是阴道和子宫颈产生的液体,是一种正常的、自然的分泌液,有清洁阴道的作用。如果分泌物的颜色改变、有臭味或有刺激感,就应请医生检查、治疗。

月经

在儿童时期,女孩的卵巢生长并分泌少量雌激素。这些雌激素抑制下丘脑释放促性腺激素释放激素。临近青春期时,下丘脑对雌激素的敏感性降低,开始有节律地、脉冲式地释放促性腺激素释放激素。促性腺激素释放激素刺激腺垂体,释放促卵泡激素和黄体生成素,这两种促性腺激素则激活卵巢。

血液中的促性腺激素(促卵泡激素和黄体生成素)浓度继续升高,约持续四年。在这段时间内,青春期的女孩不排卵,当然也不会怀孕。直到激素的相互作用达到稳定,进入成熟阶段,通常在青春期开始两年后第一个卵子才会成熟并从卵巢中释放出来。如卵子未受精,增厚的子宫内膜脱落,随血液流出,这便是女孩的第一次月经,又称初潮。然而在初潮后的一两年,许多女孩的月经周期仍然不规律,也不经常排卵;直到第三年月经周期才变得有规律。

月经周期是卵巢周期性变化的反映。女孩出现月经初潮,是进入青春期的标志。有规律的月经周期和规律性的排卵是女性性成熟的标志。

更年期

女性在青春期后经过几十年(一般在 45～55 岁),卵巢机能逐渐衰退,雌激素浓度下降,卵巢排卵逐渐减少以致停止排卵。这段时期叫作更年期。进入更年期后月经停止,叫作绝经。

青春期男孩的变化

图 10-13 显示青春期男孩外生殖器的发育:图 10-14A,青春期以前的阴茎和睾丸与身体其他部分一样逐渐生长,还没有出现阴毛。图 10-14B,从 11～12 岁开始发生变化,青春期开始了。男孩青春期到来的标志是睾丸和阴囊的加速长大。睾丸加速增长,准备生产精子,开始分泌雄激素,即睾酮。睾酮促使男性第二性征的发育:阴囊的皮肤变薄、起皱,颜色变深;阴囊长大,使睾丸下垂,离腹部更远一些。这使睾丸的温度低于体核的温度,有利于精子的健康发育、成长。图 10-14C,12～13 岁时睾丸继续发育,阴囊继续长大,颜色继续加深;阴茎也长大,在阴茎基部出现稀疏的阴毛。图 10-14D,在 13～15 岁的发育情况:睾丸和阴囊继续长大;阴茎的长度和直径都继续增长,阴茎头也增大;阴毛增长,呈倒三角形分布。此时,睾丸与体内有关生殖腺的机能已经相当发育,不少的男孩出现第一次射精。图 10-14E,15～16 岁时阴茎、睾丸、阴囊都已充分发育到成年人的大小。实际上到达这一阶段的年龄并不一致,有的在 15 岁以前,有的则在 17～18 岁。

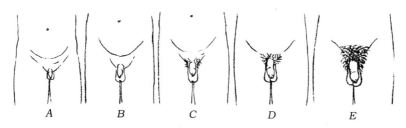

| A | B | C | D | E |

图 10-14　青春期男孩外生殖器的发育(引自 Walker,1996)

青春期生长的激增也表现在外貌上。男孩由于前额、颏和鼻的骨骼的生长,面部显得更有棱角。男、女两性的躯体的区分变得更为明显,因为男孩肩膀的宽度大为增加,女孩髋部的宽度也显著增加。在青春期的后期,男孩出现胡须和腋毛以及大汗腺;出现喉结;声音变低沉。

青春期是从童年到成年的转变时期,不仅在男孩和女孩的身体上有急剧的变化,在其心理上、精神上也有重大的变化。

老化(老龄化)

人体在性成熟以后逐渐出现老化(老龄化)的现象。人体的各种组织都会逐渐老化。

广泛分布在全身的结缔组织随着人的年龄的增长会逐渐发生重要的变化。结缔组织普遍地随着年龄的增长而变硬,这是由于结缔组织中最丰富的胶原纤维的胶原蛋白分子之间形成的化学交联键增多,水溶性降低,失去韧性,趋于僵硬。结缔组织的硬度增加使老年人的皮肤弹性降低,出现皱纹,脆性增加。结缔组织中的弹力纤维的弹性蛋白分子也会交联。血管壁中的弹性蛋白交联、变硬会增加血管阻力,导致高血压。肺部的弹性蛋白质和胶原蛋白的交联键增多会使肺部扩张时阻力增加,肺活量减少。骨组织也是一种结缔组织,随着人的年龄的增长钙质逐渐减少,骨质变脆,易骨折,愈合缓慢。这便是骨质疏松症,在绝经期后的女性中尤为明显。

老化的特征之一是人体的肌肉减少。肌纤维数量下降,直径减小,肌肉萎缩,肌肉的重量与体重之比下降,因此人的体力减退。老年人的心肌的收缩力下降,心输出量从30岁到80岁平均减少30%。

人从出生到10岁,体内神经细胞增殖到最大数量,20岁以后开始减少;但由于体内神经细胞的数目极大,丧失一些不会影响神经系统的机能。老年人的神经传导速度减慢,近期记忆比远期记忆明显减退,感觉机能下降,反应能力普遍降低。

随着人的年龄的增长,细胞增殖能力下降。这表现在伤口愈合变慢,失血后血细胞数量的恢复需要更长的时间,产生免疫细胞的能力下降,等等,因而患病后恢复健康的时间延长。生殖细胞的增殖能力也下降。女性在45~50岁左右不再排卵,月经停止;男性的生殖能力也相应地逐渐减退。

关于"老化"的原因先后曾经提出过很多种学说,有些已被否定。目前还有几种学说,如程序衰老学说、自由基学说、大分子交联学说、免疫机能退化学说等。其中,程序衰老学说认为人和其他动物的老化现象是由遗传程序决定的;自由基学说认为代谢中间产物中的自由基会对细胞造成不可逆转的损伤,因而逐渐出现老化;大分子交联学说认为随着人的年龄的增长,细胞中的生物大分子之间产生交联键,从而改变了生物大分子的性质,影响了它们的正常机能,导致老化;免疫机能退化学说认为人体的免疫机能的退化导致老化。这些学说都有一定的根据,但又都不能全面解释"老化"这一复杂现象,还需要继续研究。

异常的发育——肿瘤

在人体内,有些细胞由于某种原因转变为异常的细胞,能不受控制地自主生长,形成一团异常的细胞。这团细胞通常叫作肿瘤。肿瘤可分为两类:良性肿瘤与恶性肿瘤(癌)(图 10-15)。

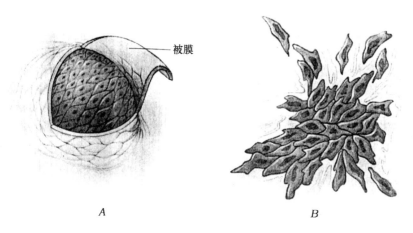

被膜

A

B

图 10-15　良性肿瘤(*A*)与恶性肿瘤(癌)(*B*)(仿 Starr,1995)

良性肿瘤

良性肿瘤的细胞往往聚集成一团,被包裹在结缔组织的被膜中,并且按一定的方向有秩序地排列。这些细胞生长缓慢,分化程度高,像同一组织的正常细胞。良性肿瘤局限于原发部位,只将周围的组织挤开,而不侵入其中,易于用外科手术切除。但并不是所有的良性肿瘤都是无害的,例如有些长在脑中或大血管旁的良性肿瘤可造成致命的后果。此外,良性肿瘤还有恶性化的危险,最好通过手术切除。

恶 性 肿 瘤

恶性肿瘤是严重危害人类生命健康的疾病,是世界范围内导致死亡的第三大病因。在我国,癌症也是造成死亡的第三大病因,仅次于呼吸系统疾病和心脑血管疾病;但在 35～45 岁中、青年的死因中癌症则占第一位。

恶性肿瘤是从人体正常的细胞转变而来的。恶性肿瘤的特点是:细胞的分化程度很低,形态上接近胚胎细胞;细胞无控制地生长,数目增长很快,形成一堆无秩序的细胞群;细胞会脱离细胞群侵入周围的组织,还可进入血管、淋巴管或转移到身体的其他部位。恶性肿瘤的组织丧失了它所起源的组织的正常机能。

恶性肿瘤的分类和分期

恶性肿瘤大体上可分为两大类:癌和肉瘤。癌是来源于各种上皮组织的恶性肿瘤,如甲状腺腺癌、胃癌、子宫内膜腺癌、鳞状细胞癌等,占恶性肿瘤的90％以上。肉瘤则是来源于结缔组织和肌肉、血管等组织的恶性肿瘤,如骨肉瘤、脂肪肉瘤等,约占恶性肿瘤的 5％。

恶性肿瘤的发展可分为三个阶段:

(1)早期,即恶性肿瘤尚未出现扩散或转移的时期。这是治疗的最好阶段;

(2)浸润期,即恶性肿瘤向周围组织浸润性生长或向局部的淋巴结转移的时期；

（3）转移期，即恶性肿瘤经血管、淋巴管转移到身体其他部位的器官和组织的时期。

几种常见的恶性肿瘤

（1）胃癌。胃癌是我国死亡率最高的恶性肿瘤。根据 1985 年的调查推算，胃癌约占我国癌症患者死亡总数的 23％。胃癌最常见的症状包括上腹部疼痛不适、消瘦、食欲减退、呕吐和粪便呈黑色等。胃癌可以通过口服钡餐用 X 射线检查，还可用导光纤维胃镜直接检查胃内部。常吃含亚硝酸的腌制或熏烤的食物容易引发胃癌。国内外的统计都表明，在家庭中普及电冰箱后胃癌的死亡率下降，这与多食用新鲜食品有关。

（2）食管癌。我国某些地区（如河南省林县、山西省阳城县、河北省涉县）是食管癌的高发区。食管癌的早期症状是吞咽食物有滞留感或轻微哽噎感，吞咽时食管内或胸骨后有疼痛感，食管内有异物感；中晚期则出现吞咽困难。食管癌的早期可用食管癌 X 射线黏膜造影技术检查，还可用食管细胞采集器刮下食管细胞（俗称"拉网"）来检查。

（3）肺癌。根据 1999 年在我国城市的调查，肺癌的死亡率已经上升到第一位。40～70 岁的成年人占全部患者的 95％以上；其中高发年龄为 60～70 岁，占肺癌患者总数的 40％以上。男性患者约占 2/3，女性患者约占 1/3，这可能与男性吸烟者较多有关。肺癌的早期有剧烈的呛咳，痰中带血或咯血以及胸痛三大症状。40 岁以上的中、老年人有这类症状时应特别警惕，必须去医院检查，以免贻误。肺癌的早期诊断方法有痰液细胞学检查、肺部 X 射线透视、导光支气管镜检查。

（4）肝癌。肝癌可分为原发性与继发性两种：原发性肝癌起源于肝细胞或胆管上皮细胞；继发性肝癌是由其他器官的癌转移到肝所引发的。原发性肝癌在我国是一种常见的恶性肿瘤，占全部恶性肿瘤的 1％～7％，多发生于 31～50 岁。肝癌的早期症状通常不明显，主要是进行性肝大。此外，由于肝肿大引起超包膜扩张或癌细胞侵袭腹膜、膈，引发持续性疼痛；发热也相当常见。约 1/2 以上的肝癌病例在发病过程中出现不同程度的黄疸。根治肝癌的关键在于早发现、早诊断、早治疗。

(5) 结肠癌。结肠癌是我国常见的恶性肿瘤之一,大部分发生于直肠和乙状结肠。大便带血或滴血是直肠癌患者常见的症状。大便习惯的改变、大便成条形状或出现凹痕也可能是直肠癌的征兆。肛门、直肠食指触诊是检查直肠癌的有效方法。便血是结肠癌的重要症状,但往往不易发现,要进行潜血检查。结肠癌还表现出腹痛、腹胀、消化不良等症状,可通过直肠乙状结肠镜、钡剂灌肠造影等方法检查。

(6) 乳腺癌。近年来,乳腺癌的死亡率有上升的趋势。30 岁以上的女性应经常进行乳房自我检查(见第九讲),及时发现异常情况。乳房中的肿块大多数是生理性的;而病理性的肿块中大多数是良性肿瘤,只有少数是恶性的。但中、老年妇女如果发现乳房中有肿块,必须请医生检查排除癌症的可能性,再进行其他处理。男性也可能发生乳腺癌,但发病率很低(不超过乳腺癌患者总数的 1%)。

(7) 鼻咽癌。鼻咽癌是发生在鼻腔后部、咽腔顶部的癌症。我国是鼻咽癌的高发区,广东、广西、福建、湖南和江西等省的鼻咽癌死亡率居全国前列。鼻咽癌的早期往往缺乏明确的症状,鼻涕带血、颈部出现肿块和头痛是最常见的症状。用鼻咽镜观察鼻咽部、鼻咽部的细胞学检查和活体组织的检查都有助于鼻咽癌的确诊。

(8) 宫颈癌。宫颈癌的死亡率在我国女性恶性肿瘤的死亡率中居第二位,农村的死亡率高于城市。白带增多是宫颈癌的早期症状,阴道流血是宫颈癌的主要症状。性交后、大便时、体力活动后阴道出血以及绝经期后阴道突然再度出血都是宫颈癌的征兆,必须高度警惕。宫颈癌的诊断并不难,临床上常用细胞涂片检查,即从子宫颈、阴道等处刮取表面脱落的细胞用显微镜检查。

(9) 白血病。白血病是在循环的血液中出现大量的幼稚白细胞。白血病分为淋巴性和骨髓性两种主要类型:淋巴性白血病是由淋巴系统的恶性细胞产生大量的淋巴细胞所引起的;骨髓性白血病是由骨髓的恶性细胞产生大量的粒细胞所引起的。白血病的症状有疲乏、贫血、易于碰伤、容易感染、体重下降、肝脾肿大等;根据白细胞计数就可诊断。

(10) 前列腺癌。前列腺癌是人类常见的恶性肿瘤之一,在欧美男性中发病率很高,但死亡率却较低。近年来国人中发病率也在升高。

前列腺癌在早期常常无明显症状,而是在体检时才发现的。体检时如血清 PSA 值升高,超过正常值 0～4 的范围,即显示前列腺有异常变化,如再通过直肠指检,可发现前列腺的异常变化。40～45 岁以上的男性应每年测定血清 PSA 水平,如果 PSA 超过 4.0ng/mL 再做直肠指检或超声波检查。

恶性肿瘤的治疗与预防

恶性肿瘤的起因

正常细胞内存在原致癌基因。原致癌基因是正常的基因,它们调节细胞的生长和发育。原致癌基因编码的蛋白质包括生长因子、黏着蛋白、细胞分裂的信号蛋白等。如果某些因素改变了原致癌基因的结构或表达,它们转变成致癌基因,编码出有缺陷的蛋白质,便会解除对细胞分裂的控制。

单个的致癌基因不能诱发恶性肿瘤,必须至少有一个肿瘤抑制基因缺失或突变,因为有的肿瘤抑制基因编码蛋白质负责维持细胞的正常生长与分裂,有的则使细胞固定于原位。

如果由于病毒、化学致癌物、辐射以及遗传等因素引起原致癌基因和肿瘤抑制基因突变,解除对细胞分裂的控制,正常的细胞便会转变成癌细胞。然而如果人体的免疫系统机能正常,便会消灭这些不正常的细胞。如果免疫系统机能低下,癌细胞便会增生、扩散。

恶性肿瘤的治疗

恶性肿瘤并不是绝症,现代医学已经有多种治疗和克服恶性肿瘤的方法。目前常用的有效的方法主要有三种:外科疗法、放射线疗法(简称放疗)和化学疗法(简称化疗)。

外科疗法是用外科手术切除肿瘤,特别适用于早期的肿瘤。此时肿瘤还局限于特定的部位,切除后的效果很好。即使已经有某种程度的扩散,切除了主要的病灶,再辅以其他的疗法,恶性肿瘤也可得以治愈。外科疗法对于乳房、胃、小肠、大肠、膀胱、子宫、肾、睾丸、卵巢、脑、骨和肌肉等部位的恶性肿瘤都有疗效,早期治疗的效果最好。

放射线疗法是用 X 射线、γ 射线照射肿瘤,破坏肿瘤细胞,达到消除肿瘤的目的。X 射线、γ 射线都是高能放射线,它们对人体组织的作用主要是伤害和破坏分裂、增殖中的细胞。多数的肿瘤细胞比正常细胞分裂、增殖快,放射线对恶性组织比对正常组织的伤害大。肿瘤细胞的分化程度越低,分裂、增殖越快,对放射线就越敏感。事实上,最恶性的肿瘤对放射线治疗最敏感。放射线疗法在肿瘤治疗中的重要性可以说是占第二位,单独使用可以治愈多种癌症;和外科手术或化学疗法相结合更可以提高疗效。

化学疗法是用化学药剂破坏癌细胞。大多数抗癌药剂都是破坏分裂中的细胞,不但破坏了癌细胞,也破坏了体内分裂、增殖快的正常细胞,如毛发细胞、骨髓中的干细胞、免疫系统中的淋巴细胞、胃肠管道中的上皮细胞等。因此患者出现毛发脱落、呕吐、贫血、白细胞数目下降、免疫机能减退等副作用。化学疗法在治疗儿童急性白血病、恶性绒毛上皮癌等恶性程度高的肿瘤中取得了显著的成效;其最大的不利之处在于它对身体的防卫机能有严重的损害。如果肿瘤已经扩散,则只能选择化学疗法。

恶性肿瘤的早期发现

早期阶段的癌症疗效最好,因此及早发现是治疗癌症的关键。癌症在其发生与发展的过程中会表现出种种征兆。

(1) 乳腺、皮肤、舌部或身体其他任何部位有可触及的不消退的肿块。

(2) 疣或痣发生明显的变化。

(3) 持续性消化不良。

(4) 吞咽时胸骨后不适,食管内感觉异常,有微痛感、轻度哽噎感。

(5) 耳鸣,听力减退;鼻塞不通气,流鼻血;有时伴有头痛或颈部肿块。

(6) 女性的月经期以外或绝经期以后的阴道出血,特别是性交后的阴道流血。

(7) 持续性干咳,痰中带血丝;声音嘶哑。

(8) 大便习惯的改变,便秘、腹泻相交替,大便带血,原因不明的血尿。

(9) 久治不愈的伤口、溃疡。

(10) 不明原因的消瘦。

以上这些症状应当引起患者及其家人、朋友的注意，及时请医生查明原因，以便得到及时的治疗。

恶性肿瘤的预防

我们现在还不能控制导致癌症的遗传学和生物学因素，但是应选择正确的生活方式以增进健康。下列的一些措施可以减少患癌症的危险：

（1）不吸烟，包括被动吸烟。

（2）保持正常的体重；超重 40％会增加结肠、乳房、前列腺、胆囊、卵巢和子宫患癌症的危险。

（3）吃低脂肪的饮食，多吃蔬菜、水果和富含纤维素的食品；低纤维、高脂肪的饮食习惯与结肠、前列腺等组织的癌症有关。

（4）饮酒要适量。大量饮酒（特别是再吸烟）会增加口腔、喉、咽、食管和肝患癌症的危险。

（5）仔细检查工作或居住的环境中是否存在镍、铬、氯化乙烯、苯、甲醛、石棉和农药等，这些物质与多种癌症有关。

（6）避免不必要的 X 射线及其他射线照射，保护皮肤不受过量的阳光曝晒。

第十一讲

人 类 遗 传

遗传学的发展

孟德尔（G. Mendel，1822—1884）是现代遗传学的奠基人（图 11-1）。

1822 年，孟德尔出生于奥地利西里西亚。他曾在维也纳大学学习数学和自然科学。1854～1864 年，作为布台恩修道院的神职人员，他在修道院的园圃里进行了著名的豌豆杂交实验（表11-1）。1865 年，在布台恩博物学会宣读了实验结果。1866 年发表了他的论文《植物杂交实验》。

在孟德尔以前，人们往往认为性状本身以一定的方式在世代之间遗传。1866 年达尔文也认为，来自身体各部分的"芽球"流入生殖细胞，最终控制产生它的那种器官的发育。孟德

图 11-1　孟德尔

尔工作的重要性就在于，他用实验证明了遗传的不是性状本身，而是决定性状的因子。后人根据孟德尔从实验中推导出来的结论，概括成以下两条定律：

（1）分离律。孟德尔从具有一对相对性状的豌豆的杂交实验，得出结论：一对遗传因子（基因）在异质结合状态下（Aa），等位基因 A 和 a 相互之间并不产生影响或沾染。形成生殖细胞或配子时，成对基因互相分离，分别进入到不同的配子中去。每一个配子中只含有每对等位基因中的一个基因。

（2）自由组合律。孟德尔根据两对性状杂交实验，得出结论：决定一种性状的成对基因和决定另一种性状的成对基因，在形成配子的过程中，等位基因的分离是彼此独立地进行的。在配子融合成合子时，不同配子相互随机结合。

孟德尔的工作在当时没有被人们接受，它被埋没达 35 年之久。到了 1900 年，德·费里斯（de Vries）、柯伦斯（C. Correns）和丘歇马克（E. Tschermak）分别重新发现了孟德尔的工作，随即引起了一场大规模的论战。这场论战以坚持孟德尔观点的人们获得全面胜利而告终，从此掀开了遗传学发展的新的一页。

表 11-1　孟德尔豌豆实验所采用的七种性状

性　状	显　性		隐　性	
种子形状	圆形		皱缩	
种子颜色	黄色		绿色	
种皮颜色	灰褐色		白色	
豆荚形状	饱满		萎缩	
豆荚颜色	绿色		黄色	
花的部位	腋生		顶生	
茎的长度	长茎		短茎	

在孟德尔的工作被忽视的年代里,特别是在 19 世纪 80 年代以后,生物学家已经对染色体进行了描述和鉴定,详细地记载了细胞分裂时染色体的行为。1883 年贝内登(van Beneden)研究了马蛔虫的受精作用。他发现马蛔虫的体细胞中有四条染色体,而其配子中只有两条染色体。他确切地证明了,受精作用所产生的新个体的细胞中,有两条染色体来自父本,有两条来自母本。1889 年博韦里(T. Boveri)用两种海胆进行了换核实验,证明海胆的发育性状是由核决定的,而不是由细胞质决定的。魏斯曼(A. Weismann)在 19 世纪 80 年代就指出染色体是遗传物质,即他所说的种质。

当孟德尔的工作被重新发现以后,一些科学家将基因同染色体联系起来。美国的萨顿(W. Sutton)和法国的博韦里几乎同时提出基因和染色体行为的一致性。萨顿估计到个体所有性状的数量远远超过染色体的数量,设想每条染色体一定载有许多基因。可惜萨顿未能证实他的假说。

人、果蝇及其他许多动物的性别是由一对性染色体——X 和 Y 染色体决定的。女性的一对性染色体为 XX,男性的则为 XY。摩尔根(T. Morgan)用果蝇实验证明,性染色体上除了携带有性别决定基因外,还带有控制其他遗传性状的基因。定位在性染色体上的基因彼此连锁在一起,称为性连锁基因。现在已知的性连锁基因绝大多数位于 X 染色体上,只有极少数为 Y 染色体所携带。摩尔根和他的学生们还证明,在配子形成过程中,同源染色体的非姊妹染色单体彼此之间发生局部的交换,从而使不同的连锁群发生重组。到了 1910 年,他们证明基因在染色体呈直线排列(图 11-2)。现在,人们将摩尔根的研究成果称为遗传学第三定律——连锁交换律。这个定律可表述如下:

处在同一染色体上的两对或两对以上的基因遗传时,连锁在一起共同出现在后代的频率高于重新组合的频率。重组类型的产生是由于配子形成过程中,同源染色体的非姊妹染色单体发生局部交换的结果。重组频率的大小与连锁基因在染色体上的位置有关。

染色体是基因的载体,它是由 DNA 和蛋白质组成。那么,基因是由不同有机物组成的物质体系,还是某一种有机的化学实体?假如是后者,它是一种 DNA,还是一种蛋白质?1944 年埃弗里(O. Avery)深入研究了肺炎链球菌的转化因子,证明基因是 DNA 而不是蛋白质。在这以后,积累了越来越多的证据表明,大多数生物的遗传物质是 DNA,有少数生物的遗传物质是 RNA。

1953 年沃森(J. Watson)和克里克(F. Crick)提出了 DNA 双螺旋模型(图 11-3)。在这一模型中双链的碱基配对为细胞分裂中遗传物质的准确复制和传递奠定了合理解释的基础。碱基排列则为遗传信息复杂性提供了依据。这一模型的提出不仅解除了人们对核酸作为遗传物质的疑问,还对遗

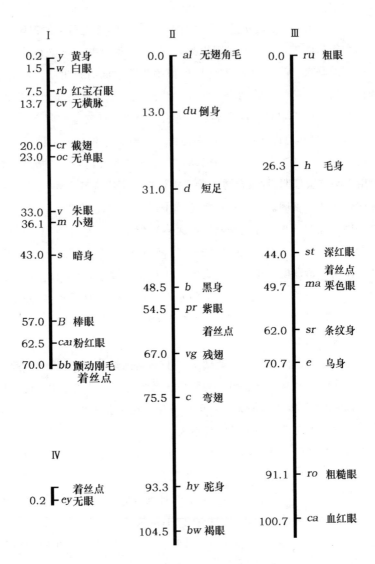

图 11-2　果蝇基因连锁图(仿 Smith-Keary,1975)

传信息如何复制、传递以及遗传信息如何转变为生命活动过程提出了全新的假说,引发出一系列重大发现。DNA 双螺旋模型的提出成为分子生物学诞生的一个重要标志。

分子生物学将遗传信息流的方向确定为 DNA→RNA→蛋白质,并将它称为中心法则,我们可以把 DNA、RNA 和蛋白质的关系概括为下列几点:

(1) DNA 分子上的核苷酸排列有一定的顺序,这一顺序就是遗传信息;

(2) DNA 双链打开,以每条单链为模板,按照碱基互补的原则合成新的互补链,完成 DNA 的半保留复制;

(3) 以 DNA 双链中的一条链为模板,互补地合成 mRNA,DNA 上的遗传信息转录到 RNA 分子中;

(4) 以三个核苷酸决定一个氨基酸的方式,按照 mRNA 的核苷酸顺序合成多肽链,RNA 链上核苷酸顺序表达为多肽链中氨基酸的顺序。

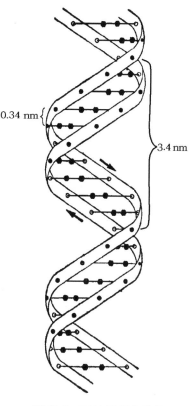

0.34 nm

3.4 nm

图 11-3　DNA 双螺旋结构

认识人体的基因

人体器官的发育是由数量巨大的基因所控制。遗传性状和基因之间的关系也是多种多样的。

简单的显隐性遗传的基因

在我们身体上有不少可以直接观察到的遗传性状是遵循简单的显性方式(或称简单的孟德尔方式)遗传的。例如,能卷舌是显性性状,不能卷舌是隐性性状;有耳垂(游离耳珠)为显性,无耳垂为隐性;手指背面有长毛为显性,无长毛为隐性;面部有雀斑为显性,无雀斑为隐性。以卷舌为例,显性基因为 R,隐性基因为 r。基因型 R R 和 R r 的表型均为能卷舌;基因型 r r 的表型不能卷舌。如果一个能卷舌的男性和一个不能卷舌的女性结婚,女性是隐性纯合子 r r,其卵细胞都携带等位基因 r,如果男性是显性纯合子 R R,其精子都携带等位基因 R,则他们的子女的基因型都是 R r,都能卷舌;如果男性是 R r 杂合子,这个男性的精子一半携带 R,一半携带 r,他和他的 r r 型妻子的孩子中,将有一半可能是 R r 型,能卷舌,另一半为 r r 型,不能卷舌。

研究人类简单的孟德尔式遗传(包括某些遗传疾病),通常可以用家谱分析推断某些家族成员的基因型。图 11-4 为一例三代人耳垂的家谱。设定有耳垂的显性基因为 F,无耳垂的隐性基因为 f,家谱图中所使用的符号均已在图例中作了说明。第二代的两个女儿所生的孩子各有两人是无耳垂的,家族中的其他人都是有耳垂的。用家谱分析法推导出家族成员的基因型已在图11-5 中表示出来。第三代有四人是无耳垂的,他们的基因型为 f f。家族中的

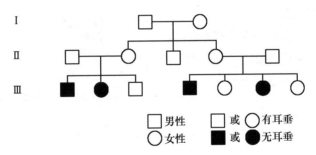

图 11-4   一家三代人耳垂性状家谱

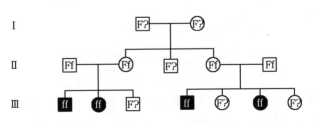

图 11-5   根据图 11-4 推测的家谱成员的基因型

其他人均是有耳垂的,他们的基因型中至少有一个 F 基因,其中,第二代亲本的基因型为 F f。由于第二代的两个女儿的基因型为 F f,可以推断第一代的两个亲本中至少要有一人的基因型为 F f,也可能两人均为 F f。如果没有进一步的信息,要确定他们的基因型是 F F 还是 F f 是有困难的。

皮肤中的黑色素是一种特殊的皮肤细胞——黑色素细胞产生的。黑色素细胞将酪氨酸合成黑色素。这个合成过程包括好多步骤,每一步为一种酶所催化。其中任何一种酶失去催化能力,合成黑色素的过程就会中止,黑色素细胞失去了形成黑色素的能力。该个体的皮肤是白色的,毛发是白色的,眼睛是桃红色的,称为白化体。因此,黑色素的产生也是以非此即彼的方式遗传的。可以设定显性基因 A 控制正常酶的产生,隐性基因 a 引起异常酶的形成。基因型 A A、A a 个体能形成黑色素,基因型 a a 个体为白化体。在这里,基因 A、a 代表若干个等位基因。这是一种简化了的显隐性遗传方式。

不完全显性的中间表型

开红花的金鱼草与开白花的金鱼草进行杂交,所有子一代植株都开粉红色的花。在这里,红色等位基因 W 和白色的等位基因 w 在子一代 W w 杂合的金鱼草中对花的颜色都有影响,其花色正好是亲本的中间型。在人体中,也有这种不完全显性的遗传特征。例如,天生的卷发和直发是由一对不完全显性等位基因所决定的。当基因型为纯合的显性等位基因 C C 时,头发十分卷曲;杂合体 C c 的头发表现为中等卷曲;基因型 c c 的个体头发是直的。

复等位基因的遗传

上面我们所讨论的例子中,一个特定的基因座上只有两个非此即彼的等位基因。然而,常常有这样的情况:在一个特定的基因座上有两个以上非此即彼的等位基因,称为复等位基因。人类 ABO 血型就是一个复等位基因的例子。

人类 ABO 血型系统的遗传基于这样一个事实:在一个有关的基因座

上,有关的等位基因不是两个,而是三个:I^A、I^B、i。每个人具有其中的任何两个。I^A 代表能在红细胞膜上产生 A 抗原的等位基因;I^B 代表能在红细胞膜上产生 B 抗原的基因;i 代表既不产生 A 抗原也不产生 B 抗原的基因;等位基因 I^A 和 I^B 是显性,i 是隐性。

在人群中,基因型 I^AI^A 和 I^Ai 的个体血型均为 A 型,其红细胞只有抗原 A;同样,I^BI^B 和 I^Bi 形成 B 血型,其红细胞只有抗原 B;基因型 I^AI^B 具有 A、B 二种抗原,形成第三种血型,即 AB 型。我们称 I^A 和 I^B 呈共显性关系;纯合的 ii 基因型,形成第四种血型,即 O 型。这里既没有 A 抗原,也没有 B 抗原。血型遗传的知识对于判断一个子女的家系来说是有帮助的。表 11-2 列出血型和家系的关系。

表 11-2　亲子之间血型的传承关系

亲代血型	子代可能血型	子代不可能具有的血型
O×O	O	A,B,AB
O×A	O,A	B,AB
O×B	O,B	A,AB
O×AB	A,B	O,AB
A×A	O,A	B,AB
A×B	O,A,B,AB	—
A×AB	A,B,AB	O
B×B	O,B	A,AB
B×AB	A,B,AB	O
AB×AB	A,B,AB	O

基因的多效性

基因的多效性是指一个基因可以决定或影响多个性状。有多种不同方式导致基因的多效性。我们以镰刀状红细胞基因为例予以说明。人类血红蛋白由两条 α 链和两条 β 链组成。β 链上的第六个氨基酸正常的为谷氨酸,突变型则为缬氨酸。正常的血红蛋白基因记为 Hb^A,突变的记为 Hb^S。纯合的 $Hb^A \cdot Hb^A$ 为正常人,纯合的 $Hb^S \cdot Hb^S$ 的红细胞呈镰刀状,患镰刀状红细胞贫血症(图 11-6)。这种病是致死的。红细胞镰变是 Hb^S 基因引起的初级效应,它可以进而引发出一系列的次级效应,如血液黏度增加、血液停滞、血管梗塞、组织坏死等,从而出现许多临床表现。这种"一因多效"指的是一种基因的初级效应可以派生出一系列次级效应(图 11-7)。

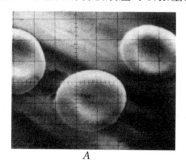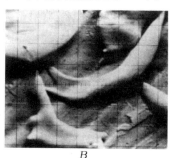

A   *B*

图 11-6　红细胞的镰变(Newton,1996)

A. 正常红细胞;*B.* 镰刀状红细胞

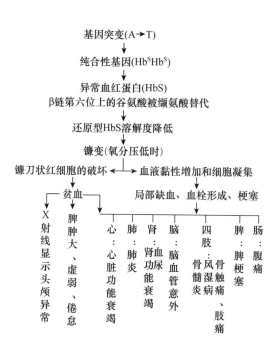

基因突变(A→T)
↓
纯合性基因(Hb^{S}Hb^S)
↓
异常血红蛋白(HbS)
β链第六位上的谷氨酸被缬氨酸替代
↓
还原型HbS溶解度降低
↓
镰变(氧分压低时)
↓
镰刀状红细胞的破坏 ← 血液黏性增加和细胞凝集
↓　　　　　　　　　　　↓
贫血　　　　　　局部缺血、血栓形成、梗塞

X射线显示头颅异常　脾肿大、虚弱、倦怠　心:心脏功能衰竭　肺:肺炎　肾:肾功尿能衰竭　脑:脑血管意外　四肢:风湿病、骨髓炎、骨触痛、肢痛　脾:脾梗塞　肠:腹痛

图 11-7　镰刀状红细胞贫血基因的多效性图解

镰刀状红细胞基因杂合子在一般条件下表现正常。但在缺氧时，Hb^A 和 Hb^S 呈共显性关系。结果是一部分红细胞是正常的，一部分红细胞 Hb^S 基因得以表达，呈镰刀状。此外，杂合的 $Hb^A \cdot Hb^S$ 个体较之纯合的 $Hb^A \cdot Hb^A$ 对疟原虫有较大的抗性。因此 Hb^S 基因既是镰刀状红细胞贫血症的致病基因，又是能提高对疟原虫抗性的基因。这说明一种基因可以具有两种完全不同的效应。

"一因多效"以及下面讲的遗传异质性、基因互作等说明基因和性状并不总是一对一的关系。

遗传异质性

与基因多效性相反，遗传异质性是指一种性状可以由多个不同的基因控制。人的听觉机制是很复杂的，它包含大量不同的基因。耳聋可能有不同的遗传原因，我们仅仅讨论其中一种由两对基因造成的遗传性耳聋。等位基因 D 和 E 代表正常听觉的两个显性等位基因，而 d 和 e 代表分别与之对应的隐性等位基因。在一个人的基因组中，只要至少有一个 D 基因和一个 E 基因，就能形成正常的听觉。如果 d 或 e 基因有任何一个是纯合的，即基因型为 d d 或 e e，将导致耳聋。在这两个基因座上都是杂合子的听觉正常的双亲，其后代可能是听觉正常的，也可能是耳聋的。而两个耳聋者，如果其中一个为 e e 纯合，另一个是 d d 纯合，他们婚配后可能产生听觉正常的后代。

非等位基因相互作用控制的性状

人体的某些性状是由两个或两个以上非等位基因的相互作用所控制的。眼睛的颜色就是如此。

眼睛的颜色首先取决于控制黑色素形成的等位基因 A 和 a。白化体 a a 的眼睛是桃红色的，这是由于虹膜上没有黑色素，桃红色是虹膜和网膜上的微血管所造成的。然而，虹膜上有黑色素，眼睛并不一定是黑色的，也可能是褐色的或者是蓝色的,这又和其他的基因有关。有一对基因控制着黑色素分布在虹膜的背面还是前面。蓝眼睛不含有蓝色素,当黑色素分布于虹膜的后面,光线反射时就产生蓝色的效果;假如这样的虹膜中还有些黄色素,眼睛将是绿色的;当黑色素分布于虹膜的前面,随着黑色素数量的多少,呈灰色、褐色,甚至是黑色。由此可见,眼睛颜色的遗传是比较复杂的,它是由很多基因及其相互作用所控制的。

从 性 遗 传

有些基因由于受到性激素的作用,在不同性别中表达不同。这种遗传现象称为从性遗传。

人类秃发的遗传就是一种从性遗传。它是由一对等位基因 b^+ 和 b 控制的,基因型 bb 的个体不论性别均为秃发,基因型 b^+b^+ 个体则均为正常表型。然而杂合体 b^+b 在不同性别中表型却是不同的,在男性中为秃发,在女性中正常。在男性中 b 基因为显性,b^+ 基因隐性;反之,在女性中 b^+ 基因为显性,b 基因为隐性。它们的表现形式受性激素的影响。

数量性状的多基因遗传

上面所讨论的许多遗传性状,它们的变异在群体中的分布是不连续的,称为质量性状。在人体的性状中,更为普遍的情况是,性状的变异在群体中呈连续的分布,人的肤色是如此,身高、体重等也是如此。这类呈连续分布的性状称为数量性状。这些数量性状的遗传基础不是受一对等位基因,而是受两对或多对等位基因所控制;其单个等位基因对该遗传性状形成的作用是微小的,故称为微效基因。但是多个微效基因累加起来,可以形成一个明显的表型效应。这种遗传方式称为多基因遗传。这些性状的形成还同时受到环境的影响,故也称多因子遗传。

人的肤色并非要么是黑的,要么是白的。在人群中,从非常浅的肤色到非常深的肤色,呈现出一个逐步的、连续的变异序列。前面曾提到,有一对控制皮肤色素细胞能否正常地产生黑色素的基因,此外,还有一组彼此独立分配的、确定皮肤中黑色素总量的基因。这组基因至少包含有三对等位基因。用 A、B、C 代表黑色皮肤基因,它对基因 a、b、c 呈不完全显性。每一个黑色皮肤基因为表现型贡献一个黑色单位。基因型 AABBCC 的人皮肤非常黑,aabbcc 的人皮肤非常浅,而基因型 AaBbCc 的人有一个深浅居中的皮肤。由于累加效应,基因型 AaBbCc 和基因型 AABbcc 都有三个黑色皮肤基因,它们都贡献三个黑色单位,因此所表现出的皮肤颜色是相同的。

如图 11-8 所示,基因型 aabbcc 和基因型 AABBCC 的人婚配,F_1 代基因型为 AaBbCc。F_1 代减数分裂时,三对等位基因独立分配形成从 ABC 到 abc 共八种配子。如果两个基因型同为 AaBbCc 的人婚配,F_2 代共有 64 种可能的组合,按其所含有的黑色单位进行统计,从没有黑色单位到有六个黑色单位呈现一个连续的正态分布曲线。

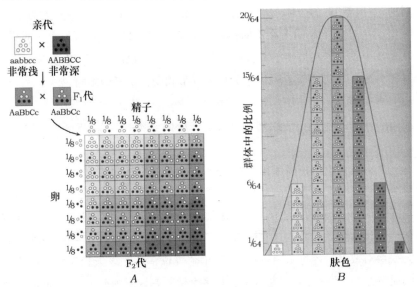

图 11-8 人类肤色的数量遗传(引自 Purres,1995)

A. 三肤色基因的遗传;B. 子二代不同肤色在人群中的比例

决定个体能否正常形成黑色素的基因和控制皮肤色素总量的基因之

间存在什么关系呢？假如某个体有成对的白化隐性基因，即为白化体，那么，控制色素总量的基因不管是什么样的组合都是不能表达的。因此控制黑色素形成基因制约着控制色素总量的基因。前者称为后者的上位基因，这也是非等位基因相互作用的一种形式。

性染色体与性连锁性状的遗传

在显微镜下观察处于分裂中期的人类细胞，可以看到细胞中凌乱地散落着大小不等的染色体。这时，我们很难看出女性细胞和男性细胞的染色体有什么不同。如果将显微照片上的染色体一个个剪下来，按大小加以排列，我们就会发现女性细胞核中共有 46 条染色体，恰好成为 23 对。成对的两条染色体大小形态都十分相似。然而，在男性的细胞中仅仅有 22 个相匹配的对，第 23 对染色体，其大小形态并不相似。按照染色体相对长度、着丝点的位置、随体的有无有次序地配对排列，便是染色体组型（图 11-9）。

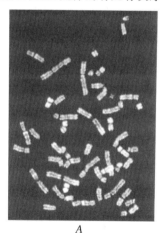 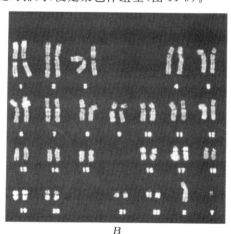

A   *B*

图 11-9　人类染色体图（引自 Purres，1995）

A. 人类染色体的显微图片；*B.* 染色体组型

仔细观察男性第 23 对染色体发现，其中较大的染色体和女性第 23 对染色体相似,而另一条则要小一些,大的染色体称为 X 染色体,小的称为 Y 染色体,因此,女性有两条 X 染色体,男性有一条 X 染色体和一条 Y 染色体。人类的性别就是这样由 X 染色体和 Y 染色体所决定的,遗传学称它们为性染色体;其他 22 对染色体和性别决定无关,称为常染色体。

X 染色体比 Y 染色体长得多,它比 Y 染色体所携带的基因也多得多。对女性而言,有两条 X 染色体,等位基因是成对存在的。而男性,X 染色体上的许多基因在 Y 染色体上缺少相匹配的等位基因,因而不具有成对性。X 染色体上某些基因所控制的性状,女性和男性有着不同的遗传模式。

红绿色盲是一种性连锁性状。X 染色体上的红绿色盲显性基因控制着人们将红色和绿色区别开来的能力,它的隐性等位基因则没有这种能力;而在 Y 染色体上缺少与之相匹配的等位基因。一个男性,只要其染色体上携带着这种基因的隐性等位基因($X^c Y$),就是一个红绿色盲患者。如果是女性,必须是两条 X 染色体都携带隐性等位基因($X^c X^c$),才是色盲患者。

一个色盲的男性和视力正常的显性纯合的女性婚配生下的所有子女视力都是正常的。他们的女儿从母亲那里获得一个显性基因 X^C,从父亲那里获得一个隐性基因 X^c,她表现为正常视力。这种杂合子个体携带了一个不正常的隐性等位基因,故称为携带者。他们的儿子从母亲那里获得一个正常的显性基因,从父亲那里获得的是 Y 染色体,视力也是正常的。

亲代	$X^c Y$	×	$X^C X^C$
配子	$(1/2 X^c + 1/2 Y)$		全部 X^C
子代	$1/2 X^C Y$	和	$1/2\ X^C X^c$
	视力正常的儿子		视力正常的女儿

上述作为携带者的女儿和视力正常的男人结婚,他们的儿子有 50% 的概率是色盲患者,而他们的女儿有 50% 的概率是携带者。

亲代	$X^C Y$	×	$X^C X^c$
配子	$(1/2 X^C + 1/2 Y)$		$(1/2 X^C + 1/2 X^c)$
子代	$1/2 X^C Y$	和	$1/2 X^c Y$
	(正常)		(色盲)

$$1/2X^CX^C \qquad\qquad\qquad 1/2X^CX^c$$

（正常） （携带者）

在什么情况下，一个女性会是红绿色盲患者呢？假如一个色盲的男性和一个作为携带者的女性婚配，他们的女儿和儿子都有 50% 的概率是色盲患者。

亲代	X^cY	×	X^CX^c
配子	$(1/2X^c+1/2Y)$		$(1/2X^C+1/2X^c)$
儿子	$1/2X^CY$	和	$1/2X^cY$
	（正常）		（色盲）
女儿	$1/2X^CX^c$	和	$1/2X^cX^c$
	（携带者）		（色盲）

遗传与环境的相互作用

任何性状都是遗传和环境相互作用的结果。前面讲到，色素细胞中黑色素的形成为基因所控制。具有能正常形成色素的显性等位基因的个体，在受到太阳光中紫外线的刺激后，色素细胞中启动产生色素的生化过程，产生黑色素。如果缺少紫外线的刺激，将很少产生或者不产生黑色素。

遗传学家常常通过对同卵双生儿的观察来研究环境对性状发生所起的作用。

同卵双生儿有相同的基因型，它们之间的差异来自环境的影响。在一项研究工作中，测量了 50 对同卵双生儿和 52 对非同卵双生儿（或称异卵双生儿）的身高。每对同卵双生儿的个体并不都是等高的。50 对成员身高之差平均为 1.7 厘米。由于每对同卵双生儿的个体有相同的基因型，这种差异来自环境的影响。虽然双生儿通常能得到大致相同的待遇，但是他们所处的环境不可能是精确相同的。在进食、运动等方面都可能有差异，甚至在出生前，他们作为胎儿在子宫中所占位置不同，从共同的胎盘上得到的血液供应也可能是不同的。

为了研究变异的原因,有时将双生儿分开,在不同的家庭养大。在一项研究中,观察了 19 对这样的同卵双生儿,他们彼此不知道对方的存在。测量结果显示,分开养育的成对同卵双生儿身高的平均差异为 1.8 厘米。这个数据和一起养育的同卵双生儿身高的差异十分相似。这个结果指出,环境对身高的影响,对在一起养育的双生儿和分开养育的双生儿没有很大的差别。这表明,遗传是决定身高的主要因素。

和同卵双生儿一样,异卵双生儿也常常被用来研究环境因子的作用。异卵双生儿为同一父母在同一时间所生,但他们具有不同的基因型。假如遗传是决定身高的重要因素,可以预期异卵双生儿身高的差异将大于 1.7 厘米。研究发现,实际的平均差为 4.4 厘米,大于同卵双生儿的两倍。这也证实了遗传是决定身高的重要因素。

如果将异卵双生儿和普通的同胞兄弟(或姊妹)相比,情况如何呢?两者都具有不同的基因型。同时出生的异卵双生儿所处环境与普通的同胞也许要相似一些。然而,对普通同胞在同一年龄段测量其身高,平均差别是 4.5 厘米,这个结果和异卵双生儿的平均差别非常接近。由此可见,普通同胞以及异卵双生儿之间所处环境的不同都不是影响身高的主要因素。

一般说来,对单基因遗传的简单性状,遗传因素非常明显,环境条件的作用相对较小;而对多基因遗传的复杂性状,环境条件的作用就相对要大一些,但遗传因素仍然是重要因素。在讨论遗传与环境对个体发育、体质状况与疾病产生的影响时,有条件的、相对的遗传决定论是可以接受的,尽管不可忽视环境和后天因素的影响。

但是对于像智力、品格这样的性状,情况要复杂得多。就智力而言,我们不能排除它具有生物学的(即遗传的、生理的)基础。谁都不能否认,在人类进化过程中,一方面是脑容量不断扩大,一方面是智力不断提高,它们之间存在一定的相关性。我们每一个人都具有使智力发育到一定水平的遗传潜力,然而潜力要靠一定的环境条件来实现。一个儿童如果没有接受来自父母、社会以及其他人的刺激,没有人和他玩耍,和他交流,和他说话,其智力潜力不可能得到充分的发育。一个尚不谙人事的婴幼儿,如果被狼叼走,由狼喂养长大,称为狼孩。狼孩具有人的全部先天的自然属性,但是他不善直立行走,不懂得语言,因而没有以语言为基础的表征思维,没有完整的自我意识。环境、家庭、教育和社会的因素无疑对人的智力及个人品格、行为模式的形成起着巨大的作用,在一定意义上讲也是决定性的作用。

基因突变与基因病

基 因 突 变

突变一般是指 DNA 分子中核苷酸的组成或顺序发生了改变,并导致它所编码的蛋白质发生改变。在 DNA 合成过程中,一个嘌呤碱基被另一个嘌呤碱基替换,一个嘧啶碱基被另一个嘧啶碱基替换,称为转换;一个嘌呤碱基被一个嘧啶碱基替换,或者反过来,这种改变称为颠换。转换和颠换总称为碱基替换。另外,DNA 在复制中还可能增加、减少一个或多个碱基对,称为移码突变。在 DNA 合成过程中还会出现碱基对缺失或者重复。碱基替换、移码突变、缺失和重复都导致基因突变(图 11-10)。

正常	AGT	CAG	CAG	CAG	TTT	TTA	CGT	AAC	CCG	···DNA
	Met	Gln	Gln	Gln	Phe	Leu	Arg	Asn	Pro	氨基酸
同义突变	AGT	CAG	CAG	CAG	TTT	TTG	CGT	AAC	CCG	···DNA
	Met	Gln	Gln	Gln	Phe	Leu	Arg	Asn	Pro	氨基酸
错义突变	AGT	CAG	CAG	CAG	TTT	TCA	CGT	AAC	CCG	···DNA
	Met	Gln	Gln	Gln	Phe	Ser	Arg	Asn	Pro	氨基酸
无义突变	AGT	CAG	CAG	CAG	TTT	TGA	CGT	AAC	CCG	···DNA
	Met	Gln	Gln	Gln	Phe	终止	Arg	Asn	Pro	氨基酸
移码突变	AGT	CAG	CAG	CAG	TTT	TAC	GTA	AAC	CG	···DNA
	Met	Gln	Gln	Gln	Phe	Tyr	Val	Thr	Arg	氨基酸
三核苷酸重复	AGT	CAG	CAG	CAG	CAG	CAG	CAG	CAG	CAG	···DNA
	Met	Gln	Gln	Gln	Gln	Gln	Gln	Gln	Gln	氨基酸

图 11-10　基因突变类型

DNA 分子中核苷酸顺序的改变,将导致由它编码的蛋白质分子中氨基酸顺序的变化。我们所能观察到的突变往往是有害的突变。由基因编码而形成的各种蛋白质,在代谢过程中都具有某种特定的功能。基因突变往往会使蛋白质失去原有功能,从而使代谢过程受阻或者发生紊乱,这对生物的生存通常是不利的,严重的将导致个体死亡。这种由于突变使单个基因结构发生变化而造成的遗传病,称为单基因病。在人身上已经确认的单基因病有四千多种,有的是隐性遗传的,有些是显性遗传的。

在罕见的情况下,这种氨基酸顺序的变化,并未改变蛋白质的功能,我们称这种变化为中性突变。地球上许多生物,从变形虫到人,都有血红蛋白,这些血红蛋白都有相同的功能,但某些氨基酸互有差异,这就是生物进化历史上中性突变所造成的。同样在罕见的情况下,突变基因对生物的生存是有利的。例如,一些昆虫原先对杀虫剂敏感的基因突变为对杀虫剂有抗性的基因,在环境中存在杀虫剂的条件下就是一种有利突变。类似的有利突变为生物进化提供了原材料。

先天性耳聋是一种隐性遗传的单基因病

前面已经提到,决定色素细胞能否正常合成黑色素的一对基因。纯合显性的基因型 AA 和杂合的基因型 Aa 个体均能正常地合成黑色素,纯合隐性的基因型 aa 个体不能合成黑色素,成为白化体。这就是一种隐性遗传的单基因病——白化病。杂合的基因型 Aa 个体则是隐性基因的携带者。

白化病是一种对人的损伤相对较轻的非致死的遗传病。有些遗传性状,如囊状纤维变性,则是致死的隐性遗传的单基因病。这种病在高加索地区发生率相当高,每 1800 个新生儿中就有一个受累者。囊状纤维变性等位基因呈隐性,当一个人有两个这种基因就会患病。它的症状是,肺、胰腺等器官过度分泌非常稠的黏液,这些黏液干扰了呼吸、消化及肝的功能,非常容易造成胸腔感染,如不医治,大多数患儿五岁时便死亡。当被诊断患有此病,患儿要使用预防感染的抗生素,吃特殊的低脂肪、高碳水化合物、高蛋白质的食物,服用大剂量的维生素 A、D、K 和胰腺提取物,并且经常连击胸腔,清洁肺部。这样做仍不能治愈此病,但可以延长生命。

致病的隐性突变基因可以"隐藏"在杂合体中一代代传下去,甚至可以长久地保留在人群之中而不使人致病。但是在一个小的相对隔离的社群中,由于社群内人们的近亲婚配,夫妇双方从最近的共同祖先继承同一隐性致病基因的概率增加,他们的后代发病率增加。正是由于这个原因,在高加索地区,囊状纤维变性的发病率比其他地区高得多。

大约在 1700～1900 年,美国马萨诸塞州海岸附近马莎葡萄园岛上的居民,先天性耳聋的发病率异乎寻常地高,达到 1/155。这种耳聋是由一个隐性基因 d 引起的,纯合的隐性基因型 dd 个体是聋人,杂合体 Dd 听力正常。

20 世纪 70 年代经过考证,这个隐性突变基因于几百年前发生在英国肯特地区名叫韦尔德的小镇上,此后,一些家庭迁移到美洲,定居在马萨诸塞州。在 1642～1710 年期间,又有一些家庭迁到马莎葡萄园岛。两次迁移都有携带基因 d 的人。在许多世代中,韦尔德小镇上的人经常在表亲之间通婚,先天性耳聋的发病率愈来愈高。到了马莎葡萄园岛以后,由于和大陆远远隔开,小岛上的人们彼此通婚,这里先天性耳聋发病率在 200 年内持续增高,一直到 20 世纪一批新移民来到岛上,发病率才有所降低。

今天,在大多数人类社群中,人口流动日益增加,两个携带同一损伤等位基因的人婚配的概率是很小的,有关基因病的发病率不是太高。例如,白化等位基因 a 在人群中的概率大约是 1/148,白化病 aa 的发生率为 1/148 ×1/148,即每 22 000 个人中可能有一个白化病患者。然而,表(堂)兄妹具有最近的共同祖先,他们携带同一隐性致病基因的可能性,比起那些没有血缘关系的人要大得多。如果携带同一致病基因的表亲婚配,有 1/4 的概率生出患单基因病的后代,因此,防止近亲婚配是降低隐性单基因病发病率的有效措施。

舞蹈症是一种显性遗传的单基因病

人群中有一些致病的突变基因是显性遗传的。有少数显性单基因病是非致死的,如生出额外的手指和脚趾,手指和脚趾之间有蹼等;大多数显性基因病常常给人造成严重的损伤,并且是致死的。

致死的隐性突变基因可以通过杂合的携带者一代代传下去,以至于能长久地在人群中存在下去。致死的显性突变基因则不具备这样的条件,许多在精子或卵子中经突变而产生的显性致死基因,常常随即导致胚胎死亡。即使患病的个体出生了,也不会活到生育年龄,因此不可能将致死等位基因传递到下一代。而舞蹈症是一个例外。

舞蹈症的特征是手臂和腿不时做非随意的摆动,有时手、头、躯干、足也做非随意扭动,患者逐渐失去记忆、判断能力,变得抑郁。在开始发病以后10～20 年内死亡。然而,这种病在 40 岁之前常常不表现出来,患者在发病之前可能已经将这种突变的显性基因传递到下一代。假如有一人通过突变产生舞蹈症等位基因,他同另一位正常的人婚配,他们的后代有 50％的概率携带舞蹈症等位基因,也有 50％的概率是正常的。舞蹈症基因的携带者直到自己有了孩子,可能还没有认识到自己带有舞蹈症等位基因。

血友病是一种 X-连锁基因病

前面用来说明性连锁遗传方式的红绿色盲就是一种 X-连锁隐性遗传病,现在已知,人类大约有 190 种的 X-连锁隐性遗传病。其特点主要是,只有女性才有可能成为携带者;患者中男性要多于女性,而男性患者的致病基因是由母亲遗传而来的。

血友病是一种遗传性出血病。致病的突变基因是隐性的,位于 X 染色体上。这种致病基因使血液中缺乏一种凝血因子,从而使人体内源性凝血过程无法进行,严重的患者可能因为轻微外伤流血不止而死亡。

在英国维多利亚时代,欧洲皇室家族为血友病的高发病率所困,因此为血友病留下了一份详细的谱系纪录。维多利亚女王是血友病携带者。她的两个女儿比阿特丽斯和艾丽斯从她那里各获得一个致病等位基因而成为携带者。由于维多利亚女王两个女儿的婚姻，血友病基因被引入普鲁士、俄国、西班牙王室。例如，艾丽斯的女儿亚历山德拉也是携带者，她嫁给俄国末代沙皇尼古拉二世，所生儿子亚历克西斯就是一个血友病患者（图11-11）。据考证，维多利亚女王的祖先没有一个人曾表现出血友病症状，由此推测维多利亚女王的父亲或母亲，在一次配子形成时，X染色体上一个基因发生了突变，这个基因突变对欧洲皇室产生了不小的影响。

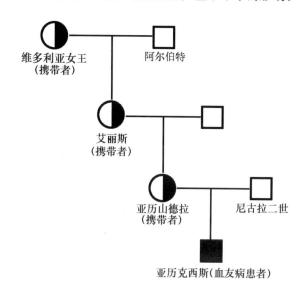

图 11-11　从维多利亚到亚历克西斯的谱系

唇腭裂是一种多基因病

多基因病的发生不是由一对等位基因，而是由两对或两对以上的等位基因及其相互作用决定的，同时还受到环境因子的影响，故又被称为多因子病，因此，要确定它的传递模式是相当困难的。要预测一个家族内疾病发生

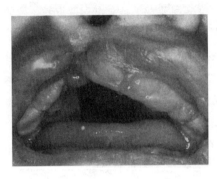

图 11-12　唇裂

的概率也不是一件容易的事。这种类型的疾病有唇腭裂、畸形足、先天性髋部脱位、幽门狭窄、脊柱裂、无脑畸形等等。

　　唇腭裂是一种较常见的多基因病。上腭分为两个部分，前面部分为硬腭，后面部分为软腭。硬腭、软腭或硬腭和软腭开裂即为腭裂。常和腭裂相联系的是唇裂（图 11-12）。由于开裂的程度不同，患者语言和吞咽能力受到的影响不同。大多数出生时具有这种症状的患儿，可以通过外科手术，使状况得到改善而能正常地生活。

染色体畸变与染色体病

染色体畸变

　　染色体数目与结构的改变称为染色体畸变。和基因突变一样，这种变化常常是有害的。在极罕见的情况下，是中性的或有利的，为生物进化提供了原材料。

染色体数目的变化

　　人的一生，在有生殖能力期间，睾丸（男性）或卵巢（女性）中的细胞反复地进行减数分裂，分别产生精子和卵子。每次减数分裂，纺锤体总是能将染色体恰当地分配到子细胞中去。然而，偶尔也会出现这样的事故：某些染色体对没有分离，使产生的某些配子的染色体数目发生变化。如果在减数分裂 I，一对同源染色体没有分离，由此产生的四个配子的染色体数目都是不正常的，其中两个配子的染色体为 $n+1$，两个配子为 $n-1$。如果在减数分裂

Ⅱ，一对姐妹染色单体没有分离，所产生的四个配子，两个是正常的，一个为 $n+1$，一个为 $n-1$。当 $n+1$ 的配子和正常的异性配子 n 结合，受精卵的染色体数为 $2n+1$，某对染色体多了一条，构成该染色体的三体型。当 $n-1$ 的配子和正常的异性配子 n 结合，受精卵染色体数是 $2n-1$，某对染色体少了一条，构成染色体的单体型（图 11-13）。

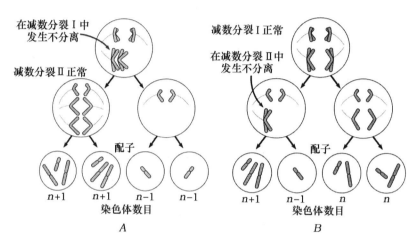

图 11-13　减数分裂中染色体不分离造成的染色体数目变化

A. 在减数分裂Ⅰ中发生不分离；*B.* 在减数分裂Ⅱ中发生不分离

染色体结构的变化

由于染色体的断裂和非正常的重接，造成了各种结构异常的染色体。染色体结构变异有以下四种类型：缺失，染色体断裂，重接时丢失一段；重复，一条染色体的断裂片段接到同源染色体的相应部位，后者有了一段重复染色体；倒位，一条染色体的断裂片段，位置倒过来再接上去；易位，染色体发生断裂，断裂片段接到另一条非同源染色体上（图 11-14）。

染色体异常引起的遗传病称为染色体病。染色体病并非少见，新生儿中约有 1/200 有可识别的染色体异常。在孕后三个月内自然流产儿中，染色体异常高达 65%。全部自然流产儿中约有 1/5 染色体异常。

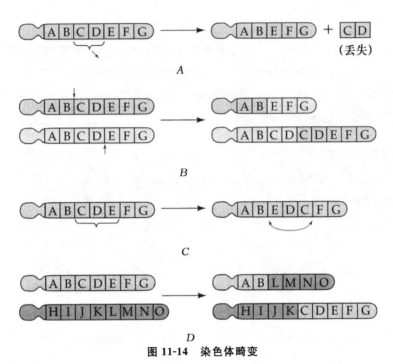

图 11-14　染色体畸变

A. 缺失；*B.* 同源染色体的重复；*C.* 缺位；*D.* 非同源染色体交互易位

一种常见的常染色体病——唐氏综合征

常染色体病是由于 1～22 号染色体先天性数目异常或结构畸形引起的疾病。这类遗传病共同的临床表现为先天性智力低下，生长发育迟缓，伴有五官、四肢、皮纹、内脏等多发畸形。唐氏(Down)综合征是一种常见的常染色体病。群体中的发病率约占 1/800～1/600。患儿面容特殊：眼裂小，眼间距宽，口常半开，舌常外伸，常有舌裂；四肢关节过度屈曲，肌张力低；指短，小指内弯，中间指骨发育不良。50％患儿有先天性心脏病，生长迟缓，坐、立、走都很晚学会，智力低下，缺少抽象思维能力，常有隐睾(男性)，无生育能力。

染色体的分析表明，唐氏综合征患儿染色体总数为 47。与正常二倍体细胞比,多了一条21号染色体,基本核型为21-三体型,常用47,XX(XY)+21来表示。在生殖细胞的减数分裂中,发生了21号染色体的不分离,有的配子有两条21号染色体,有的配子则没有21号染色体。有两条21号染色体的配子和正常的异性配子结合,合子中就具有了三条21号染色体(图11-15)。由于母亲的年龄对唐氏综合征有明显的影响,这种不分离可能常常发生在卵形成的过程中。

在21-三体型细胞中,一条14号染色体和一条21号染色体发生着丝点融合,形成一个14/21易位染色体。易位后,细胞中染色体总数为46,但少了一条14号染色体,多了一条14/21易位染色体。这种核型仍然具有三条21号染色体的全部基因,因而具有全部唐氏综合征的症状,这是易位型的21-三体型染色体病。

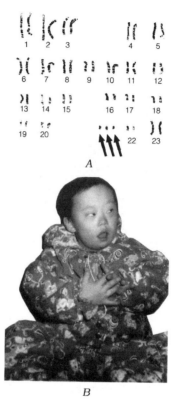

图 11-15　唐氏综合征的核型(A)与患儿(B)

性染色体病

由于性染色体在减数分裂中的不分离,造成多种性染色体的数目异常,带来十多种性染色体病。

先天性卵巢发育不全症

患者染色体总数为45,仅有一条X染色体,核型为45,X(图11-16)。外观女性,体矮,身高约120～140厘米;面容呆板,耳畸形低位,后发际线低;乳腺不发育,乳房间距宽;原发性闭经,性腺呈索条状,有卵巢基质而无滤泡,缺乏女性第二性征,无生育能力。

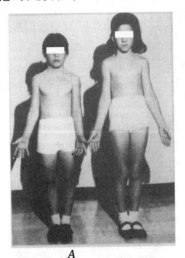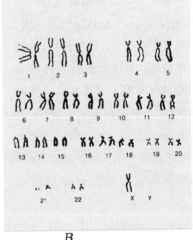

图 11-16　先天性卵巢发育不全症患者 (A) 与核型(B)

(引自 Neaton,1996)

本病大部分是由于在精子发生过程中,减数分裂时 XY 不分离,产生了两种染色体异常的精子:一种含有 X 和 Y 两条染色体,另一种没有性染色体。后者和正常卵子结合形成核型为 45,X 的受精卵。这种受精卵成活率低,大部分在胚胎早期就死亡。

先天性睾丸发育不全症

患者染色体总数为 47,有两条 X 染色体,一条 Y 染色体,核型为 47,XXY(图 11-17)。患者儿童时无任何症状,青春期后出现临床症状。外观男性,身体高大,体毛稀少,大多无胡须;睾丸小,长约 2 厘米,发育不全,细精管呈玻璃样变性,不能产生精子,无生育能力。

本病有一部分如上所述,是精子在其形成过程中由于 XY 不分离,形成异常精子(XY)所引起的;但大部分是由于在卵子发生过程中,XX 不分离,产生了染色体异常的卵子(XX),和精子(Y)受精所形成。随着母亲年龄的增长,生出本病患儿的风险也大为增加。

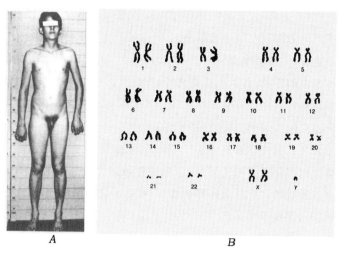

图 11-17　先天性睾丸发育不全症患者 (*A*) 和核型(*B*)

（引自 Neaton, 1996）

关于"优生"

"Eugenics"（优生、优学）一词源于希腊文，原意是"生出一个健康的孩子"。这本来是人类的美好愿望，但随着遗传学的发展，某些人类遗传学家开始设想用遗传学手段来"改良"人种。高尔顿(F. Galton)将优生学定义为"应用所有的影响因素改善种族的先天质量的科学行为"。1908 年，高尔顿和他的追随者在英国建立了优生学会，不久，在德国建立了相似的团体。20 世纪 30～40 年代在西方掀起了盛极一时的优生运动。尤其是在德国，一场旨在消灭"劣生者"的"优生运动"泛滥开来，先是针对精神病患者，然后是犹太人和吉卜赛人，最终导致惨绝人寰的种族大屠杀。纳粹的"优生运动"留给后人的教训是极其惨痛的，一个人，不管他属于什么种族，也不管他身体是否健康，智力是否正常，在道德上和法律上与其他人都是平等的，任何组织或个人都无权剥夺他生命、健康、结婚和生育的权利。政府或法律对婚育的限制应该仅仅局限于极少几项内容，例如对近亲通婚的限制，或者在人口爆炸时对生育数量的暂时限制。由于历史已将"eugenics"一词与希特勒对所谓"劣生者"强制绝育并导致种族灭绝的罪恶行径联系在一起,因此该词不再适于出现在科学文献中。

表面上看,优生似乎有些根据,一千多年来,人们用选择育种的方法改良作物和家畜的性状,开发出质量更好、产量更高的品种。但人能够对人类自身这样做吗?能用让有优良性状的人多生育,让"劣生者"不生育的方法来使未来世代的人得到"优化"吗?

两位著名的遗传学家赫胥黎(J. Huxley)和缪勒(H. Muller)也曾提倡并建立诺贝尔奖获得者精子库,在这里储存被认为是杰出男性的精液。女性希望自己的后代具有什么样好的性状,可以来此选择精液,用人工授精的方法怀孕。问题在于什么是"好"的,什么是"有害"的性状呢?高智商似乎是首先要考虑的品质,但缪勒本人也意识到仅仅用高智商作为供精者的标准是远远不够的,于是又提出了许多补充要求,包括友爱、仁慈、慷慨,对生活有审美情趣,充满激情又能自制,性格开朗,道德上的坚贞,思维独立,谦恭乐群,能接受他人公正的批评又能自我批评和改正错误,等等。

个体的各种性状,包括疾病在内,可分为两大类:一类是单基因遗传的简单性状;一类是多基因遗传的复杂性状。无论是哪一类,环境因素都起着不同程度的作用。单基因决定的性状或者单基因疾病,遗传因素非常明显,环境因素作用相对较小。对于复杂性状和多基因疾病,后天的、环境因素的作用就十分突出。这还仅仅涉及体质性的性状。

至于智力、品格这样的非体质性的表现,情况就更为复杂。虽然我们不排除在其背后有某些生物学(即遗传、生理)的因素在起作用,但后天的因素,包括家庭、教育和社会的因素,无疑对个人品格和行为模式的形成起着更大的、决定性的作用。迄今为止,对多基因性状及有关的体质性遗传病的基因研究尚且没有取得令人信服的结果,更不用说影响人类品格和高级行为的遗传背景了,现在还没有一个这样的性状经过遗传学实验的鉴定。不过,有一点倒是可以肯定的,这些性状不可能由单个基因所决定,"智力基因""友爱基因"和"艺术细胞"一样是没有任何科学依据的新闻词语。

事实证明,一位女性接受了一位杰出人物的精子,所生的孩子一般表现平平,未必具有该杰出人物的优秀性状。这是毫不奇怪的,减数分裂的随机重组以及精子、卵子的随机结合,好像多次洗牌及其后的随机分牌,结果是难以预测的。要保证特定的基因传递给孩子是困难的,更不用说影响智力和品格等高级行为模式的复杂的遗传基础了。

人类群体存在着广泛的多样性,这对应付自然环境和社会极复杂的需求是必要的。不难设想,成为歌唱家、舞蹈家、画家、工艺美术师、举重运动员或者射击运动员等,除了后天的训练外,需要各不相同的天赋条件。谁能判断在 100 年后人们所需要的是哪些性状? 我们能够做出的假定是:未来社会将需要至少和现在同样的多样性,我们这一代要做的是保护人类的多样性,企图通过选择生育达到"人的优化"是完全没有根据的。

随着遗传学的发展,采用遗传咨询、产前诊断、中止妊娠、基因治疗等方法,在防止遗传病患儿的出生以及在出生后改善其生活质量等方面有一定的作用。医学遗传学界的共识是,这些遗传服务的对象是与染色体或基因异常有关的疾病,而不应该用来改变人类正常的基因组结构。

采用现代遗传服务对于降低遗传病的发生率有一定作用。有人天真地认为,只要不让有遗传病的人生育,就可以有效地减少遗传病患者,最终从群体中剔除该遗传病。问题没有那么简单,限制遗传病患者生育对有害等位基因频率的影响并不大,而且不能完全清除遗传病。以隐性遗传的基因病为例,当异常等位基因在群体中的频率为 0.01 时,隐性纯合的患者仅仅为1/10 000。有人计算过,一个隐性基因的频率,在反复选择的条件下从 0.5 降到 0.01,需要经过 100 代,大约 3000 年的时间;基因频率从 0.001 降到 0.0001,即使纯合致死,也需要 9000 代。此外,我们还要考虑到以下两点:① 各种正常基因以一定的概率突变成致病的异常等位基因;② 在人群中,每个人都携带了至少五个隐性异常基因。要将致病的隐性基因完全排除掉是不可能的。

我国从控制人口爆炸的角度出发,提倡计划生育与优生优育,这是符合我国国情、利国利民的国策。国际上有些人却误认为我国也在搞什么"优生运动",对我国横加指责,其实,我国所说的"优生优育"(Well bear and well rear)是指通过保健、咨询、教育等手段,帮助父母生出健康的孩子,这同国际上医学遗传学界针对遗传病开展遗传学服务的共识是一致的,跟本节开始提到的"eugenics"的特定含义并不相干。

进 化 机 理

达尔文是进化论的主要创立者

  特创论与进化论

  共同由来学说

  自然选择学说

群体的进化性变化

  群体的变异性及遗传结构

  理想群体的 Hardy-Weiberg 平衡

  五种因素导致群体遗传结构发生
    变化

  自然选择是有差别的存活和生殖

  基因的多效性与选择压

  行为适应与自然选择

  亲缘选择和动物的社会行为

物种形成与种系发生

  物种及其形成

  进化速率与间断模式

  单线进化与分支进化

  进化趋势与镶嵌进化

  种系发生与支序分析

  种系发生与分子生物学

达尔文是进化论的主要创立者

特创论与进化论

今日地球上的生物，有着巨大的多样性。在有性生殖的生物中，物种是成员间可以互交繁殖的自然群体。整个生物界,包括植物、动物、真菌、原生生物、原核生物几大类型,已知物种的总数大约为 200 万种。每一种生物都生活在一个特定的环境之中,它们的形态、结构、习惯、行为总是和生活的环境相适应的。当人们还不能对生物的多样性和令人惊叹的适应性给予科学的解释时,常常认为这一切是超自然的力量所造成的。在历史上影响最大的是特创论(Creationism)的观点,根据《圣经·创世纪》的记述,所有物种是造物主逐一创造出来的。它们彼此之间是不连续的,也是天生完美的,一旦被创造出来,再也不会发生改变。19 世纪时,教会所承认的创世时期是公元前4000 年,按现在的眼光来看,这只能被认为是发生在晚近的一个事件。

到了 18 世纪,生物学积累了越来越多的材料说明,生物界不仅仅存在着多样性和适应性,而且在多样性中存在着高度的统一性。不同类型的生物都存在着模式的统一。如果坚持"物种不变"的观点,人们将无法对生物的多样性、适应性、统一性给予一以贯之的解释。人们开始对物种不变理论提出质疑。

第一个坚定的进化论者是法国的拉马克(J. Lamarck,1744—1829)。他在 1809 年提出他的进化学说。他研究了巴黎博物馆馆藏的全部化石和当时的软体动物的标本,发现这些化石的软体动物和今天生活的软体动物很相似,可以将早期的化石、较近的第三纪化石直到现在的物种排列成不间断的种系序列。拉马克由此得出结论:许多动物种系在时间上经历了缓慢的、逐渐的变化。然而,当时多数博物学家认为,地层中的生物是一幕幕地呈现出来的,它们之间是不连续的,他们宁可用上帝的多次创造去代替一次创造,也不愿意承认不同地层之间生物的连续性。由于拉马克未能拿出足够充分的证据去说服博物学同行,他的学说未能被同时代人接受。他的著作一问世就遭到社会舆论几乎一边倒的抨击。直到 1859 年,英国科学家达尔文(C. Darwin,1809 —1882)出版了划时代的著作《物种起源》才给特创论沉重的打击。达尔文提出了至今仍然广泛地被人们接受的进化理论,他是迄今为止在进化论方面做出最大贡献的科学家(图 12-1)。

达尔文的理论包括以下几个部分:

(1)地球是非常古老的,在整个生命史中,生物不断地发生变化;

图 12-1　达尔文

（2）所有的生物有一个共同的祖先或者说地球上的生命有一个单一的起源；

（3）进化是一个缓慢的、连续的过程，是微小的、可遗传变异不断积累的结果；

（4）物种通过性状分歧产生不同的物种，生物界巨大的多样性由此而形成；

（5）自然选择是适应进化的主要因素；

（6）没有任何理由认为人类不遵守宇宙的自然法则。

人类的起源是生物进化的一个环节。人和动物有共同祖先，人是从某种古猿进化而来的。这里，达尔文完成了两个重大的理论突破：一是提出了共同由来学说；一是提出自然选择学说。

共同由来学说

达尔文提出的共同由来学说，其证据首先来自生物的地理分布。1831年英国巡洋舰"贝格尔号"奉命开赴南美洲，测量南美洲东部和西部的海岸线。22岁的达尔文作为舰上的一位博物学家，负责在航行中观察和记录沿途的生物。在五年的航行中，他搜集到大量的动物、植物及化石标本。当他在加拉帕戈斯群岛上看到那里独有的生物时，大为惊奇。加拉帕戈斯群岛是位于离厄瓜多尔海岸约三百七十多千米的太平洋中的火山岛，这里的动物和植物属于南美洲类型，但都是达尔文从前没有见到过的，他考察了群岛上的仙人掌、陆栖的鸟、海龟、鬣蜥等生物，最使他着迷的是13种地雀。无独有偶,在非洲西北,大西洋中的佛得角群岛也是火山岛,那里也有一些独特的生物,却都属于非洲大陆类型。加拉帕戈斯群岛和佛得角群岛都是地处赤道附近的火山岛,自然条件相似,然而其生物却属于完全不同的地理区系。

在加拉帕戈斯群岛内部,那 13 种地雀彼此很相似,但它们的食物各不相同,分别以大小不同的种子、仙人掌、昆虫为食。相应地,它们喙的大小和形状互有差别(图 12-2)。该群岛有几种嘲鸫,也是群岛独有的,它们也是十分相似而又互有区别。特别有意义的是,不同岛屿上的嘲鸫有显著差异,它们是不同的物种。这使达尔文看到海岛与邻近大陆动物的关系以有趣的形式在同一群岛内部表现出来。这一切应该如何理解呢?

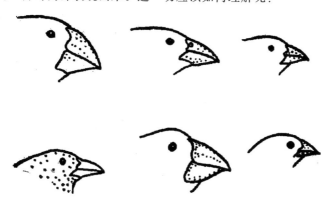

图 12-2　加拉帕戈斯群岛上的地雀(引自方宗熙,1964)
地雀的喙的大小和形状各不相同,都适应各自的食性

达尔文经过缜密的思考,认识到,如果摒弃物种不变的僵化观念,承认"有饰变的传代",用一个简单的、自然的原因就可以把这一切解释清楚:大陆的生物由于偶然的原因来到这些新生的岛屿,这些迁移者生活在自然条件和大陆不同且相对隔离的海岛上,逐渐发生变异,形成海岛独有的物种。同样的道理,当迁移者从一个岛屿进入另一个岛屿,由于岛屿之间食物资源及种间关系不同而演变成新的不同的物种。达尔文由此引出一个重要概念,那些彼此相似又互有区别的物种来自一个共同的祖先。

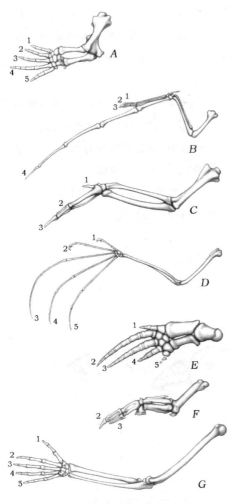

图 12-3　九种脊椎动物前肢结构的比较

(引自 Starr,1997)

A. 早期爬行动物;*B.* 翼龙;*C.* 鸡;

D. 蝙蝠;*E.* 海豚;*F.* 企鹅;*G.* 人

从远古早期爬行动物进化出来的各种

脊椎动物,它们的前肢形态各异,

但有相似的骨骼结构

有关动物、植物形态解剖学的比较研究早就揭示了,生物界存在着巨大的多样性,又存在着模式的统一。例如,人的上肢、老虎的前肢、海豚的鳍肢、蝙蝠的翅膀,它们的外形和功能各不相同,却都有着相似的结构模式:最上端是肱骨,下面是相互平行的尺骨和桡骨,再下是由一组小骨骼组成的腕骨,最后是几个前后相连的掌骨和指骨(图12-3)。它们有相似的肌肉和血管,在胚胎中,它们都是从相同的组织发育而来。生物界不同类群、不同层次上模式的统一现在都成为共同由来学说的证据。人们将在起源上和结构上相似的器官称为同源器官。19世纪生物学的另一个重大发现——细胞学说,即所有动物、植物都由细胞组成,也成为动物界和植物界有共同由来的重要证据。

胚胎学也为共同由来学说提供了有力的证据。图12-4列出了鱼、爬行类、鸟类、哺乳类(人)的早期胚胎,都有结构相似的心和鳃。鱼类终生保留鳃的结构,而其他生物在进一步发育中失去鳃。鱼类、爬行类和鸟类一直保留了尾,而人在发育中失去了外尾。这种早期胚胎的相似性说明所有脊椎动物有一个水生的用鳃呼吸的共同祖先。

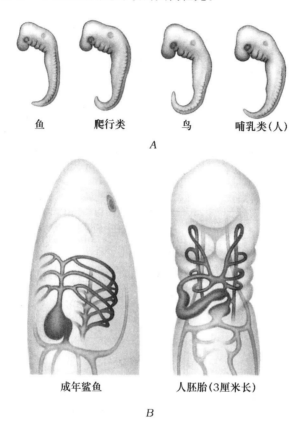

鱼　　　爬行类　　　鸟　　　哺乳类(人)

A

成年鲨鱼　　　人胚胎(3厘米长)

B

图 12-4　脊椎动物的早期胚胎(引自 Starr,等,1997)

A. 成年脊椎动物有巨大的差异性,而早期胚胎却非常相似;

B. 哺乳动物早期胚胎仍有似鱼的结构

在动物机体中有一些器官结构,尺寸已经变小,功能已经失去,称为遗迹构造。人体就有许多这样的器官,例如,瞬膜,即透明的第三眼睑,在猫、鸟、蛙和其他脊椎动物中都会看到,而人仅仅在每个眼的内角保留一小块桃红色的膜;在许多哺乳动物,都有能使外耳运动的肌肉,而人的这些肌肉已经大大退化,大多数人已经不能使耳朵运动;多数人的第三磨牙,即智齿,出牙不正常,不能用来咀嚼,有些人的智齿在出牙前,已经掉落,有些人的智齿完全没有发育,在灵长类动物中,只有人类是如此。这些器官,在其他动物那里是健全的和有功能的,而在人则是简缩的,基本上失去功能。遗迹器官的存在证明人类的祖先原本也是具有瞬膜、能运动的耳朵和正常的第三磨牙的。

化石是保存在岩层中的古代生物的遗骸或者它的印迹。达尔文在阿根廷发现了巨大的雕齿兽化石。使他十分感兴趣的是,在地球上的生物中,只有现在生存的犰狳和这种已灭绝的雕齿兽相似(图 12-5),而且只有在犰狳生活的地区才有可能找到雕齿兽的化石。两者之间的差别说明它们是不同的种,而它们之间的高度相似说明它们之间有着亲缘关系。

**图 12-5　犰狳 (A) 和雕齿兽(已灭绝)(B) 都有不常见的骨板的鳞板,
并分布于同一地区**(引自 Starr,1996)

化石记录对共同由来学说是最直接的证据。你认为人与黑猩猩有共同的祖先吗?如果你找到一个古猿化石,它具有许多和黑猩猩相似的特征,你又找到一系列把这种古猿和现代人联系起来的化石,那么人与黑猩猩有共同祖先的说法就得到最后的证明。这个问题正是我们在以后几讲要论述的。

达尔文根据环球考察获得的生物地理分布的材料提出"共同由来"的设想,在当时也许只能称之为假说。在这以后,有关论据从生物学的各个方面纷至沓来,它们相互补充,相互印证,构成完整的证据链。共同由来学说的巨大魅力就在于,生命科学的每一个分支领域所揭示的事实都印证了它的正确性,除此之外,没有一种思想使生物学所有现象显得如此合情合理。现在,共同由来学说应该被看做是已经被充分证明了的科学理论。生物界有共同由来已经是不争的事实。生物进化现象的实在性终于广泛地被人们所接受。

自然选择学说

达尔文根据观察提出,自然界没有两个生物个体是一样的,每一个体都是独特的,同种个体组成群体。在群体中,个体之间存在着相当大的变异性,在众多的变异中,至少有一部分能够遗传给后代。达尔文注意到,生物具有巨大的生殖能力,而自然界能提供给每一种生物的资源都是有限的。达尔文由此推论,在一个群体中,在互有差异的个体之间存在着生存斗争。那些具有"有益性状"的个体较不具有"有益性状"甚至具有"有害性状"的个体有更多的存活和繁殖后代的机会,在世代更迭中,"有益的"性状被保留,"无益的"性状被淘汰。在达尔文之前,也有人曾谈论过"选择",但他们认为,选择仅仅在于淘汰脆弱的个体,而不能促使新东西的出现,不能导致进化。达尔文却认为,通过连续的选择,可以使轻微的变异积累起来,产生新的结构和功能,导致新物种的形成。

达尔文援引人工选择的事例证明,连续世代的选择可以使原先属于种内个体之间的轻微变异,变成显著的变异。在家养动物和栽培植物的培育中,人们根据经济的或观赏的要求,选择那些具有目标性状的个体作为亲本来繁殖后代。经过多代连续的选择,培育对象发生巨大变化,以至于和它们未经选择的野生个体有显著的差异。由于选择目标不同,在家养动物和栽

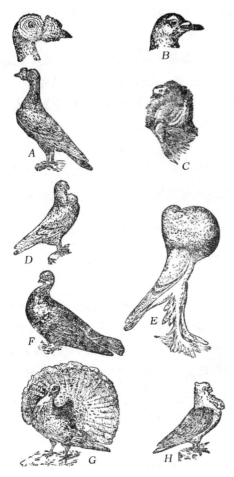

图 12-6　家鸽的品种(根据达尔文搜集的材料)(引自方宗熙，1964)

A. 英国传书鸽(上图示其头部)；B. 纯种鸽；
　C. 毛领鸽；D. 非洲枭鸽；E. 球胸鸽；
　F. 短嘴翻空鸽；G. 扇尾鸽；H. 浮羽鸽

培植物的不同品种之间也表现出巨大差异(图 12-6)。达尔文认为，如果把不同品种的鸽拿给鸟类学家去看，并告诉他，这些都是野鸟，他一定会把它们分别列为不同的物种。达尔文将自然选择学说看成是人工选择原理在自然界的应用。

在达尔文的理论框架中，可遗传变异和繁殖过剩同为自然选择的前提或必要条件。现代进化生物学根据群体遗传学的实验研究对自然选择进行重新诠释。他们认为，在群体内部，自然选择可能需要个体间争夺资源的斗争和竞争，但情况并非总是如此，只要群体内存在不同基因型个体，而这些不同基因型个体在存活和繁殖方面出现差异，不管有没有繁殖过剩和生存斗争，都会发生自然选择。繁殖过剩的意义也不仅仅是引发个体间的生存斗争，它对于自然选择还是一种保障条件，选择性淘汰使大量个体失去繁殖后代的机会，这个损失要靠超量繁殖来补偿。

我们可以把达尔文的自然选择理论概括为以下四个要点：

(1) 同一物种的个体之间普遍地存在着变异。

（2）生物产生后代的数量比它们能存活下来并进行繁殖的数量要大。换言之，并不是每一个胚胎生命或幼小个体都能存活下来并进行繁殖。

（3）某些变异性状能够使群体中的一些个体较其他个体有更多存活和生殖的机会。

（4）随着变异（突变和重组）和选择的交替进行，生物更适应他生活的环境。

群体的进化性变化

群体的变异性及遗传结构

一群能互相繁育的个体组成群体。达尔文进化理论中的一个重要的观点就是同种个体之间广泛地存在着变异。所谓变异，主要指的是个体之间遗传性状的差别。一个群体常常有大量的变异，它们是由各种基因型所控制的。

基因突变和染色体畸变使遗传物质发生变化，这是群体变异之源。重

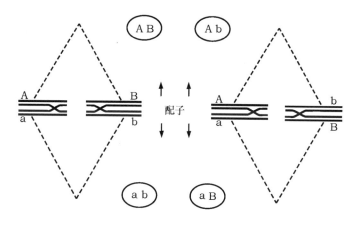

图 12-7　染色体的独立分配

在减数分裂中，携带基因 A、a 的同源染色体与携带基因 B、b 的同源染色体，在形成配子的过程中，其分配是彼此独立进行的

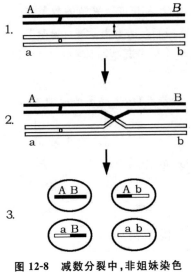

图 12-8 减数分裂中,非姐妹染色单体的交换

组使群体在连续的世代中涌现出层出不穷、多种多样的基因组合。每种生物所含基因的数目是很大的。人有 23 对染色体,所含为蛋白质编码的基因大约为 2 万对。每种生物的个体大约有 10% 的基因座是杂合的,一个物种可能平均有 30%~50% 的基因座上有不同的等位基因。从一代到下一代,通过三个环节实现基因的重组:① 减数分裂中同源染色体的独立分配(图 12-7);② 减数分裂中非姐妹染色单体的交换(图 12-8);③ 精子和卵子的随机结合,经过这样的洗牌和发牌,几乎可以形成无限多的基因型。如果不考虑复等位基因,一对等位基因(A、a),可形成三种基因型(AA、Aa、aa),两对等位基因(A、a,B、b)可以形成九种基因型。总的公式是:3^n,n 是具有两种等位基因的基因座数。在自然群体有两种等位基因的基因座数以百计、千计,可能形成的基因型数目将是一个巨大的天文数字。由此,不难理解,在有性生殖的生物中,除了同卵双生的兄弟(姐妹)外,每一个体在遗传上都是独特的。

一个群体全部基因的总和称为基因库。一个基因座上的不同等位基因在群体中的比较频率称为等位基因频率,常简称为基因频率。群体中各种等位基因频率构成群体的遗传结构。

理想群体的 Hardy-Weiberg 平衡

为了探讨群体遗传结构变化规律,我们先考察一下,在一个假设的排除了各种干扰因素的理想群体中,单凭有性过程中基因的随机分离和重组能不能使其遗传结构发生变化。所谓理想群体必须符合以下条件:① 群体足

够大;② 和同种其他群体完全隔离,彼此之间没有基因交流;③ 没有突变
发生;④ 交配是随机的;⑤ 没有自然选择。

我们来考察理想群体中一个基因座上的两个等位基因(A、a)动态。设
定第一代群体中等位基因 A 的频率为 0.9,a 的频率为 0.1。据此算出了下
一代基因型频率(表 12-1)。从第二代基因型频率可推算出等位基因 A 和 a
的频率(表 12-2)。

表 12-1 在理想群体中,由第一代基因频率推算第二代基因频率

配 子		卵 子	
		0.90A	0.10a
精子	0.90A	0.81A A	0.09a A
	0.10a	0.09A a	0.01a a

表 12-2 在理想群体中,从第二代基因型频率推算基因频率

基因型	基因型频率	等位基因频率	
		A	a
A A	0.81	0.81	—
A a	0.18	0.09	0.09
a a	0.01	—	0.01
合 计	1.00	0.90	0.10

从表 12-2 可以看出,下一代等位基因 A 和 a 的频率未变。用一个通俗
的比喻,有一副牌,经过彻底的洗牌,再发牌,每一个人手上的牌是各不相同
的。但就牌桌上的所有牌而言,各种不同花色的牌的比例不变。群体处于
这种状态,称为 Hardy-Weiberg 平衡。

五种因素导致群体遗传结构发生变化

孟德尔研究植物杂交问题时,一些比率如 3∶1 的得出都是以相当大的
样本量为基础的。研究群体中基因频率和基因型频率也是如此,样本量愈

大,基因频率的随机波动愈小;样本量愈小,基因频率的随机波动愈大。在一个小的群体中,由于抽样的随机误差所造成的群体中基因频率的随机波动,称为随机遗传漂变,这是影响群体遗传结构的第一个因素。1497 年以后,大量的欧洲人移民到澳洲。现在欧裔澳大利亚人 ABO 血型的频率和欧洲人很接近,他们大约都是 A 型占 42%,B 型占 9%,O 型占 46%。大约在 3 万年前,智人从亚洲经过白令陆桥,即今日的白令海峡,再穿过北美洲巨大冰原中的流冰走廊,最后到达南美的只能是少数人,他们所携带的基因只是原先亚洲智人群体中极少的一部分。正由于随机的取样误差,这少数迁移者的后裔,今日南美印第安原住民 ABO 血型的频率和亚洲人差别甚大。

在澳大利亚卡奔塔利亚海湾里,班廷克岛原来是和大陆相连的,由于海平面上升,该岛和大陆隔离。岛上的澳大利亚原住民成了一个隔离的群体。研究了岛上居民和陆地原住民的血型,发现差异很大。大陆居民 I^B 等位基因频率相对低,而 I^A 的相对高;岛上居民 I^B 频率相对高而没有 I^A。这种变异是由于遗传漂变造成的。有意义的是,在班廷克岛北边,有一个莫宁顿岛,同大陆的距离和班廷克岛相仿,岛上的原住民也形成一个相对隔离的群体,但由于它和大陆之间有若干个小岛作为"踏脚石",和大陆保持某种接触,岛上居民的血型没有表现出和大陆有巨大差别(图 12-9),这就关系到影响群体遗传结构的第二个因素,即基因流。单向的迁出,造成基因的流失;单向的迁入,引入外来基因;两个群体双向迁移,有使两个群体的遗传结构均一化的效果。

影响群体遗传结构的第三个因素是突变。基因的突变率是很低的,在一个大的群体中,不可能在短期内单靠突变而显著地改变基因频率。大多数突变是有害的。但在一个长的时间里,总会出现一些突变对生物体的存活和繁殖是中性的或有益的。中性突变借助遗传漂变随机地在群体中固定下来或者消失。有益的突变基因,将会借助自然选择,增大它在群体中的频率。

要维持一个群体的遗传平衡,交配必须是随机的,即一个雄性个体具有相同的机会和所有雌性个体进行交配,反之亦然。事实上,在大多数群体中交配往往是非随机的。在一些物种中,雄性与雌性均倾向于和自己具相似

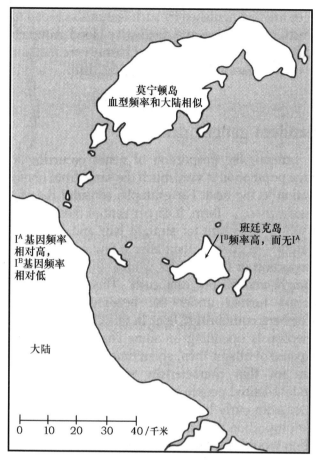

图 12-9　基因流对基因频率的影响（引自 Newton，1996）
澳大利亚某海湾里两个岛屿上原住民 ABO 血型频率和
大陆原住民的比较，说明基因流对群体基因频率的影响

表型性状的异性交配，例如，在人群中矮的男性倾向于和矮的女性婚配；高
的和高的婚配。在群体中，个体总是较多地和邻近的异性个体交配而不是
和距离远的成员交配，这种趋势助长了近亲交配。而近亲交配可以使杂合
的基因型减少，纯合的基因型频率增加。第十一讲讲到，在一些地区，由于
近亲婚配，使隐性单基因病发病率增加就是源于此。非随机交配是影响群

体遗传结构的第四个因素。

人们将群体遗传结构的变化称为微进化。自然选择是微进化的第五个,也是最重要的因素,我们将在下面几节中讨论它。

自然选择是有差别的存活和生殖

在群体中,具有有利变异的个体,不管这种有利性多么微小,该个体存活和繁殖的机会就大一些;反之,即使是最轻微的不利变异,也会使之失去一些生存和繁殖的机会。当然,这里所说的有利、不利是针对一定环境条件而言的。

椒花蛾是一种森林昆虫;其野生型的蛾子是灰色的,突变型是黑色的,这种变化是由一对等位基因所控制的。在没受工业污染影响的森林里,树干和岩石上长满灰色的地衣,灰色蛾子同灰色背景混同一体,常常能逃避鸟类的捕食。反之,黑色的椒花蛾在灰色的背景上凸显出来,容易被鸟类发现并被捕食。在 19 世纪英国工业革命之前,曼彻斯特地区的椒花蛾群体,灰色的野生型占绝对优势。后来工业污染使森林中大部分地衣消失,椒花蛾生活与栖息的树干和岩石呈现出深暗的颜色,情况发生了逆转。群体中黑色蛾子逐渐增加,到了 1900 年,群体几乎全由黑色突变型蛾子组成。这是人们收集到的第一个自然选择的实例(图 12-10)。

椒花蛾工业黑化的例子告诉我们,假如群体内存在不同基因型个体,而且不同基因型的表型性状影响了个体把它的基因传给后代的能力,不管有没有繁殖过剩和生存斗争,自然选择就发生了,并导致群体的基因频率和基因型频率发生变化。一种基因型或表现型个体将自己的基因传给后代的能力是由存活率和生殖力这两个基本因素所决定的。存活率即该基因型个体产下的后代生存达到生育年龄的概率;生殖力为基因型个体平均所能留下的后代数。存活率和生殖力任何一方出现变化都会影响个体将自己的基因留传到下一代的能力。因此,我们可以把自然选择定义为有差别的存活和生殖。

不同基因型或表现型个体在存活率和生殖力方面的差别,常常是程度

图 12-10　椒花蛾(引自 Starr,1996)

A. 石灰色背景上,黑色蛾子凸现出来；

B. 在黑色的背景上,白色蛾子凸现出来

上的差别,而很少是"要么存活,要么死亡"的差别。为了表述这种差别的程度,引出了"适合度"这个概念。适合度一般定义为一种基因型或表现型个体把它的基因传给下一代的能力。为了方便,通常使用的是相对适合度,将有最高适合度的基因型的相对适合度定为1,其他基因型的相对适合度将

是小于 1 的值,二者之差则为选择系数。例如,基因型 A 的世代间更迭率为 2.0,基因型 B 的更迭率为 1.5。基因型 A 的相对适合度为 1,基因型 B 的相对适合度则为 0.75,选择系数为 0.25。选择系数越大,后代群体的遗传结构改变得越快。

基因的多效性与选择压

自然选择通过对表现型的选择而实现对基因的选择。在一定条件下,一个等位基因在选择中具有的相对优势称为选择压。

许多基因有几个不同的表现型效应。它的某种效应可能是有利于其生存的,其选择压是正的;另外的效应可能是不利的,选择压是负的。这种基因的频率在以后世代是会增加还是会减少,取决于有利效应的正选择压之和是大于还是小于不利效应的负选择压之和,如果总的代数和仍然是正的就会增加,否则就会减少。

前面已经说过,镰刀形红细胞贫血症的基因为 Hb^S,正常的等位基因为 Hb^A。一个患有镰刀形贫血患者在性成熟之前死去,基因将不会再传给下一代,可以预测,经过若干代,Hb^S 频率将逐步下降,直到接近于从群体中消失。当然,我们应该估计到,假如 Hb^S 基因的突变率足够高,能够抵消由于患者死亡而造成的 Hb^S 的丢失,那么 Hb^S 将不会从群体中消失。研究表明,情况并非如此,从群体中丢失 Hb^S 的速率,比人类基因突变的平均速率要高 100 倍,因而 Hb^S 频率应该是很低的。然而,只有在像北美洲这样的地区,情况才是如此。

1954 年发现,在非洲南部、中东海湾地区、印度次大陆和东南亚某些地区,Hb^S 频率维持在较高的水平,而这些地区正是疟疾的高发地区。研究证明,镰刀形贫血病基因的携带者 $Hb^A \cdot Hb^S$ 较纯合的 $Hb^A \cdot Hb^A$ 对疟原虫有较大的抗性。在此,$Hb^S \cdot Hb^S$ 因镰刀形贫血病死去,$Hb^A \cdot Hb^A$ 的生存受到疟原虫的威胁,$Hb^A \cdot Hb^S$ 既不会因镰刀形贫血病而死亡,又对疟原虫有抗性,因而有明显的生存优势。Hb^A 基因和 Hb^S 基因二者都既有正的选择压也有负的选择压,二者综合,Hb^A 基因已不像在北美地区时那样,对 Hb^S 具有明显的优势,Hb^S 基因在这些地区,其频率不可能很快下降,甚至可能保持较高水平。

行为适应与自然选择

行为适应是人类最主要的适应方式。从古猿到人的进化过程中,一些新的体质特征的出现常常和人类某种特有的行为的形成和发展有关。例如,枕骨大孔前移,骨盆变得短而宽,足底有两个足弓,大脚趾不能和其他脚趾相对,内耳三个半规管直径发生变化等都和直立行走的形成和发展有关。

拉马克曾经用器官的"用与不用"和获得性遗传的结合来说明动物的进化,特别是行为的适应性进化是如何发生的。这个理论实际上包含着两个部分:其一是讲动物行为的变化在生物进化中所起的作用;其二是这种作用是通过什么机制实现的。

现代进化理论认为,行为的变化确实是生物进化的重要因素,常常起到一个"先导者"的作用,这一点同拉马克是一致的。但拉马克对它所做的获得性遗传的解释已经过时。迈尔(E. Mayer)对此做了不同于拉马克的解释:行为的变化产生了新的选择压,在它的推动下出现新的结构。在拉马克那里,行为的变化通过生理作用直接引起体质的进化性变化;在现代进化论中,行为的变化通过自然选择发生作用。

任何一种行为都是以一定的体质特征为基础。然而身体的结构、功能和行为之间并不是一对一的关系。一种结构总是有一个主要功能同某种行为有关,它体现了特定的选择效应。除此之外,它还可能有次要功能,可以实现另一种行为,它是选择的副产品。人和猿的手都能做两种抓握:用指和掌相对来抓握物体,叫做力量型抓握;用大拇指指尖和其他指的指尖相对来抓握,则谓灵巧型抓握。猿主要用手来攀援树木或者在树枝间臂行,用的都是力量型抓握。与此相适应,猿手指比较长,指骨是弯曲的,指尖比较狭窄。猿也能进行灵巧型抓握。人和猿大拇指的掌腕关节都是马鞍形的结构,都能运动到其他指的对面,但猿的大拇指是简缩的,猿的灵巧型抓握远没有人的那样灵活和精确。人也能做力量型抓握,但已经不如猿那么重要,对人的生存至关重要的是用灵巧型抓握去精确地操纵工具。人的手似乎是专门为此"打造"的。人的手短而宽,指骨不再弯曲,指端比较宽。特别重要的是有一个发育良好的大拇指(图 12-11)。

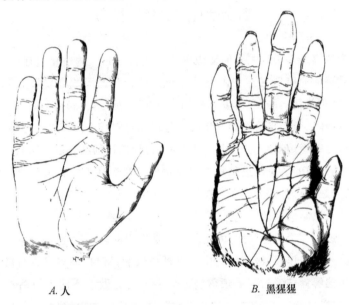

A. 人　　　　　　　　　　　　　　　　　　B. 黑猩猩

图 12-11　人与黑猩猩手的比较(引自 Stein,1996)

人的大拇指发育良好,而黑猩猩的大拇指是简缩的

　　当人类祖先从树上走下来,力量型抓握对生存的重要性下降了;当他们愈来愈多地采用较复杂的工具行为谋生时,灵巧抓握日益显得重要。例如,他们用石刀切开兽皮获取皮下的红肉;他们用石刀把一段木棍削尖,去挖掘地下根茎;等等,都需要借助灵巧型抓握去精确地操作工具。他们不可能等待大拇指变得粗壮以后再从事这种营生。开始时,他们只好因陋就简地用简缩的大拇指去完成这一切。尽管这样做是笨拙的、费劲的,仅仅是勉强可行的。在这种条件下,哪怕大拇指稍微粗壮一点,其他指稍微短一点,大拇指尖和其他指的指尖的距离稍微近一点,指尖稍微宽一点,都会

有利于提高灵巧型抓握的效率。由于用灵巧型抓握操作工具已经成为古人类一个重要的谋生手段，这些有利性状被保存下来。经过连续世代的选择，猿手被改塑成为人手。

亲缘选择和动物的社会行为

一种基因型或表现型个体将自己的基因传递给后代的能力称为适合度。一个个体可以通过两条途径来影响自身的适合度。它可以通过产生自己的后代做到这一点，由此而形成的适合度称为个体适合度。此外，个体帮助与它有亲缘关系的其他个体生存或抚育子女，由于它们之间存在着来源于共同祖先的相同基因，也会使这些相同基因在下一代增多。因此，亲缘关系密切的个体之间的利它或互利行为，也会作为一种有利性状，在选择中保留下来，这就是亲缘选择。个体适合度和亲缘选择所贡献的适合度加在一起就是个体的广义适合度。广义适合度愈高，有关行为基因传递的机会也愈大。

亲缘选择和广义适合度的概念对解释灵长类动物的某些社会行为是有意义的。黑猩猩是一种多雄多雌的群居动物，在黑猩猩的社群中，雄性黑猩猩有归家冲动，它总是留在出生的社群里，而雌性则迁移到另一个群。因而，在社群中，雄性黑猩猩之间存在比较密切的亲缘关系，它们是兄弟或者是堂兄弟，形成一个亲属群，它们之间能互相帮助，有比较强的凝聚力。它们可以很默契地协作狩猎，捕获小的动物，在抓到猎物后，能有序地进行食物分配，很少发生争夺。在繁殖期，雄性个体之间也有竞争但是并不激烈，甚至表现出明显的忍耐，曾经有观察者看到七只雄猩猩平静地等待着依次和雌性黑猩猩交配。性选择所导致的"性二型"现象在黑猩猩中不是很显著，雄性个体仅仅比雌性大 15%～20%。在社群中，成年雌性黑猩猩来自其他不同的社群，它们之间没有密切的亲缘关系，凝聚力比较低，雌性黑猩猩常常独自在领地内寻食，仅仅与它未成年的幼崽为伴。

在蜜蜂、蚂蚁、白蚁等社会性昆虫中，不育的雌虫（工蜂、工蚁、兵蚁）自己不产卵繁殖，但却全力以赴帮助母亲（蜂王和蚁王）喂养自己的同胞兄弟姐妹。这种利他行为的进化无法用个体适合度来解释,但可以用亲缘选择和广义适合度来解释。这是亲缘选择的一个典型例子。

物种形成与种系发生

物种及其形成

进化生物学家根据有性生殖生物的遗传学特征给出了这样一个有关物种的定义:物种是互交繁殖的自然群体,一个物种和其他物种在生殖上相互隔离。人类是有性生殖的生物,这个定义对人类是完全适合的。根据这个定义,生殖隔离是有性生殖物种之间的一条明确界限。可惜它不能应用到所有情况,当我们对地层中的化石古人类进行分类时,就无法使用这条标准,我们只有依据化石形态的差异来鉴别是否属于同一物种。

动物的物种一般是在地理隔离条件下形成的,称为异地物种形成。北大西洋中的帕托桑托岛上原来没有兔子,15 世纪时,有人将一窝欧洲家兔释放到岛上。到了 19 世纪,人们惊奇地发现,岛上兔子的个头和习性已经和欧洲兔子大不一样,它和欧洲兔子交配,已经不能产生后代。因此,经过 400 年,迁徙到帕托桑托岛的兔子群体,不仅发生显著的变异,而且成为新的物种。这是异地物种形成的一个著名例子。

当一部分个体离开它的亲本家系,迁移到一个新的环境,河流、海洋、峡谷、山脉等地理屏障使它们和原来群体隔离。这个小的分离的群体在新的环境条件下,基因型或表现型的适合度、基因的选择压等均会发生改变。由于自然选择、遗传漂变、突变等因素的综合作用,基因库发生变化,形成自己独特的基因库。分离的群体形成了可以与亲本群体区分开来的衍生性状特征,当它们的个体再度和亲本群体相遇而不能互交生育时,一个新的物种就形成了(图 12-12)。

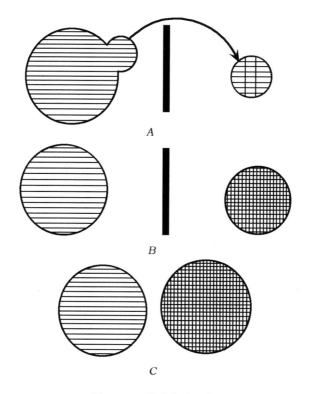

图 12-12　异地物种形成

A. 一部分个体越过地理屏障迁移到新的环境，由于基因的漂变形成一个
分离的群体；*B.* 在和亲本群体隔离的条件下，分离群体基因库发生变化；
C. 当分离群体和亲本群体再度相遇，已经不能互交繁殖，新的物种形成

进化速率与间断模式

上述异地物种形成过程，新、老物种之间的差异，主要由于自然选择的
作用，使原本轻微的变异积累而成显著的差异，然后经过许多世代，逐步地
形成的。因此，它也是一种渐进的物种形成。

20 世纪 70 年代，埃尔德雷奇（N. Eldredge）和古尔德（S. Gould）指出，

在化石记录中很少能见到物种渐进变化过程。根据他们提出的间断平衡模型,新的物种是跳跃式出现的。新种一旦形成,在它存在的上百万年时间里,并没有出现显著变化,处于表现型平衡状态,直到另一次物种形成的突然出现。

物种到底是渐进式还是跳跃式出现的? 这个问题在生物学家中曾引起激烈的争论。现在争论已经逐渐平息下来,一些进化生物学家认为,这里存在一个用什么时间尺度来衡量的问题。

人们在讨论异地物种形成问题时,使用的是以代为单位的生物学时间。形成一个新的物种需要的时间少则几百年,多则几千年到上万年,如上述帕托桑托岛上兔子新种的形成只用了400年。对于化石记录而言,适用的是地质时间尺度。让我们设想一下,一个成功的物种存在500万年,而物种形成是第一个1万~5万内完成的。物种形成时间仅仅占物种全部历史的1%,相对于长达数百万年的物种历史,新种者看来是在"短暂"的时间里突然出现的,在间断模式中可以包含生物学尺度上的渐进变化过程。

由于不同基因发生突变所产生表现型变化不同,在相同条件下不同基因的选择压不同,在许多物种中,有些性状是突然出现的,另一些性状可能是渐进的;有的性状的进化是快速的,有的则是缓慢的。

单线进化与分支进化

后裔种是由祖先种演化而来,这些有亲缘关系的种联系起来成为一个谱系。一个谱系可能有分支,也可能没有分支。由原有的物种演变成新种就有了两种可能:一种可能的方式是,物种沿着没有分支的谱系演变成另一个新种。物种好比是梯形谱系上的一级,所形成的种是一种时间种。这种种系发生方式演化称之为单线进化。另一种可能是,新种以分支形式从原有物种产生出来,一个祖先种可以演化成若干个后裔种,这叫作分支进化。

现代人在没有其他人亚科成员的生存竞争条件下独自在地球上生活了4万年左右。20世纪50~60年代出现了一种思想流派,他们认为,地球上没有可供一种以上孕育文化的人亚科成员生存的生态空间,一段时间内只能有一种人亚科成员存在。在这种单一物种假说的影响下,在人亚科的系统树上,只有一个分支通向粗壮南猿,其他化石人类都处在人亚科的主干上,它们各自代表着从古猿到智人的某一时段,人类学家们的这种主张是和单线进化的模式相一致的(图12-13)。

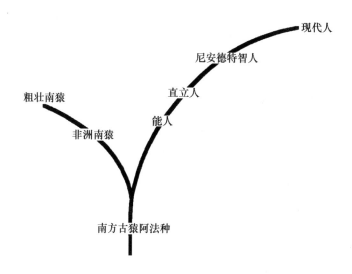

图 12-13　按单一物种假说绘制的人亚科系统树

20 世纪 70 年代后期在肯尼亚北部发现的无可辩驳的化石证据证明,在 180 万年前,图尔卡纳湖畔同时有四种不同的人亚科成员生活在这里(详见本书第十四讲)。人们开始摒弃单一物种假说和单线进化模式,而采用分支进化模式。这件事对于人们如何认识人类进化史产生了深刻影响(图12-14)。

一个祖先种由于适应多种不同的环境而分成多个在形态、生理和行为上不相同的后裔种,形成一个同源的、辐射状的谱系,即适应辐射。

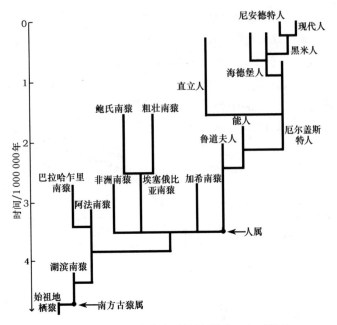

图 12-14　人亚科多分支系统树（仿 Lewin，2004）

进化趋势与镶嵌进化

在种系发生过程中，化石记录常常显示出某种进化趋势。例如，在人属进化中，脑量越来越大而牙齿却愈来愈小（详见本书第十四讲），这种进化趋势是如何产生的呢？

图 12-15 表示一个谱系身体或某种器官的大小变化趋势的形成过程。分支树的每一条横线代表新的物种从亲代物种进化出来，横线的长短表示新物种比老物种身体或某种器官大多少（向右分支）或者少多少（向左分支）；竖线代表一个物种存在的时段，其盲端代表物种灭绝。自然选择是有方向的，但这仅仅是对当时环境而言的，并不存在什么预定的目标。一个群体，每一个世代都可能面临新的选择、新的机遇和新的挑战。不同的群体由于所处环境不同，经受的选择压不同，可能形成不同的新物种。新物种的身体或器官比亲本物种可能增大（向右）也可能变小（向左）。

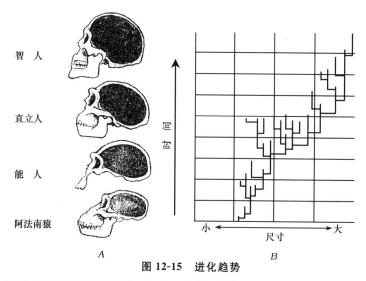

图 12-15　进化趋势

A. 人亚科脑量的进化趋势；*B.* 由于物种不均等生存而产生的进化趋势模型

假如在一个相当长的时期里，环境条件有一个相对稳定的趋势性变化，向一个方向进化的物种灭绝的概率大于另一个方向的物种。例如，向左进化的物种灭绝的概率比向右的要大，大部分向左的物种灭绝了，同时却不断向右分出新的物种，从而总的趋势是朝向右边的，即身体和某些器官不断增大。由此可见，在一个谱系中，不同物种之间存在不均等的存活，就能产生进化趋势。如果存活机会是相等的，物种形成是不均等的，例如，向左没有或很少有新物种形成，向右则层出不穷地产生新物种，这种不均等的物种形成也会形成进化趋势。谱系演变也在总体上显现身体或其器官越来越大的趋势。

在一个物种谱系中，不同性状并不是按同样的趋势、同样的速度演化的。在从古猿到人的进化过程中，现代人的各种特征不是同时起源的，而是渐次出现的。在进化中途的某些物种，他们的某些性状是似猿的，某些性状是似人的，这种进化形式叫作镶嵌进化。例如，南方古猿能两足行走，像人；脑量小，像猿。在它的身上既有适应二足行走的性状，也保留有适应攀援树木的性状。现在古人类学家公认南方古猿是人和猿之间的"缺环"，这是一个很好的镶嵌进化的例子。

然而,在人们探索人类起源的早期,人类学家常常认为人类进化一开始就在某种程度上具有了多种人的特征,如两足行走、增大的脑子、小的颊齿等。在他们看来,如果南方古猿正处于从古猿到人的中途,它的各种性状都应该处于人和猿的性状的中间状态。他们努力寻找"缺环",当真正的"缺环"呈现于眼前时,却不予承认。

种系发生与支序分析

传统分类学的目标是对生物进行识别、鉴定、描述、命名、归类并建立一个易于检索的系统,这种生物分类同商品分类之间没有什么本质的不同。进化论给分类学带来了新的思想,生物分类的目标也变成综合运用生物学和化石记录等方面的材料,建立一个能够反映生物类群进化历史及亲缘关系的分类系统,即种系发生系统。支序分类学就是一个以建立种系发生系统为目标的分类学。

支序分类学主张,新种是以分支发生的方式从既存的物种中产生的。在新种形成过程中,伴随着基因库遗传结构的变化,必然会产生性状分歧,使新种具有了某些它的祖先物种所没有的、新衍生出来的性状特征。经过多次分支,从一个共同的祖先物种传代下来若干个物种,组成一个进化枝。我们将来自较远的祖先物种的性状特征称为祖征;一个物种或者一个进化枝分支形成时产生的新的性状特征,称为衍征;仅仅为一个物种所具有的衍征,称为独征;为两个或多个物种所共有的衍征,称为共衍征。衍征的出现代表着一个新的分支点的产生。根据这些观点,支序分类学建立起一套构建种系发生系统的分析方法,即支序分析方法。

我们以人、黑猩猩、猕猴、狒狒和叶猴为分析对象来介绍支序分析的方法(表12-3,图12-16)。这五个物种同属于灵长目类人猿亚目狭鼻猴下目。作为狭鼻猴下目的物种,它们有两个共衍征:它们的外鼻进一步简化,两个鼻孔之间只有一个很窄的鼻中隔;它们的牙齿比其他的类人猿少一个前磨牙(参见本书第十三讲),它们是一个很自然的进化枝。我们现在的任务是在这一个大的进化枝中如何进一步地分支。

表 12-3　五种灵长类动物的支序分析(引自 Jolly,1995)

性 状	人	黑猩猩	狒狒	猕猴	叶猴	祖先状态
❶ 尾	缺	缺	有	有	有	有
❷ 下磨牙	5	5	4	4	4	5
❸ 胸廓形状	宽	宽	窄深	窄深	窄深	窄深
❹ 颊囊	缺	缺	有	有	缺	缺
❺ 骨盆	短宽	长窄	长窄	长窄	长窄	长窄

对这五个物种进行支序分析的第一步是列出它们之间互有差异的性状。只要是比较可靠的解剖学的、行为的、分子结构的、化石记录方面的材料都可以使用。这里,为了简单明了地说明问题,仅仅使用了五个容易观察到的解剖性状,并已列入表 12-3 中。在表中所列的每个性状,正好都各有两种状态。例如"尾"这个性状,有"有"和"缺"两种状态。

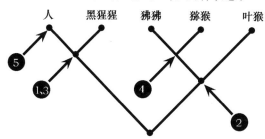

图 12-16　根据表 12-3 绘制的五种灵长类动物的分支图(引自 Jolly,1995)
图中分支点上所注数字即为表 12-3 中所列性状序号

第二步是判定哪一种状态是祖征,哪一种状态是衍征。在支序分析中,常常参照外群做到这一点。所谓外群是分类对象以外,但与分类对象有一定亲缘关系的物种。在这里,我们可以选狐猴作为外群,狐猴和五个分类对象同属灵长目,但它不属于类人猿亚目,而属于原猴亚目。原猴化石出现的时间比类人猿要早得多(参见本书第十三讲)。狐猴是有尾的,因而可以确定有尾是祖征,无尾是衍征。

第三步是寻找哪几个物种具有共衍征,它们构成一个分支。在有待分析的五个物种中,狒狒、猕猴、叶猴有一个共衍征:下面磨牙的齿尖是四个而不是五个。这个共衍征把它们连接起来形成了一个进化枝。这三个物种有一个共同的分支点,代表他们最后的共同祖先。在狒狒—猕猴—叶猴的进化枝中,狒狒和猕猴之间有一个共衍征:有颊囊,又把狒狒和猕猴连接成较小的进化枝,而和叶猴分开,狒狒—猕猴和叶猴互为姐妹群。同理,人和黑猩猩的两个共衍征:无尾和有宽的胸廓,把它们连接成一个进化枝。骨盆短而宽是人的独征。这个独征把人和黑猩猩分开,除此之外不可能提供其他有用的信息。

祖征和衍征的概念是相对的,在上述五个物种的支序分析中无尾是一种衍征,而在包括人、黑猩猩、大猩猩、猩猩等物种的支序分析中,无尾就是祖征。独征和共衍征也是相对的,在上述五个物种的支序分析中骨盆短而宽是人的独征,如果将能人、直立人、尼安德特人等化石物种也列入其中成为分类对象,短而宽的骨盆就成为智人(现代人)、能人、直立人、尼安德特人等物种的共衍征。

20世纪60年代,支序分类学的诞生是分类学的一次革命,也是达尔文的共同由来学说的一个重大胜利。

种系发生与分子生物学

物种之间的进化关系不仅表现在解剖学、行为学、胚胎学性状的异同上,而且在基因(DNA)和基因产物(蛋白质)上留下痕迹,如果两个物种的基因组非常相似,有许多相同的或相似的序列,那么这些序列必然来自共同祖先。现在已经知道,在构成人类和黑猩猩基因组的大约30亿个碱基对中,只有4000万个有区别,大部分是单一碱基的差异,也有些DNA序列是人类有而黑猩猩没有,或者是黑猩猩有而人类没有的,而所有这些差异加在一起只占总基因组的4%。这些材料说明人与黑猩猩有着非常接近的亲缘关系。

同样,如果几个物种的某种具有相同功能的蛋白质,其组成的氨基酸有几个发生替换,或者为它编码的基因有几个核苷酸发生替换,其他的完全相同,也可以肯定它们有共同的由来,替换的核苷酸愈少,其亲缘关系愈近。

例如,对人和多种灵长类动物编码碳酸酐酶的 DNA 进行了测序和比较,以人为标准,黑猩猩置换的核苷酸数为 1,猩猩为 4,猕猴为 6,狒狒为 7,人类与这些灵长类动物之间的亲缘关系和遗传距离在这里清晰可见。这些结果和根据解剖学、行为学、胚胎学等方面获得的材料是一致的。

近年来,分子生物学的资料对人猿超科的分类产生巨大影响。传统上,人猿超科分为三个科:长臂猿科、大猿科和人科,其中大猿科包括猩猩、大猩猩、黑猩猩等物种,现代人(即智人)独立成为一科。然而,分子生物学的材料表明,人和黑猩猩的进化连接很紧密,人和大猩猩的进化连接稍微远一些,而人和猩猩的进化连接就相对地远得多。20 世纪 90 年代以来灵长类分类学家将猩猩放进大猿科(似乎译为猩猩科更为恰当),而将非洲猿即大猩猩、黑猩猩和人一起放进了人科。

表12-4显示人与几种非人灵长类动物在一组蛋白质中不同氨基酸所占的百分数。人和黑猩猩、大猩猩之间不同氨基酸所占比例不到 1%。而人和猩猩之间不同氨基酸所占比例为 2.74%,显然比人同非洲猿之间差异要大。

表12-4　人与非人灵长类动物的氨基酸距离

灵长类动物	氨基酸距离[a]
黑猩猩	0.27
大猩猩	0.65
猩猩	2.78
长臂猿	2.38
猕猴[b]	3.89
长尾猴[b]	3.65
松鼠猴[c]	8.78
蜘蛛猴[c]	6.31
僧帽猴[c]	7.56
瘦猴[d]	11.36

注:a. 指的是人与非人灵长类动物之间一组蛋白质中的不同氨基酸所占的百分数;

　　b. 旧世界猴;

　　c. 新世界猴;

　　d. 原猴。

第十三讲

灵长类的进化

    达尔文将进化称为"有饰变的传代"。自然选择使原有的物种结构和功能按照适应新的环境的方向进行修改重塑，形成新的物种。任何新的结构都是在原有结构基础上变化而来，并非在一张白纸上作画，它必然受原有结构的制约。同时,任何一个物种都必须具有一定的继续变化的潜能,通过可传代的变异去适应改变了的环境,否则就会走进进化的死胡同,走向灭绝。

人是灵长类的一员,要了解人类的进化,必须了解灵长类及其进化。

灵长类的特征

灵长类的骨骼

灵长类是一种树栖的哺乳动物,它的许多特征和树栖生活密切有关。

作为一种树栖动物,灵长类要在森林树冠的三维空间中活动,无论是攀援、悬挂乃至臂行都必须有强有力的抓握能力。灵长类动物的指(趾)骨有较大的活动性,指(趾)较长,指(趾)骨分为两个或三个指(趾)节,适于抓握。在进化过程中,当大拇指的运动轴和其他指的运动轴的轴方向不同时,大拇指就可能和其他指相对,使抓握变得更加灵巧,这种能力在人类得到充分的发展。

灵长类前肢的活动度在进化中得到增强。在其他许多哺乳动物中,锁骨减弱甚至消失了,而灵长类则保有相对发达的锁骨。有了锁骨的支撑,肩关节位于体侧并指向外侧,从而使前肢可以在多个方向上转动。灵长类前臂的桡骨和尺骨是分离的。尺骨上端粗、下端细,其上端和肱骨头构成肘关节;桡骨上端细、下端粗,其下端和腕骨构成腕关节。桡骨可以在尺骨上转动,使前臂有很大的灵活性。这些都有利于在树冠三维空间中运动(图13-1)。在人类的劳动和工具行为中,上肢高度的活动度与灵活性发挥了重要作用。

在现存灵长类中,臂行者腰部变短,躯体重心上移。臂行时,缩短的躯干好像一个摆,可以用双腿来控制身体的摆动。伸腿,摆动变慢;屈腿,摆动加快。人类的腰椎数目相对减少,也表示其祖先有过臂行的历史。树栖的灵长类动物在许多场合,如向上攀援、蹲坐于树杈上时,躯干处于相对垂直的状态。哺乳动物的颅骨上有一个枕骨大孔,颅骨在此与脊椎相连,并让脊髓通过。和其他哺乳动物相比,灵长类动物的枕骨大孔有朝颅底中央前移的趋势,到了人类,枕骨大孔处于颅底正中央。在进化中,颅骨上下延长,前后缩短。

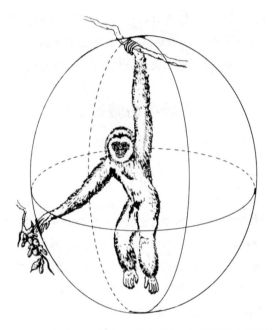

图 13-1　长臂猿一手抓握住树枝,用另一只手摘取食物的活动范围

(仿 Jolly,1995)

图示长臂猿活动于树冠的三维空间,上肢具高度灵活性

灵长类的感官

灵长类生活在树上,它们不仅要关注前后、左右维度的空间,而且要关注上下维度的空间。眼睛成了最重要的感觉器官,灵长类的眼睛越来越移向面部前方,两眼视野重叠,产生立体视觉。视网膜的分辨能力和感受颜色的能力也更为精细和敏锐,大大增强了从视觉获取外界信息的能力。

在树栖生活中,嗅觉变得不那么重要,逐渐弱化。在低等灵长类,如狐猴和瘦猴中,仍保持湿的外鼻。在猴和猿中外鼻是干的,其尺寸也变小了。

灵长类用来检验物体的性质,如检验一下果实是否成熟了或者是否已经开始变质,主要不是用嗅觉而是用触觉。在灵长类的手和脚上,指(趾)甲代替了爪子。爪子的横切面呈半圆形,带有锐利的尖端,这是一种有用的武器,也有利于附着在树枝上。灵长类失去爪子也就失去一个利器,但它从另一方面得到补偿。指甲的好处在于指端的腹面有一个敏感的触觉表面,可以用触觉去感知物体,并且十分有利于抓握。一般哺乳动物总是首先用口、鼻部伸向食物或其他物体,用嗅觉去感受它,而灵长类则首先是将手伸向食物,用触觉去感受它。

灵长类的牙齿

哺乳动物一般都有四种功能不同的牙齿:切牙、尖牙、前磨牙、磨牙。最早的哺乳动物的齿式为 3∶1∶4∶3,共有牙齿 44[即(3+1+4+3)×4]枚。在灵长类动物的进化中,除极少数之外,牙齿的类型并没有丧失,但数目有所减少。大多数原猴的齿式为 2∶1∶3∶3;新世界猴也是如此;旧世界猴牙齿进一步减少,齿式为 2∶1∶2∶3。在现代人中,许多人一辈子没有第三磨牙(智齿)。

在进化过程中,切牙的形态变化较小,尖牙却有较显著变化。灵长类的尖牙通常呈圆锥形,有尖头,突出牙列,状似匕首。上尖牙的前缘和下尖牙的后缘形成一个切割复合体;上尖牙的后缘和下第一磨牙的前缘也形成一个切割体。这种尖牙切割复合体将食物切割,以便前磨牙和磨牙做进一步的研磨。发生战斗时,雄性的狒狒、猿等灵长类动物就向敌人亮出可怕的尖牙,以此来吓唬敌人,这就是我们通常所说的"青面獠牙"。只有当吓唬不成功时,才用尖牙搏斗,咬伤对方。许多非人灵长类动物的尖牙有明显的性别差别,雌性的尖牙较小,稍稍突出牙列,而雄性则大得多,状如匕首。人的尖牙已切牙化,通常不突出牙列,磨耗只限于顶部而不是后缘。

灵长类前磨牙的进化趋势是减少牙的数目,而增加每个牙的齿尖的数目,磨牙也主要是增加了齿尖数目。总的说来,前磨牙和磨牙保持了类型上的稳定性,这说明研磨和压碎食物始终是重要的。那些植食性强的灵长类动物,磨牙相应地增大。

子代抚育期的延长

灵长类对树栖的另一个显著的适应是雌性减少了生产的次数和每次产下幼仔的数目,如果像其他哺乳动物那样一次产下大量幼仔,将无法在树冠空间生存。在灵长类的进化中,胎盘的效率逐渐增大,增强了供给胎儿营养的能力。出生后,幼仔得到亲代的悉心照顾,因而能更好地生存下来。

在灵长类进化过程中,怀孕期、幼年期、成年期逐渐延长,生产间隔的时间也延长了(图 13-2)。原猴一般是隔年一产,狒狒二至三年一产,黑猩猩四至五年一产,这为幼仔创造了更好的学习机会。

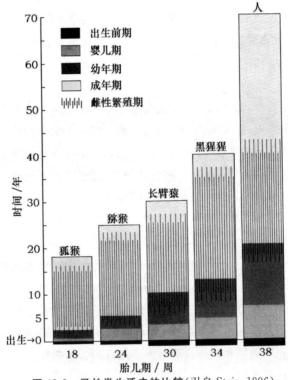

图 13-2　灵长类生活史的比较(引自 Stein,1996)

灵长类的脑与社会智力

在进化过程中,灵长类动物脑的相对大小呈增长趋势。人类学家用脑商(EQ)来表示脑的相对大小。由于脑的大小和身体大小(体重)有严格的相关关系,以灵长类共同祖先的脑量作为基准,推算出不同体重条件下脑量大小的预期值,再将有关物种的脑量与之比较,即为该物种的脑商。例如,猕猴的脑商为 2.09,就是说,猕猴的脑量为灵长类共同祖先在体重相等条件下脑量的 2.09 倍。灵长类脑的相对大小,可以分为三个主要级别:原猴和眼镜猴有相对小的脑,如眼镜猴的脑商为 1.29;猴和猿有较大的脑,如黑猩猩的脑商为 2.1;而人的脑最大,脑商超过 5。在人与其他灵长类之间有着巨大的差别。

在非人灵长类动物智力的研究中,人类学家发现这样一个悖论:实验室的试验不容置疑地证明,猴和猿是非常聪明的。然而野外的研究却表明这些生物的日常生活,至少是在生存方面,并不需要很高智力。

答案可能在灵长类的社会生活方面。表面上看,灵长类的社会群体,其大小和组成并没有什么特别的地方,大体上和羚羊群体相当,而在它的群体内部的个体之间,其相互作用却远比其他哺乳动物复杂。

你去观察其他哺乳动物的社会生活,看到两只个体在争斗,你能很容易地预测谁会取胜:块头大的,或者有大的尖牙,或者有长的角的个体,总之,是体格强壮并有合适的、用于战斗的装备的个体会取得胜利。但是在灵长类动物中,情况并非如此。猴和猿的个体会花一些时间去和其他个体形成结盟的关系,构建起"友好"的网络,同时它关注着其他成员的结盟关系。假如一个体向另一个体的挑战是及时的,在身边获得了盟友的援助,那么,体质弱的个体有可能战胜体质强的个体。

和两只动物一对一的格斗相比,结盟是复杂得多的社会的相互作用,为此,需要获得的信息以及传递信息的能力非常巨大。它必须知道谁与谁结盟,谁可能帮助对手,它要能预测到自己的行为可能引起的后果,并且能充分认识到其他成员可能的欺诈行为以及其他难以捉摸的动机。因此灵长类群体内相互作用的复杂性和其他动物比呈几何级数,而不是算术级数增长。灵长类个体为了寻求它们自己的最大利益以及它们至亲的利益,常常破掉现存的结盟并建立新的结盟。社群的成员总是处于不断变化的结盟格局之中,它们着迷于结盟和谋略。

一个谱系一旦跨出用社会结盟来保证其生殖成功这一步,它就置身于二者相互促进、相互依存的作用之中,呈网状展开的社会结构和相互作用成为推动智力增长的强有力的选择压力。

灵长类的分类

我们通常所说的灵长类是目这个阶元的分类群。在灵长目下面分为两个亚目:原猴亚目和类人猿亚目(图 13-3~13-5)。

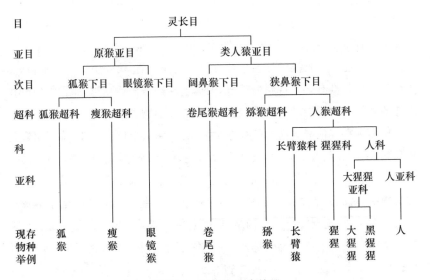

图 13-3 灵长类分类简图

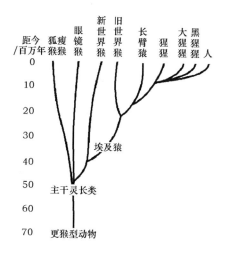

图 13-4　灵长类的系统树

图 13-5　几种灵长目动物

A. 狐猴；*B.* 眼镜猴；*C.* 卷尾猴；*D.* 疣猴；*E.* 金丝猴；*F.* 狒狒

原 猴 亚 目

原猴亚目通常被称为低等灵长类。在一般意义上,原猴类是类人猿的祖先,当然不是说现存的原猴是现存的类人猿的祖先,而是说 3000 万～4000 万年前,最早的类人猿是从某种原猴祖先进化而来。

原猴类的脑一般比类人猿的小,而鼻子比较大,它们的生殖系统不是很有效,手的操作能力较小。原猴亚目下面又分为两个下目,即狐猴下目和眼镜猴下目。

狐猴下目是一个比较自然的分类群。它有一个湿的外鼻,表明有比较好的嗅觉,这是灵长类的共同祖先及其他哺乳动物共有的特征。它下颌前部的牙齿——切牙和尖牙,大小和形状相似,排列整齐,好像一把梳子可用来修饰皮毛。狐猴下目有两个超科:狐猴超科,包括马达加斯加岛上的许多狐猴;瘦猴超科,包括分布于非洲和亚洲的瘦猴和丛婴猴。

眼镜猴生活在印度尼西亚婆罗洲和菲律宾一带。它有一些性状和狐猴相似,如有相对小的脑子、大而能活动的耳朵;有些性状和类人猿相似,如它的外鼻是干的,眼眶朝前,吻短。

类人猿亚目

和原猴不同,类人猿动物有一个相对大的脑子,相对扁平的脸,眼睛位于面部,形成立体视觉,眶后有完全的隔膜,外鼻是干的,耳朵位于头的两侧,已不能运动。有更为完善的雌性生殖系统。有一双能灵活操作的手。

类人猿亚目分为两个下目,即阔鼻猴下目和狭鼻猴下目。这两个名字是因鼻子形状的不同而起的,阔鼻猴的鼻子扁平,鼻孔相距较远。它的齿式是 2∶1∶3∶3(每一颌骨的一边上有两个切牙、一个尖牙、三个前磨牙、三个磨牙)。而狭鼻猴的鼻孔是朝下的,两个鼻孔仅仅被一个窄的鼻中隔分开,齿式是 2∶1∶2∶3,比阔鼻猴少一个前磨牙(图 13-6)。

阔鼻猴下目仅有一个超科,即卷尾猴超科。由于它们是在美洲发现

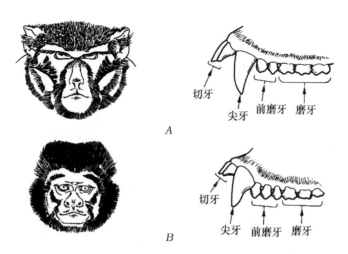

图 13-6　狭鼻猴与阔鼻猴的比较（引自 Newton，1996）

A. 狭鼻猴的面部及牙列；*B.* 阔鼻猴的面部及牙列

的，而这个地区曾被称为"新世界"，所以卷尾猴超科又称为新世界猴，这些猴全部是树栖的，它们全是四足行走，常常具有一条能卷曲的尾，可以利用尾卷在树木的枝干上将自身吊起来或者在其间游荡，还可以抓住食物。

狭鼻猴下目有两个超科，即猕猴超科和人猿超科。猕猴超科广泛分布于非洲和亚洲，这个地区曾被称为"旧世界"，故又称为旧世界猴，包括专门以树叶为食的疣猴科和杂食的猕猴科。猕猴超科分布于各种不同的生境中，从山地森林（如金丝猴）到稀树草原（如狒狒），一般都倾向于习惯性的四足行走。多数有颊囊，用于暂时储存食物；有臀胝，这是尾部两侧皮肤变得坚硬的部分，它是长时间舒适地坐在那里形成的。

猿和人一起形成人猿超科（图13-7）。它们一个容易识别的主要特征是没有外尾。现今生活的猿有四个主要类群，即长臂猿、亚洲的猩猩、非洲的大猩猩和黑猩猩。

人 猿 超 科

有关人猿超科的分类，近年来发生了一次较大的变化。如图 13-8 所

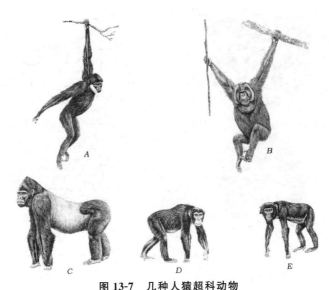

图 13-7　几种人猿超科动物

A. 长臂猿；*B.* 猩猩；*C.* 大猩猩；*D.* 黑猩猩；*E.* 倭黑猩猩

示，传统的分类模式，强调适应性状，把非洲大猿和亚洲大猿放进一个科，即大猿科(Pongidae)(其实翻译成猩猩科可能更为恰当)；人独自占据一科，即人科。此外，长臂猿独自占据一科，即长臂猿科。直到不久之前，这个分类依然被认为反映了人猿超科的进化历史。新近分类按支序分类学的观点，特别是基于分子遗传学证据，将人和非洲猿放到人科。在人科中，人被分到人亚科。它有一个更一般的名称，人族(Hominin)。黑猩猩和大猩猩被分到大猩猩亚科。长臂猿和猩猩有各自的科。

　　长臂猿科仅有一个属，即长臂猿属，共六个物种。这是一种小的、活跃的林栖动物，分布于东南亚及我国南方的热带雨林中。它的四肢，特别是又长又细的前肢，对于悬挂运动是高度特化的。它可以用四肢去攀援，然而，由于前肢太长，几乎不能够在平坦的地面上用四肢行走。在水平的树枝上，它能用两足直立行走，同时展开它的长臂，像走钢索艺人手中的平衡棍。

　　猩猩科仅一属一种。猩猩是唯一发现于亚洲的大猿，曾经广泛地分布于整个东南亚，现在仅仅存在于苏门答腊和婆罗洲。有浅红色的毛，以果实和树叶为食，它的上、下颌能嗑开坚果的硬壳，这是它周边森林中的小型猴和长臂猿所不能做到的。猩猩的食物发现于树梢，所以猩猩，特别是那些小的、体轻的雌性和年幼的个体，很少下到地面。它的下肢可以和上肢一样用以悬挂，因此，被称为四手猿。

人科包括大猩猩、黑猩猩和人。黑猩猩有两种，即普通黑猩猩和倭黑猩猩。

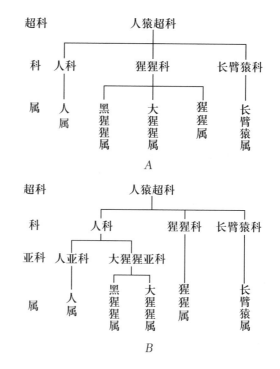

图 13-8　人猿超科的传统分类（A）和新近分类（B）

人科所有现存的成员至少部分是地栖的，即在地面行走并取食，它们用不同的方式解决这个问题。大猩猩、黑猩猩用指关节着地的方式行走，简称指行。指行时上身 1/4 的重量由指骨的中间关节的背部支撑，这时腕关节和肘关节是直的。需要时它们也能二足行走，那是临时应急的行走，而非习惯性的。只有人才是习惯性的二足行走，完全不需要前肢来支撑。据此，把人科再分为两个亚科，即大猩猩亚科和人亚科。

现代人（即智人）是唯一生活的人亚科物种。智人具有四个相互联系的特征和大猩猩科区别开来：① 习惯性的、直立的二足姿态和行走方式；② 用手去操作、携带、投掷，而几乎不用之于行走；③ 脑的不平常的扩大；④ 牙齿、颌骨和咀嚼肌减缩。人亚科除了智人以外还包括南方古猿、能人、直立人、尼安德特人等已经灭绝的化石人类。在以后的两讲，将对一些化石人类及其在进化中的位置予以介绍和讨论。

人和非洲猿体质上的比较

　　人和非洲猿在解剖结构是十分相似的,猿身上的每一种骨骼、每一块肌肉、每一条血管人身上都有,正由于有许多共同的基本特征以及在基因组上的高度相似,人类学家将它们划入同一科——人科。进化论告诉我们,每一个生物物种都有其特有性状,都要通过自然选择,发育出一定的适应性状,帮助它们在特定的环境中生存和繁殖。人也不例外,由于复杂的生存方式和社会的相互作用,使人在自然界占据一个独特的位置,与之相适应地发育出特有的衍生性状,把他从非洲猿中分离出来。

姿势、行走和骨骼系统的变化

　　习惯性地用二足维持直立的姿势,仅仅用二足行走是人的一个重要习性,称之为二足习性(bipedalism)。在进化过程中,二足习性的形成和发展对骨骼系统造成重大的影响(图 13-9)。

　　颅骨上有一个开口,叫枕骨大孔,源自脑的脊髓由此穿过。四足站立和行走的猿枕骨大孔偏后,头颅的大部分重量在身体的前方,因此需要强大的颈部肌肉将之附着在脊柱上。人的枕骨大孔显著前移,位于颅骨底部的正中,这就很容易使人的头颅平衡位于"S"形脊柱的顶部,颈部的肌肉已经大为减弱(图 13-10)。

　　人的脊柱呈"S"形弯曲,起着弹簧作用,减少行走时振动对脑的冲击,这也是对直立行走的一种适应(见图 1-12)。脊柱上半部的胸曲向后凸,颈曲向前凸,使头颅平衡地位于脊柱的顶部。脊柱的下半部腰曲向前而骶曲凸向后,骶骨和骨盆相连并成为骨盆的一部分,使骨盆仍处于人体的重力线上。人的骨盆宽而短,呈碗状,支撑着内脏器官并成为控制双腿运动的肌肉的附着点。女性妊娠时还支撑着发育中的胎儿。女性的骨盆比男性的稍大。

　　人的骨盆宽,髋臼分开得较远,股骨颈较长,髋关节十分灵活,两个股骨很容易在膝部彼此靠近。这时股骨和人体垂直线形成一个角,称为携带角。

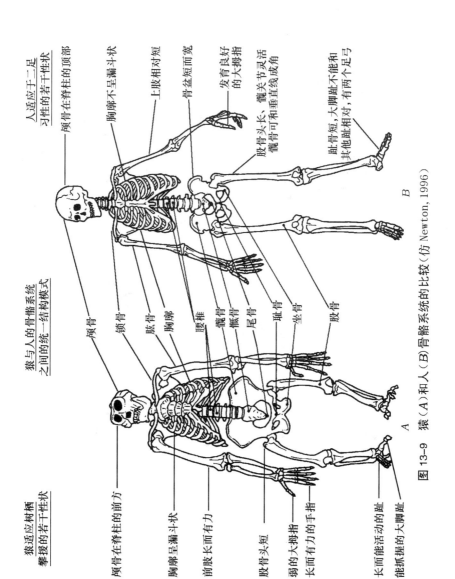

猿适应树栖
攀援的若干性状

颅骨在脊柱的前方

胸廓呈漏斗状

前肢长而有力

股骨头短

弱的大拇指

长而有力的手指

长而能活动的趾

能抓握的大脚趾

猿与人的骨骼系统
之间的统一结构模式

顶骨

锁骨

肱骨

胸廓

腰椎

髂骨
骶骨
尾骨

耻骨

坐骨

股骨

人适应于二足
习性的若干性状

颅骨在脊柱的顶部

胸廓不呈漏斗状

上肢相对短

骨盆短而宽

发育良好
的大拇指

股骨头长，髋关节灵活
髋骨可和垂直线成角

趾骨短，大脚趾不能和
其他趾相对，有两个足弓

A

B

图 13-9　猿（A）和人（B）骨骼系统的比较（仿 Newton, 1996）

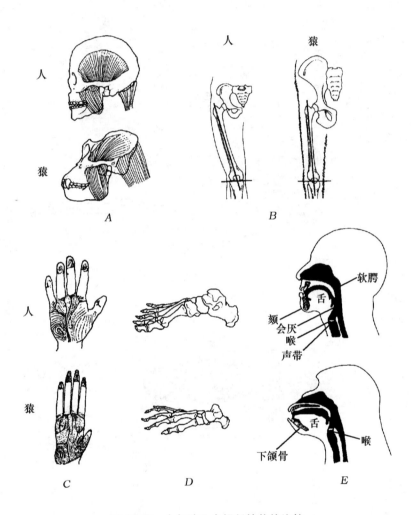

图 13-10　人与猿几个解剖性状的比较

A. 颅骨：人的头部位于躯干的上部，枕部肌肉较弱；猿的头部位于躯干的前面，有强大的枕部肌肉；B. 股骨：人的股骨可以和躯干垂直线形成角，猿的两个股骨趋于平行；C. 大拇指：人的大拇指发育良好，而猿的大拇指是简缩的；D. 脚底：人的脚底部有两个发育良好的足弓，猿只有一个足弓，脚底几乎是平的；E. 喉：人的喉在咽喉中的位置比猿低得多

人在行走时,每一步都可以落在靠近中轴线的地方,从而避免身体的过度摇摆。

人的脚已经成为专门用于行走的高度特化的器官。它失去了全部抓握能力,大脚趾和其他脚趾并排排列,再没有可能彼此相对。人的足底形成两个弓,从前到后的纵弓和从左到右的横弓,后者只有人才具有。完美的足弓和"S"形的脊柱一样,能减少行走时振动对脑的影响。

猿的前肢长而后肢短,人的上肢短而下肢长。人下肢相对的长,使人可以大步向前。人在行进中,左脚伸出时右臂向前摆动,右脚伸出时左臂向前摆动,行进时可能引起的身体摆动被手臂的摆动所抵消,使两肩和前进方向尽可能保持直角,从而减少了能量的消耗。

人　　手

猿手长而窄,指骨长而弯曲,大拇指是简缩的。猿手更适于指掌相对的力量型抓握,而不适于大拇指和其他指的指尖对指尖的灵巧型抓握。反之,人手短而宽,指骨短而直,大拇指发育得很好,人手也能做力量型抓握,但更精于灵巧型抓握。人的二足习性使上肢从行走中解放出来,加上能精巧操作的手,使人能制造和操纵愈来愈复杂的工具。

发 声 器 官

发声器官是由喉(包括位于喉部的声带)、咽腔、软腭、舌、唇等部分组成。猿及其他非人哺乳动物的喉位于咽喉的高处,而人的喉在咽喉的低处。和猿比较,人有一条长而大的声道,即咽腔。人有一个突出的颏,给舌的肌肉在口的前部提供了一个有力的附着点,加上人的颌部比较短,这就使舌在口的前部有很大的自由度。空气穿过喉部使声带振动产生的声音,通过长而大的声道,并被高度灵活的舌结合上下颌和唇的协同运动所调控,使人可以发出大约 50 种音素,而猿只能发出大约 12 种音素。

脑、颅骨和头部形态

人脑是灵长类动物中最大的,其脑量大约平均为 1350 毫升,而猿的脑量平均在 400～500 毫升之间。黑猩猩的脑商为 2.1,现代人的脑商超过 5。脑体积的增加主要同大脑有关,大脑被纵沟分成两个半球,完全覆盖了中脑和嗅球,人们已经鉴定出大脑皮层不同区域的主要功能。和嗅觉有关的脑区已经减小,而和视觉和触觉有关的脑区变得更为复杂精细。制造工具能力、语言及其他人类特有的能力的进化也在脑的进化中得到反映,在人脑中,和手的协调有关的皮层区域是猿的三倍,和语言有关的区域更为扩大。

一个大脑需要一个大的脑壳,即颅骨。猿的颅骨在眉崤以上,即向后倾斜,而人有一个高耸的额部。人体附着于枕骨上的颈部肌肉大为减弱,枕骨呈圆形。人用工具和火加工食物,减轻了人的颌骨和牙齿的负担。人的吻部后缩,颌骨和牙齿变小,连接下颌骨和面骨的肌肉减弱,颧骨不再那么突出。保护眼睛的眉崤以及颅骨顶部的矢状嵴也随之消失。人的牙齿除了普遍变小外,尖牙已经切牙化,不再突出于牙列,齿弓呈抛物线形而不是像猿那样为"U"形。

人类的提前出生和延迟成熟

现代人和猿的生长发育型式有着显著差异。猿的脑量为 400 毫升,新生儿的脑量为其 1/2,约 200 毫升。由于骨盆的开口是有限度的,现代人的脑量增加到 1350 毫升,新生儿必须在其脑量为成年人的 1/3 时出生,才能通过产道。相对于猿,现代人的婴儿是提前出生的。不仅如此,现代人有比猿要长得多的儿童期和少年期。根据化石记录,在直立人阶段,人的生长发育节律就从猿型向人型转变。这个问题将会在下一讲做进一步的论述。

人类性行为特点

猿类成年雌性个体只能在排卵期前后能受孕阶段有性的要求,并发出挑逗信号。人类则不同,女性对于性的接受,可以从能受孕期延伸到整个月经周期,而且在能受孕期不发出任何视觉或嗅觉的信号,人类的排卵期是被掩盖了的。人类的性行为是性伙伴在私下进行的,而不是公开的。这些特点,对于确定和维持成年异性之间结合成稳定的性伙伴关系有着重要作用,由此,婴儿不仅可以获得来自母亲的抚育,也可以得到父亲的关怀。

体　　表

人类看来是相对少毛的,因而被称为"裸猿"。事实上人是多毛的,但是除了头部和有限的区域外,毛是非常细的,倒也可以认为是裸露的。到青春期,男性可长出胡须,并在腋下、阴部、手臂、胸部等区域长出可见的体毛,但各个体之间浓度不一。女性在青春期以后也会在腋下、阴部、腿、手臂等处长出可见的体毛。这些体毛的一个特征是能够不停地生长,这可能是性成熟的一个可以看得见的信号。

黑猩猩的社会组织和行为

黑猩猩是和人类在进化系上最为亲近的灵长类动物,然而,对于野外黑猩猩的社会组织和行为,在四十多年前,我们仍然一无所知。20 世纪 60 年代,古德尔(J. Goodell)和日本京都大学的西田(T. Nishida)在坦桑尼亚的两个现场观察点开始研究黑猩猩的活动。随着野外黑猩猩对人的近距离观察见惯不惊,研究者观察到种种出乎意料的黑猩猩行为。同一时期,关于黑猩猩行为的实验研究也取得一些成果,这一切使人们对黑猩猩有了更深刻的了解,并改变了人们对自己独特性的认识。

黑猩猩的社会组织

在乌干达的基巴纳森林里,一个区域内的黑猩猩形成一个相对稳定的多雌多雄的集群(图 13-11),灵长类学家将这样的共同体称为社群。当黑猩猩发现一株结满果实的大树时,可能召集二十多只黑猩猩前去采摘,但这种机会比较少,在更多的时间里,它们分成若干较小的群去觅食。有的寻食群由一只雌性成年黑猩猩和它的幼崽组成;有的寻食群除了一只雌性黑猩猩和它的幼崽外,还有被雌性所吸引的雄性黑猩猩;有的全由雄性成年黑猩猩组成。这些群的组合常常处于变动之中,一只雄性黑猩猩某一天在一个寻食群中度过,第二天又转移到另一个寻食群。当闯入者侵占了它们的领地时,雄性成年黑猩猩会聚集起来组成"团队",袭击闯入者。

黑猩猩社会的复杂性不仅表现在它们的"分散—联合"的寻食系统上,而且表现在雄性黑猩猩之间和雌性黑猩猩之间的关系上。上一讲已经谈到,雄性黑猩猩留在出生的社群中,而雌性则迁徙到其他群中。一个社群的雄性黑猩猩之间有亲缘关系,它们之间有互利协作和食物共享的遗传学理由。它们为了争夺交配权利也有竞争但并不激烈。一只发情的雌性黑猩猩可以和多只雄性黑猩猩交配,它的婴儿因此有许多父亲,这些父亲都会充当婴儿的保护者。而一个社群中的雌性成年黑猩猩来自不同的群,它们之间的凝聚力较低,雌性黑猩猩常常独自在领地内寻食,仅与其幼崽为伴。当雌性黑猩猩从一个社群转移到另一个社群时,它的幼婴还常常有被杀死的危险。

草原上的大型灵长类动物狒狒和黑猩猩形成鲜明对照。和黑猩猩相反,雌性狒狒有归家冲动而雄性移居到另一个社群。在狒狒社群中,大多数成年雄性狒狒彼此之间没有亲缘关系,它们没有彼此互利协作的遗传原因。成年雄性狒狒为了获得交配的机会,在它和其他雄性个体之间存在激烈的竞争。狒狒的"性二型"现象比黑猩猩要显著得多。雄性黑猩猩仅比雌性黑猩猩的体重大15％～20％,而雄性狒狒则是雌性黑猩猩的两倍。

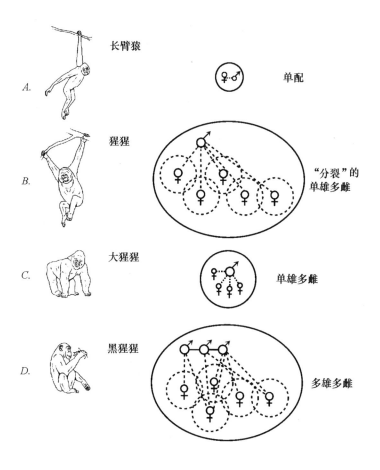

图 13-11 人猿超科的社会组织（引自 Lewin，2005）

A. 长臂猿为单配制，雌、雄个体之间没有大小差别；B. 在猩猩中，
单个的雄性控制并保护着一群雌性个体以及它们的子女，但是这些
雌性个体并不生活在一个群之中，而是分散在一个大的区域，
这称之为"分裂"的单雄多雌制；C. 大猩猩也是单雄多雌制，
雌性在一个群体里，受到雄性的保护；D. 在黑猩猩中，若干个
有亲缘关系的雄性个体，协同保护一群分散于较大区域的
雌性个体及其子女，这是一种多雄多雌的例子

协作狩猎和食物共享

黑猩猩常常捕杀小的动物,如幼小的猴子,来补充植物性食物中所缺乏的蛋白质。它们是用分工协作和偷袭的方法去捕捉猎物的。古德尔曾叙述这样一个事例:有四只红疣猴栖息在一株高大而无叶的树上。突然,一只幼小黑猩猩攀援到邻近的树上,为了吸引一只疣猴的注意,它尽可能靠得近一些,又不致使疣猴受到惊吓,同时,另一只年轻的黑猩猩偷偷爬上疣猴所在的树,以惊人的速度在树上奔跑,跳到疣猴身上,抓住它的头,拧断它的脖子。一个捕猎者抓到猎物后,将其撕开,与活动参与者共同分享。然而并非每只黑猩猩都能得到一块肉,如果不参加捕猎活动,即使级别最高的雄性黑猩猩,乞求吃肉也是徒劳。协作狩猎和食物共享之间存在一种互为条件、互相依存的关系。

食物共享曾被认为是人类进化中的决定性因素之一。而在黑猩猩的寻食战略中却包含着食物分享和分配的机制。一个主要的不同在于,黑猩猩不能像人那样将食物带回共同的生活营地进行分享。当黑猩猩的一个寻食群发现一处有着丰富的果实时,它们会发出尖叫,挥动枝条,用棍子敲打树干,发出强大的声响,召唤其他寻食群,特别是由雌性黑猩猩和它的幼儿组成的寻食群,前去采集享用。

工具和武器的使用

黑猩猩能使用环境中的物体,是少数几种拟人的行为之一。年幼的黑猩猩就有兴趣拿叶子、嫩枝、小草当"玩具"玩耍。成年后,这种行为延伸为非经常地但却有规则地使用天然物品作为工具或者武器。

在西非几内亚的波索和科特迪瓦的塔伊森林,黑猩猩社群用石头作为锤和砧,敲开坚果的壳,获得其中富含蛋白质的核仁。它们选择有坚实表面的石头做砧子,把锤子留在砧子的旁边。需要时它们把坚果携带到这里,用锤子敲开,丢下破裂的果壳。这种在制备食物中使用工具的方式,即带着食物找工具,也可能为早期人类所使用。黑猩猩还会用一团经过咀嚼的树叶,从小树洞中汲取水来喝。它也可以用一根枝条捅到野蜂窝里取得蜂蜜。

黑猩猩最著名的工具是白蚁杆（图 13-12）。许多灵长类动物都吃白蚁，只有黑猩猩（还有人）才用工具把它从窝中钓出来。白蚁杆是一根去掉叶子的细长的枝条，黑猩猩极其认真地准备这种钓竿。它们有时到距离白蚁窝很远的地方去寻找枝条，在选择过程中，它们会抛弃掉过粗或过细的枝条，捋掉多余的枝杈。只有经过这样的寻找和选择，黑猩猩将最合适的钓竿带到白蚁窝，并一次性地使用它。这件事说明，黑猩猩不仅仅会使用工具，而且

图 13-12　一只黑猩猩用白蚁杆钓白蚁
（引自 Stein，1996）

还会有计划地制造工具。相对于用天然器官去谋求生存的体质适应，使用工具去谋求生存是体外适应。这种适应方式在黑猩猩等动物身上初见端倪，但只有在人属成员中，才得到充分的发展。

黑猩猩还会使用石块、棍子等物体去威吓别的动物或者与之格斗。当黑猩猩被人俘获时，它会向人投掷石块、泥炭和粪便，拣起棍棒打过去。研究者将一头吃饱了的猎豹放在一群黑猩猩要经过的路上，黑猩猩见到猎豹勃然大怒，拣起地上的棍棒和石块投掷过去与之格斗。

社群之间的"战争"

在自然条件下，灵长类及其他哺乳动物的同种社群之间常常为了争夺生活空间和食物资源而发生"战争"。黑猩猩也不例外，但它采取的方式是不寻常的，彼此相邻的黑猩猩社群不是在白热化的格斗中撕咬，而是用潜近、伏击的方法去偷袭杀死对方。古德尔小组数次观察到一个成年雄黑猩

猩团队对邻近较小社群单个黑猩猩进行谋杀性的偷袭。在一年的时间里，邻近小社群中的成年雄性黑猩猩逐一地被有计划的伏击所杀死，它们的取食区域被侵袭者所占有。

黑猩猩能认识自己吗？

人类心智的一个重要特点在于人能意识到自己的存在，有自我意识。过去认为，人以外的动物没有自我意识。20 世纪 60 年代盖洛普（G. Gallup）设计了一种镜子试验，观察动物对自身在镜子中的影像做出的反应，判断其是否能认识自己。

盖洛普先让动物熟悉镜子，然后在它的额上涂上一个红点。假如该动物把镜中的影像看成另一个体，它可能对红点感到奇怪，甚至可能去摸摸镜子；假如它认出这个影像就是自己，它可能去摸自己身体上的红点。当第一次将额上点了红点的黑猩猩引到镜子面前时，反应和其他动物一样，它把影像看成同类的其他个体，甚至试图擦掉镜中影像额上的红点，然而，几天之后，它却对着镜子擦掉自己额上的红点。这表明，它意识到镜中的黑猩猩就是自己，此外，它还利用镜子去查看自己身体上原先看不到的地方，对着影像做鬼脸，使用的表情和它同其他黑猩猩交往时的表情有显著的不同。

将许多动物拿来做镜子试验，能通过的极少。试验结果划出了一条动物心智能力的分界线，一边是人、黑猩猩、猩猩、大猩猩，他们能认识自己；一边是其他动物，它们没有自我认识的能力。

一些灵长类学家收集黑猩猩进行欺骗的行为，用来探讨它是不是以自我认识为基础的。有一只成年黑猩猩独自经过一饲食区，这时一只电子控制的箱子打开了，里面放着香蕉。恰好在这时第二只黑猩猩走到这里。第一只黑猩猩马上把箱子关上，装成若无其事的样子，似乎这里什么也没有发生，它一直等到第二只黑猩猩离开了，才打开箱子取出香蕉。然而，它上当了，第二只黑猩猩并没有离开，而是躲藏起来，并且注视着事态的发生。结果，一个想欺骗同伴的黑猩猩同样受到了同伴的欺骗。在野外对黑猩猩进行观察的研究人员都赞同这样的结论：黑猩猩在它们彼此之间以及与人的交往中显示出了自我认识能力,它们像人一样能猜出别人的心思,但是其范围比较有限。自我意识一旦形成,就为复杂的社会交往和生存方式提供了一个新的基础。

黑猩猩的象征行为

人类在生活中使用象征物的行为称为象征行为。语言是人类所使用的最重要的象征物。它是一种有声的并具有语法结构(即具有词汇和语法)的传播系统。毋庸置疑,黑猩猩没有人的那种有声的陈述性语言。黑猩猩是否也具有某种语言的潜能呢?

半个多世纪来,研究者尝试教给黑猩猩以人类的有声语言,均效果不大。1940 年一只名叫维基(Viki)的黑猩猩,在接受了一年的训练之后,只能困难地、很不清楚地说三个词:mama、papa 和 cup。然而,研究者教给黑猩猩、大猩猩无声的美国手势语却取得某种进展。

野外的黑猩猩和大猩猩能发出多种呼叫,但都是感情的表露而不是陈述性的。它们也常常用特定的手势和姿势在彼此之间交流信息。从 1966 年开始 A. 加德纳(A. Gardner)和 B. 加德纳(B. Gardner)开始教年轻的黑猩猩瓦肖(Washoe)美国手势语。它用了 15 个月学会了第一个手势符号,用了大约三年时间学会 50 个符号,到了第七年它能使用 175 个符号。它还能创造手势符号。瓦肖第一次看到天鹅,它称为"水鸟"。1970 年让瓦肖和另一只接受过美国手势语训练的黑猩猩生活在一起,研究证明,它们彼此之间能用美国手势语进行沟通。1979 年以后瓦肖接受并抚养了一只黑猩猩宝宝卢利斯(Loulis),1987 年卢利斯能使用 40 个手势符号。研究者认为,卢利斯的某些符号来自模仿,有些是瓦肖特意教会的。有这样一个例子:瓦肖为了教会卢利斯"食物"这个符号,拿着卢利斯的手,推着它的手指,轻打它的嘴。

一直到 20 世纪 60～70 年代,人们还是接受有关猿学习无声传播系统的实验结论的。20 世纪 80 年代,第拉思(H. Terrace)等人提出质疑,他们认为猿能够对手势做出正确的反应,是由于在做对以后可以得到奖赏,或者是由于研究者给它以迅速的、下意识的提示,并不是由于猿对符号和语法的理解。那些实验的研究者则认为第拉思的质疑是没有道理的,是对实验研究过程的无知。

对这个问题的争论,同人们关于语言的性质和起源的认识有关。如果认为,语言是人类独有的,它是在晚近时期,当脑子增大到一定程度时迅速出现的本能,那么,到人类历史的早期去寻找语言能力的证据是徒劳的,更不用说从猿那里寻找某种语言潜能的证据了,如果认为,语言并不是以"全"或"无"的形式产生的,而是在人类进化过程中逐渐形成的,那么,大猿具有某种潜能就并非不可思议。这是一个尚未解决的难题,但是时间终究会给出清晰的答案。

黑猩猩文化的多样性

人们通常把文化限定在人类以语言为媒介的习俗与传统的范畴之内。黑猩猩没有语言当然就谈不上有这样的文化。生物学家则认为,文化的最重要的特征在于作为文化的习俗和传统,不是通过基因遗传,而是通过学习和传授一代一代传播下去的。如果以这个特征作为检验文化的基本准则,有些动物,特别是黑猩猩,就有它自己的文化。

灵长学家已经记录到,非洲野生黑猩猩群体中,至少有 39 种工具行为和社交性习惯具有文化性质。黑猩猩制作和使用白蚁杆就是一例。它不是先天的本能行为,而是通过观察和模拟其他个体的行为而学到的。正由于它不是通过遗传而是通过学习代代相传,在不同地区、不同群体中这种文化行为必然有所差异。在坦桑尼亚的贡贝和马哈纳 K 群的黑猩猩用杆钓白蚁是习惯性行为,在几内亚波索等地的黑猩猩就不存在这种行为。

有时,在不同地区和群体中的黑猩猩之间,某些文化行为有一些微妙的差别。马哈纳 M 群和 K 群黑猩猩都有一种社交性习俗。两只黑猩猩相互理毛时,各自用一只手为对方理毛,另一只手举过头顶和对方握手。有趣的是这两种相邻群体黑猩猩握手方式不同,其中一群黑猩猩在握手时避免手掌相碰,而另一群采取手掌相碰的方式。这一类群体间行为的差异,包括是否存在某种行为及实施行为的方式的差异,被生物学家用作判定某种行为是否属于文化行为的标准之一。

1999 年怀特（A. Whiten）、古尔德等九位著名的黑猩猩研究专家,在《自然》（Nature）杂志发表了《黑猩猩的文化》一文。这九位专家把他们获得的现场观察资料汇集在一起,列举了被认为有文化意义的 39 种行为模式在非洲七个黑猩猩群体中的表现。事实证明,每个黑猩猩群体都具有一整套行为方式,把自己与其他群体区分开来。此文发表后,"黑猩猩文化"这个概念被广大研究者所接受。

灵长目化石记录

在化石记录中,我们已经能看到灵长目的各种主要类型以及人亚科各个分支群是如何连续地出现于生物进化史上的（表 13-1）。在晚白垩纪（65～

表 13-1 地质年代表

代	纪	世	时间/Ma
新生代	第四纪	现代	0.01
		更前世	1.8
	第三纪	上新世	5
		中新世	24
		渐新世	38
		始新世	54
		古新世	65
中生代	白垩纪		144
	侏罗纪		213
	三叠纪		248
古生代	二叠纪		286
	石炭纪		360
	泥盆纪		408
	志留纪		438
	奥陶纪		505
	寒武纪		590
前寒武纪			

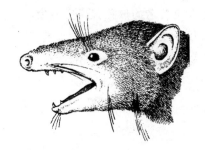

图 13-13　更猴古新世动物

(引自 Jolly,1995)

除了肢骨和脚骨有某种适应
树栖的特性外,没有其他
灵长类的特性

13-13)。在新生代的古新世
(56.5～65 Ma),更猴型动物是
北美和欧洲很普遍的哺乳动物。
它除了肢骨和脚骨表现出明显
的树栖生活的适应外,几乎没有
其他任何较晚出现的灵长类的
适应性状。它的趾端是爪而不
是指甲,眼朝向两侧,吻部长。
传统地认为它是最早的灵长目。
现在认为它是产生真正灵长目
动物的原始哺乳动物主干上的
一个支脉。

在始新世(35.5～56.5 Ma)
我们能看到真正的灵长目动
物,如兔猴(图13-14)和奥莫密

70 Ma[①],恐龙仍然统治着地球,由于被
子植物和它的传粉昆虫的发展增加了
生态学的机会,使哺乳动物开始了多样
化发展。在这些哺乳动物中,有一种
猫一样大小的动物,称为珀加托里猴,
它是最早已知更猴型动物的代表(图

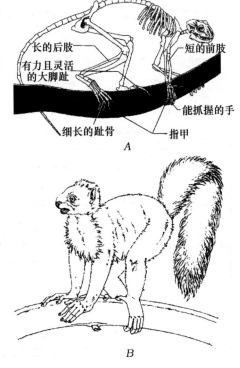

长的后肢
有力且灵活
的大脚趾
短的前肢
能抓握的手
细长的趾骨
指甲
A

B

图 13-14　始新世的兔猴

(*A* 引自 Jolly,1995;*B* 引自 Stein,1996)

A. 骨骼;*B*. 复原图

---

①　在古生物学中,将 1 000 000 年前记作 Ma。

猴。它们有着明显属于灵长目的衍生性状,如相对大的脑、减缩了的吻部、前置的眼,手具有能抓握的大拇指,足上的大脚趾可以和其他趾相对。它们用手而不是用吻或前面的牙齿去处理物体。它们具有共同起源,并且是后来原猴、眼镜猴、类人猿的祖先,人们称之为"主干灵长类"。

在埃及撒哈拉沙漠东部边缘法尤姆地方发现了许多最早的类人猿化石,断代在晚始新世和早渐新世。所有的法尤姆灵长目动物都表现出明显的类人猿的性状:比较小的吻和鼻腔;前置的眼并被眶后隔膜所保护;肢体适于四足跳跃和攀援。人们将之称为"主干类人猿"。埃及猿是已知最早的狭鼻类动物(图13-15)。和所有现代狭鼻类动物一样,它的上、下颌骨每一边仅仅有两个前磨牙,它的原始的性质将它放在接近旧世界猴和猿的祖先的位置上。

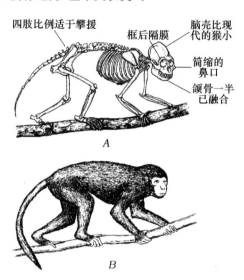

四肢比例适于攀援　　框后隔膜　　脑壳比现代的猴小

简缩的鼻口

颌骨一半已融合

A

B

图 13-15　埃及猿(引自 C. J. Jolly,1995)

A 骨架;B 复原图

我们看到在早中新世(16.3～23.3Ma),生活于东非的更先进的狭鼻猴——原康修尔猿(图13-16)。它的四肢等长,被认为是非特化的四足行走者。从这里产生人猿超科。

在中中新世(约8～16.3Ma),东非森林环境扩大,原康修尔猿衰落,产生了更进步的人猿超科肯尼亚猿,它适应于吃比较坚硬的食物。大概在这段时间,人猿超科从非洲扩展到欧亚大陆温带森林,在欧洲产生了森林古猿,在西南亚洲产生了西瓦古猿。

大约在 14 Ma 以后,非洲人猿超科的化石变得十分稀少。在晚中新世(5.2～8Ma)东非和西南亚洲气候变得干燥,生境更具季节性变化。在亚洲,猿撤退到南部和东部的森林。在东非,热带森林为稀树草原和灌木林相

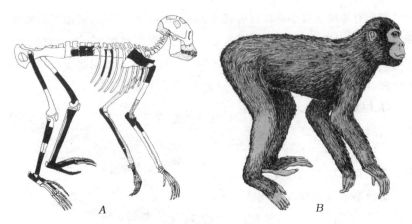

图 13-16 原康修尔猿（引自 Jolly,1995）

A. 骨架；*B.* 复原图

它的躯干及四肢比例适于攀援

互镶嵌的景观所取代。

谁是最早的人亚科成员,或者说最后一个人类谱系的共同祖先? 是人类学家高度关注的问题。就在几年之前,年代早于 4.4 Ma 的原始人的化石还闻所未闻,而且最早的原始人化石全部来自东非。2001 年在肯尼亚的图根丘陵和埃塞俄比亚中阿瓦什地区工作的古生物学家宣布,他们发现了距今 600 万年的原始人类,分别命名为奥罗宁图根种(又称图根奥罗宁人)和地栖猿始祖种卡达巴亚种(又称卡达巴始祖地栖猿)。2002 年 7 月布鲁纳(M. Brunet)率领的考察队报告说,他们在乍得托麦发现了距今差不多700 万年的原始人,取名为撒哈尔人乍得种(也可称为乍得撒哈尔人),这个遗址在非洲东部各化石出土点以西约 2500 千米的地方。这三种原始人化石展示出若干与人类相仿而与猿类(如黑猩猩)不同的关键特征,如图根奥罗宁人的股骨颈部较长,其上有一道由外闭孔肌压出的沟,这些特征通常与习惯性二足行走有关,因而也就与人类有关。这些化石也具有与猿类相似的原始特征,这对于刚刚和猿"分手"的最早期的人是很自然的事。图根奥罗宁人股骨颈内皮层骨的分布却更接近于四足行走的猿而不是人(图13-17)。再说卡达巴始祖地栖猿,它的趾骨的关节表面朝上倾斜,这一点与

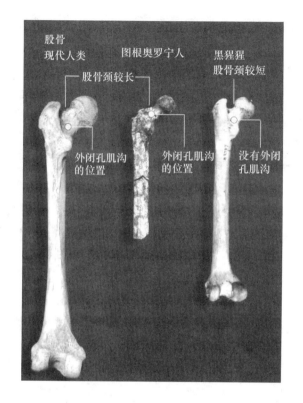

图 13-17　图根奥罗宁人与现代人、黑猩猩股骨的比较

（引自 Wong，2003）

人相似,但其趾骨长而弯曲,又似黑猩猩(图 13-18)。虽然仍然存在争议,人类学家倾向于图根奥罗宁人和卡达巴始祖地栖猿已经站立起来。乍得撒哈尔人没有颅后骨骼化石,人们尚不能确定它是否已站立起来;它的颅骨较小,这一点类似黑猩猩,但它的尖牙较小,与切牙相仿,而不似黑猩猩那大而锋利的尖牙;它的面部下方略向前凸出,而黑猩猩面部下方显著向前凸出(图 13-19)。乍得撒哈尔人的尖牙大小、形状和磨损等方面均显示向人类尖牙进化的迹象,它不是用来厮杀的尖牙。乍得撒哈尔人生存的年代已经非常接近分子生物学家对黑猩猩和人类在进化史上分道扬镳时间所做的估计。

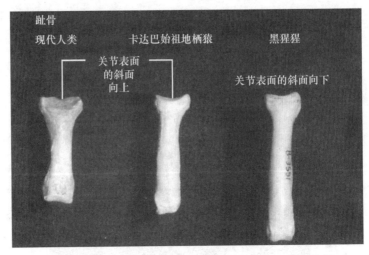

图 13-18　卡达巴始祖地栖猿与现代人、黑猩猩趾骨的比较

（引自 Wong，2003）

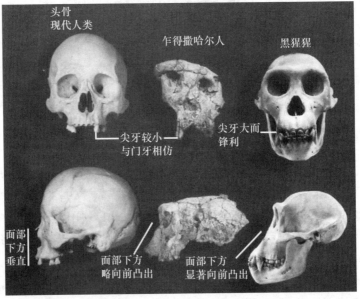

图 13-19　乍得撒哈尔人与现代人、黑猩猩头骨的比较

（引自 Wong，2003）

第十四讲

南方古猿、能人和直立人

    人们常说"人是万物之灵"。人太聪明，太精明，太老练了！人是如此的特殊，我们和自然界之间似乎存在着一条不可逾越的鸿沟。这样看问题，对某些人来说，可能是一种安慰。不难理解，早先的一些哲学以及宗教往往赋予人类以超自然的地位。人类的起源和进化问题长期以来被视为禁区，不允许探索、研究，而把人类回归到自然界的是进化论的奠基人达尔文。

人类起源的探索

达尔文的《物种起源》于 1859 出版以后不久，又有两本重要的生物学著作使当时的学术界深受震动：一本是 T. 赫胥黎（T. Huxley，1825—1895）在 1863 年出版的《人在自然界中的地位》，另一本是达尔文在 1871 年出版的《人类的由来》。虽然赫胥黎的著作出版早于达尔文，但他承认是受了达尔文《物种起源》的启发才认识这个问题的。他们根据人与类人猿结构上的相似性，推断人与类人猿有共同祖先。他们认为，没有任何理由认为人类不遵从宇宙自然法则，人和其他动物一样是漫长的进化过程的产物。在他们之后，德国的进化论者赫克尔（E. Haeckel）推想，包括长臂猿、猩猩、非洲大猿在内的人猿（似人的猿类），经过猿人（似猿的人类）阶段而发展为现代人。他给猿人这个中间环节起了一个属名叫 *Pithecanthropus*，他认为人类的摇篮在亚洲南部或者是非洲（达尔文曾更有预见地提出是非洲）。

在达尔文和赫胥黎提出人类起源和进化理论时，人们所发现的古人类化石还只有尼安德特人（以下简称尼人）。尼人的颅骨有一些似猿的性状，但仍处于现代人的变异幅度之内。正如赫胥黎所说，我们没有理由把尼安德特人的骨头看成是介于人类和猿类之间的化石。然而，要使人类进化的理论得到最后的证实，就必须找到这类化石。第一个有意识、有目的地寻找这个缺环的是一位年轻的荷兰解剖学家迪布瓦（E. Dubois）。

迪布瓦仔细研究了尼人的材料。他认为尼人是人，而不是人与猿之间的缺环。他推测这个缺环应该是比尼人古老得多的猿人。他将目光转向印度尼西亚的苏门答腊和婆罗洲。

为了到东南亚寻找化石，迪布瓦入伍成为荷兰东印度军队的一名医生，于 1887 年去了苏门答腊。起先在岩洞中寻找化石，但没有成功，他再转向爪哇岛寻找。1891 年 9 月，他在梭罗河边发现了一颗似猿的磨牙，大约一个月后，在距发现牙齿大约 1 米的地方又发现一个颅骨的残片，它既有似猿的特性(如有浓重的眉嵴,后倾的额骨),又有似人的特性(脑量比猿的要大)(图 14-1)。第二年 8 月,他再次来到此地发掘,发现了一根大腿骨,各方面都和现代人相似,只是比现代人的重了一些,此外还发现了另外一颗牙齿。迪布瓦认为,这四件化石放在一起,说明存在一种颅骨介于人与猿之间的

图 14-1 爪哇猿人的头盖骨

(引自 Jolly,1995)

能直立行走的生物。他用赫克尔假设的人类祖先——"猿人"来命名这种化石人类,并给它加了一个种名,表示直立的姿态。迪布瓦自信找到了人与猿之间的缺环,即直立猿人。后来人们重新命名为直立人。

迪布瓦的工作揭开了古人类考古学的帷幕。一百多年以来,经过几代人类学家的艰苦努力,现在已经在人和人猿共祖之间发现了许多化石人类物种,形成了一个多分支的人亚科的谱系。在这个谱系中东亚的直立人不是现代人的直接祖先,但却是谱系中对理解人类进化有意义的一环。

这里不可能对所有这些化石人类物种逐一加以介绍,只能通过描述几种有代表性的物种,力求勾画出人类进化的一个粗线条的图景。

南方古猿——稀树草原上的二足猿

在始祖地栖猿、图根奥罗宁人和乍得撒哈尔人之后,大约在 1.3～4 Ma 之间,在东非稀树草原上曾生活着若干种能两足站立和行走的猿,称为南方古猿,简称南猿。它们的相对脑量稍大于黑猩猩,仍处于猿的水平,但已经能够直立行走,人类学家将之归属于人亚科。其中,有一部分体质比较纤细,曾被称为纤细型南猿,在 2.5 Ma 就已经灭绝,现在通称为早期南猿;另一部分生存于 2.5 Ma 以后至 1.3 Ma 前后,体质粗壮,即粗壮型南猿,现在通称为后期南猿。

早 期 南 猿

南猿的化石是在 20 世纪 20 年代被发现的。当时,解剖学家达特(R. Dart)在南非金山大学医学院任教授。1924 年的一天,他的一位学生给他送来一盒来自汤恩的含有骨化石的石灰石。在清除石灰石以后,达特发现一个像是猿的几乎完整的下颌骨、面骨和一个天然的硬脑膜铸造物。然而,它的面部不像其他猿那样突出;牙齿(特别是第一磨牙)更像人的;颅骨比较圆,甚至没有突起的眉嵴。重要的是,达特注意到枕骨大孔前移,他认为这个汤恩小孩

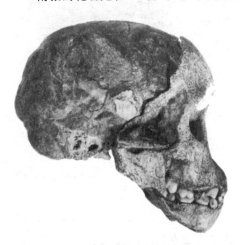

图 14-2　汤恩小孩颅骨

(引自 Newton,1996)

已经能直立行走(图 14-2)。达特将这种小脑袋但能直立行走的生物称为南方古猿非洲种,简称非洲南猿。正如其他类型的人类化石在最初发现时一样,这盒化石当时也没有得到多数人类学家的赞同,一直到 20 世纪 50 年代初才得到普遍的认可。

20 世纪 70 年代,出现了两个有关早期南猿的令人兴奋的发现,它们分别在东非的两个不同的地点:一个地点是埃塞俄比亚的哈达地区,约翰森(D. Johansen)和他的同事发现了几百块化石,其中有一个含有 40%骨骼的雌性骨架,发现者将之命名为露西(Lucy),经测定断代大约在 3 或 3.6 Ma(图 14-3);另一个地点是坦桑尼亚的莱托里,M. 利基(M. Leakey)发现了在 3.6 Ma 的火山灰上留下的三个人亚科的足印,足印显示出发育良好的足弓,而且大脚趾不是叉开的。这说明,至少在 3.6 Ma,直立行走已经发展到相当完善的地步。

露西体高 107～122 厘米，体重约 23 千克。它的骨盆是扁平的，像人而不像猿，这说明她具有了人亚科的重要属性——直立行走。露西骨架中没有颅骨，头部状况不明，根据后来在同一地点发掘的 3.0 Ma 的颅骨，其脑量比较小，处于猿的水平。这两点和非洲南猿是相似的。但露西有一些更为原始的性状，如上颌骨切牙和尖牙之间有空隙，而这种空隙在以后的人亚科中是没有的；它的尖牙不像猿那样大，但比以后的人亚科又明显地要大些；第一磨牙只有一个齿尖而不是两个齿尖，属于猿的类型而不是人的类型；除了最后一个磨牙，两边的颊齿呈直线排列，和猿相似，而以后的人亚科齿弓呈弧形。约翰森认为，必须把它归入一个新种，即阿法南猿。在露西骨架中，一些颅后骨

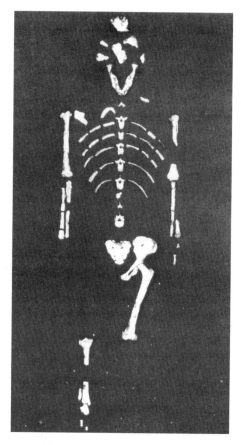

图 14-3　露西骨架（引自 Jolly，1995）
发现于埃塞俄比亚哈达

骼是属于同一个体的，这就使人们更容易地看到，露西既能直立行走，同时又保留了许多适应攀援的属性，如它的上肢要比下肢长；它的胸廓呈向下的漏斗状，是一个大腹便便的人；它的肩胛骨偏向头的方向，其指骨弯曲。由于要兼顾直立行走和攀援树木，它的直立行走还是不完善的。人类能以矫健的步伐在空阔的平原上长途跋涉还是以后的事。

人类学家将非洲南猿、阿法南猿及在乍得、肯尼亚发现的 4 Ma 的南猿湖滨种等早期南猿归入一个超种，即非洲南猿超种。这个分类群常常被描

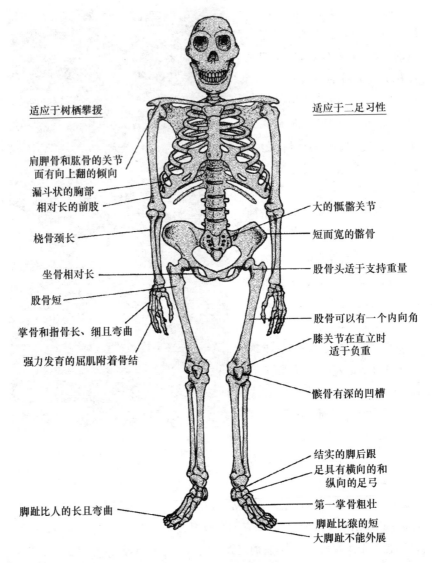

图 14-4　阿法南猿对二足习性和攀援的适应(引自 Jolly,1995)

述为纤细型南猿,它们比黑猩猩要大,大部分体重在 45～60 千克;绝对脑量在 400～550 毫升,脑商略高于黑猩猩的 2.1,大约是 2.3～2.6;有相对长的手臂和短的腿以及大的胸腔和内脏；兼有地栖和树栖两种生活习性（图14-4）。它们后面的牙齿大而前面的牙齿缩小，牙齿的釉质比较厚。根据牙齿的形态和磨损的情况判断，它们中大部分主要以果实为生。食物成分中大量是粗糙的、低质量的植物性食物，也有少量肉类。它们生长速度比较快，第一次生育年龄和黑猩猩相似，有高度显著的"性二型"现象。这些物种被认为是非洲古猿的变异体。早期南猿比后期南猿较少特化。

后 期 南 猿

达特在1925年关于南猿的论文发表后，引来了许多人的反对。在少数达特的支持者中，有一位在南非工作的苏格兰医生布鲁姆（R. Broom）继续在南非寻找南猿化石，并有不少收获。1938年，布鲁姆在克罗姆德莱发现了一种南猿化石，它们与以前发现的不同，其颅骨、颌骨、牙齿、臂骨、手骨都显得更为粗壮。布鲁姆将之命名为傍人粗壮种，现在称南猿粗壮种（图14-5）。1947年，布鲁姆又在斯瓦特克朗发现了同样的化石。

20世纪50年代，L. 利基（L. Leakey）到坦桑尼亚的奥杜威峡谷进行人类学考古工作，使这一地方成为闻名的古人类考古遗址。1959年在这里的第一个重大发现是他的夫人M. 利基做出的，她发现了一个断代1.75 Ma的颅骨，当时被称为东非人（或胡桃夹子人），它是一种粗壮型的南猿，现在被重新命名为鲍氏南猿。大约在同一时间，在奥杜威峡谷的另一个地点，又发现了同一类型的化石，它们都同早先在斯瓦特克朗的化石相似，属于粗壮型南猿。它们所在的地层比非洲南猿等纤细型南猿要晚。

人类学家将粗壮南猿、鲍氏南猿以及在埃塞俄比亚和肯尼亚发现的南猿埃塞俄比亚种等归入一个超种，即粗壮南猿超种，这个分类群又称为粗壮型南猿或傍人。它们的身材虽然比早期的非洲南猿超种有轻微增大的趋势，其粗壮主要表现在颅骨上，整个身体重量从大约40千克到超过80千克，平均约50千克，脑的大小比非洲南猿超种有所增加，脑商在2.2～3.0之间。粗壮型南猿是二足动物，但仍然是前肢相对长、后肢相对短；后面的牙齿非常大，齿釉厚，而前面的牙齿减小，所有牙齿都有重度磨损和咀嚼的

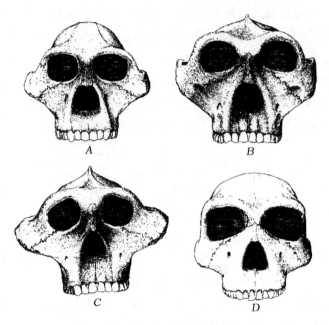

图 14-5　几种南猿的面骨(引自 Stein,1996)

A. 非洲南猿;*B.* 粗壮南猿;*C.* 鲍氏南猿;

D. 能人,一种早期的人属成员

痕迹。牙齿的磨损情况和形态说明,粗壮型南猿的食物是非常粗糙的小的物体,可能含有许多石细胞和纤维,大部分是植物性食物,可能包括一些肉食。所有已知的后期南猿都有很显著的"性二型"现象。

什么因素造就了二足习性?

我们将南猿称为稀树草原上的二足猿。这是因为除了二足习性以外,它们都有小的脑子,大的颊齿,前突的上、下颌,实行的是似猿的生存策略,这些方面没有一点像人的。人类学家之所以把南猿归入人亚科,称为人,不是由于南猿能二足行走了,就意味着同时有了某种程度的技术、大大增强的知识或者类似现代人的文化素质,而是由于二足习性使其上肢从行走中解脱出来,手变得自由了,具有了一种重要的进化潜能,以至于有一天能操作工具,用工具制造工具,为技术的发展开拓广阔的前景。二足习性如此重要,是什么因素造成的选择压力,使一种古猿从四足行走演变成二足站立和行走的呢?

有些人类学家是从二足习性解放了双手这个方面寻找答案的。1981年洛夫乔依(O. Lovejoy)认为二足行走是一种效率不高的行动方式,从四足行走演变成二足行走是为了携带东西。从这一点出发,他提出"男性,供应者"(Man, the provisioner)假说。他认为,人类的男性祖先采集食物,并带回某种家庭基地,与女性性伙伴及子女共享。由于男性为女性采集食物,他们可以成功地生育较多后代,从而具有较高的适合度。

洛夫乔依的假说,曾受到相当多的注意和支持,然而此假说包含了一个前提条件,即人类祖先性伙伴之间是成对结合的,组成的是一夫一妻单配制家庭。如上所述,所有的南猿都有十分显著的"性二型"现象,这种情况只存在于多配制物种,而不见于单配制物种,洛夫乔依的假说因此受到质疑。

另一些人类学家是从二足习性有利于在宽阔的热带草原上行走这个角度来探索它的起源的。1980年罗德曼(P. Rodman)和麦克亨利(H. McHenry)认为,当森林萎缩时,疏林生境中作为食物资源的果树,变得太分散,使四足行走的猿难于有效地利用,而这时二足行走却是一种更为有效的行动方式。他们指出,在奔跑时(每分钟3.83米),人类二足行走的能量效率低于常规的四足行走;但在步行时(每分钟1.25米),人类二足行走的能量效率却高于常规的四足行走。而且值得注意的是,在步行时,黑猩猩的四足步行与其他动物的四足步行相比,其能量效率也是较低的。这个假说因为有实验数据支持曾得到广泛的欢迎。

现在,这个假说也受到挑战。在前一讲中我们提到人类最早的祖先图根奥罗宁人和地猿都可能二足行走。只要这两种古猿有一种最终证实是二足动物,那就不仅把我们人类这种奇特的行为方式向前推进到距今600万年,而且否定了上述二足习性是对宽阔草原的适应的假说。古生态学分析表明这两种古猿的栖息地是茂密的森林,它们与猴类及其他许多森林动物比邻而居。一些人类学家又回到洛夫乔依的观点。他们认为二足行走方式之所以会兴起,最可信的原因是它解放了原始人的双手,雌性原始人只要选择到能带回食物的"郎君",就可以把更多精力用在子女的抚养上,从而增加了他们繁殖成功的机会。

能人和直立人

180 万年前,在肯尼亚北部图尔卡纳湖畔,非洲南猿超种早已灭绝,不见踪影。这时生存着四种人亚科成员:鲍氏南猿,这是一种后期南猿;能人和鲁道夫人,它们属于能人超种;厄尔盖斯特人即非洲直立人,属于直立人超种。

能　　人

1964 年 L. 利基发表了在肯尼亚奥杜威峡谷发现的人属新物种能人的报道。他和他的合作者发现了一个颌骨、两个颅骨碎片和几个颅后骨骼,断代 1.75 Ma。这个颅骨化石的脑量达 680 毫升,牙齿比南猿的要小(图 14-6)。在人亚科脑量从 400 毫升左右跃到 600 毫升,不能不是一个引人注目的事件。当时,在东非一带已经发现粗制的片状石器,利基将这些石器和能人联系起来,并果断地将这种化石人类放到人属中去。通常在科学界发表某些新的东西,总会引来质疑,能人的发现也是如此。许多人类学家认为,这个比起进步的南猿多不了许多东西,它不过是非洲南猿在东非的一个变异体。

1972 年人类学家在图尔卡纳湖东岸柯比福拉,发现了一个颅骨,野外编号为 KNM-ER 1470,

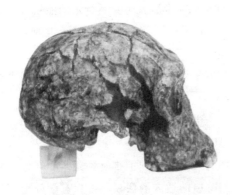

图 14-6　能人颅骨(引自 Jolly,1995)
发现于肯尼亚的柯比福拉

断代 1.9 Ma,其脑量大约 800 毫升(图 14-7)。进一步的发掘证明,此颅骨并不是孤立现象,在同一地区发现了其他相似的化石。在 KNM-ER 1470 被发现后曾将它放到能人种中,后来,单独划出一个物种,即鲁道夫人。

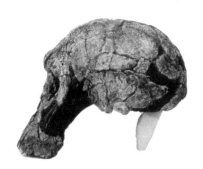

图 14-7　鲁道夫人头骨(引自 Jolly,1995)

发现于肯尼亚的柯比福拉

人类学家将能人、鲁道夫人和其他早期人属划归能人超种。这个分类群表现了南猿和人属的混合的性状。他们的脑量扩大,牙齿、面部减小,呈现出人属的进化趋势;体重大约 45～59 千克,脑量在 600～800 毫升之间,脑商接近 3.0。脚和手基本上是现代人类型,但指骨弯曲。人们对这些早期人属的颅后骨骼知道得较少,但是某些标本显示其身体结构和南猿比较相似,很难确定"性二型"性程度,看来有一定程度的"性二型"现象。这些早期人属是最早的石器制造者,并越来越成为杂食者。他们的生长型更接近猿而不是接近人。

直 立 人

如前所述,直立人的化石首先是由迪布瓦在印度尼西亚爪哇发现的。在这以后,另一次意义重大的发现就是周口店北京人的出土。

1927 年,在北京协和医学院任解剖学教授的加拿大人步达生(D. Black),在研究了一颗发掘自北京周口店的似人的下磨牙后,定名为北京中

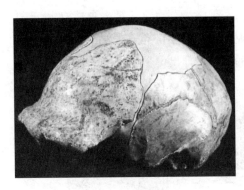

图 14-8 北京人头盖骨

发现于北京周口店

国猿人（*Sinanthropus pekinensis*，）通常称为北京人。从 1927 年开始，古人类学家在周口店进行系统的发掘。1928～1935 年裴文中负责周口店发掘工作。1929 年 12 月 2 日他发现了第一个北京人的头盖骨（图 14-8）。在这以前，迪布瓦在爪哇的发掘，没有发现石器等文化遗存；在达特发现非洲南猿的遗址中也不可能发现石器；而在周口店的洞穴中，不仅发现了人类化石，而且发现了重要的文化遗存——石器和原始人类使用火以后留下的灰烬。这就令人信服地证明北京人是古代的化石人类，周口店洞穴是古人类的生活营地。周口店的考古发掘揭开了人类学史上重要的一页，并有助于使在此之前发现的爪哇猿人以及南猿得到学术界的承认。现在认为北京人和爪哇猿人同属直立人。

北京人的脑量达 1088 毫升，是黑猩猩的两倍多，但和智人比还差将近 300 毫升。它的颅骨还带有若干原始性状，如额骨低矮，眼睛上方有粗大的眉嵴，颈部肌肉发达，有明显的枕部骨嵴，头的顶部有矢状嵴（图 14-9）。和爪哇人一样，北京人的肢骨很像现代人，能够像现代人一样大踏步地长途跋涉。

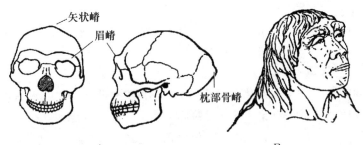

图 14-9 北京人头骨 (*A*) 及头部外观(*B*) 复原图（引自吴汝康，1989）

最早的直立人化石是在东非发现的，其中最著名的是 1984 年 R. 利基（R. Leakey）和沃克（A. Walker）在肯尼亚图尔卡纳湖西岸发现的几近完整的直立人骨架，包括头骨、肋骨、脊椎骨、上下肢骨共七十多件，属于大约 12 岁的男性少年，身高 168 厘米。如果他生存下去，身高可达到 183 厘米，断代 1.6 Ma。在这个发现以前，人们普遍认为直立人是矮个子的人，男性高度不超过 168 厘米。"图尔卡纳男孩"的发现，证明直立人有一副轻巧灵活的身体（图 14-10）。后来把东非直立人重新命名为厄尔盖斯特人。

人类学家将直立人、厄尔盖斯特人以及海德堡人（在本书下一讲将讨论到）等划归直立人超种。更新世的人属一般比上新世的南猿和人属的身材要高大；脑量在 800～1200 毫升之间，脑商高于 3.0；已经确立了完全的二足习性，南猿身体上适应攀援的性状已经消失；相对于南猿，身材呈高挑的直线型体形，但有发育良好的肌肉；牙齿小；开发出多方面的技术，已有一定的狩猎、食肉活动；仍保留有"性二型"现象，但已经大大减弱；生长形式已经朝人的方面变化。能人和直立人都是聪明机敏的杂食者。

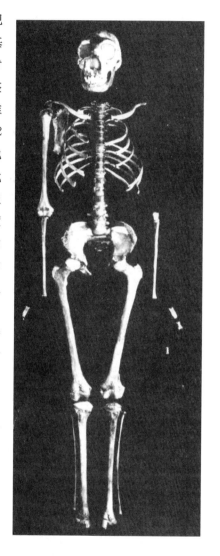

图 14-10　"图尔卡纳男孩"

（引自 Jolly,1995）

发现于肯尼亚图尔卡纳湖

平原上灵活敏捷的行者

如果说在能人和鲁道夫人那里还有一些从南猿到人属的过渡性状,直立人和厄尔盖斯特人已显现出人属是不同于南猿的另一种类型的人亚科成员。这里,我们着重讨论一下,人属和南猿都可以二足行走,但人属却比南猿敏捷活跃,轻巧灵活的身材使它能在平原上大步迈进。

关于灵活性的第一方面的证据来自南猿与人属胸廓形状的差异。施米德(P. Schmid)用露西化石的玻璃纤维模型来组装露西的全身骨架,他十分希望露西能展现出人的形状,但结果却使他惊奇。他看到露西的胸廓呈圆锥形,酷似猿,而不似人的桶形;肩、躯干和腰也似猿而不似人。1989年施米德在巴黎的一次国际会议上说,阿法南猿不能像我们一样奔跑时提升胸部以进行深呼吸;露西大腹便便,限制了它的灵活性,使它不便于奔跑;观察一下"图尔卡纳男孩"的骨架就清楚地看到,直立人的颅后骨骼完全现代化了,它能像现代人一样奔跑。

关于灵活性第二个方面的证据来自对体重和身材关系的研究。艾洛(L. Aiello)测量了现代人和猿的体重和身材的关系,发现猿的身材粗壮,其体重是同等身高人的两倍。将这个结果与化石人类进行比较,发现南猿的身体构成似猿,而直立人则和现代人相似。

第三个方面的证据来自于对内耳的研究。内耳中有三个半规管,它们互相垂直,其中两个垂直于地面,这是一种使身体保持平衡的器官。斯普尔(F. Spoor)发现人的两个垂直于地面的半规管比猿的要大得多。他用计算机断层扫描(CT)的方法观察化石人类的内耳结构,观察结果确实令人吃惊。所有属于南猿的物种,其内耳结构都似猿的;能人既不像猿,又不像人;直立人和厄尔盖斯特人以及以后人属的内耳与现代人没有区别。南猿的平衡器官是原始的,所以南猿不能像我们那样奔跑,而直立人以后的人属则能奔跑。

旧石器时代早期人属的生存方式与文化

南猿和人属之间既存在连续性，又存在间断性。南猿只是行走方式像人，除此之外没有一点是像人的，然而正是二足习性为南猿向人的方向演变提供了进化的潜能。最早的人属成员——能人既有似人的属性，又保留了似南猿的属性，这些都说明南猿和人属之间确实存在连续性的一面。然而20世纪80年代以来一系列深入的研究说明，无论是在体质性状方面还是在生存方式、生存策略方面，南猿和人属都属于不同类型的生物。人们对南猿和人属之间的间断性的认识，在很大程度上改变了我们对人类史前时代的认识。

肉食的增加与人属生存策略的变化

所有的生物，不管它是体格硕大的还是渺小的，凶暴的还是懦弱的，灵巧的还是笨拙的，都面临着一个基本问题——生存问题。各种动物都以一定的行为方式在其栖息的生境内寻找食物资源，避免危险并求得自身的繁衍。日益增多的证据表明，在早期人属，特别是厄尔盖斯特人和直立人，肉食的分量明显地增加：

（1）在250万年前动物骨骼化石上，已发现有用石器切割的痕迹，证明屠宰是石器的一个重要功能。

（2）猿有一个大的内脏，这个性状本质上和素食有关。对阿法南猿的复制，证明它大腹便便，也有一个大的内脏。而厄尔盖斯特人的内脏已经显著变小，这一点被认为与肉食的增加有关。

（3）在考古记录上，动物骨骼和石器堆积在一起，在人属起源后，特别是在厄尔盖斯特人和直立人存在的时间里，变得越来越频繁。这表明肉食比例在增大。

（4）食肉动物物种在分类学上的多样性较食草动物要小。将厄尔盖斯特人、直立人和南猿相比，前者的多样性比后者要弱，人类学家认为这是早期人属肉食比重增加的信号。

（5）脑是新陈代谢耗费能量很高的器官。现代人的脑只占体重的2％，但是耗费20％的能量。肉类是热量和蛋白质的集中来源，只有在食物中大大提高肉类的比例，早期人属才能形成超过南猿的脑量。

自然界有许多肉食动物，也有许多杂食动物，在生物进化史上食性的转变也不乏其例。然而，从南猿到早期人属，肉食的增加却成为原始人向似人的方向进化的一个重要推动力，这是为什么呢？

根据现有考古记录，在距今250万年的东非大裂谷，由于干旱，森林逐渐变小，草原不断扩大，原先的热带雨林变成稀树草原。当人类祖先逐渐离开森林这个古老的庇护所，不得不在草原上闯荡时，他们软弱的一面突显出来。他们的身材和体重与大型食肉动物和食草动物相比都相形见绌，是轻量级的对手；他们自身的装备很差，既没有锐利的爪子和尖牙，也没有某些食草动物头上的角和有力的蹄子；他们因二足行走而牺牲了速度，既逃脱不了食肉动物的追捕也追不上食草动物。就体质条件而言，正如尼采（F. Nietzsche）所说，人是"大自然的弃儿"。

这样一类孱弱生物，现在却要去占据或部分占据稀树草原上食肉动物的生态位，要同狮子、猎豹、鬣狗、秃鹰周旋，他们采取了一种新的生存策略。他们不再是完全依赖自身的装备，而是主要依赖工具；不再是主要依靠体力，而是依靠智力，即依靠计谋；不是依靠单打独斗，而是依靠团队的协作，在稀树草原上求得生存的一席之地。

旧石器时代早期的石器

当人类演化到人属时，他们开始用相对坚硬并可以久存的材料制造工具。石器的制造、脑的扩大和肉食的增加是在同一时期发生的事件，它们之间有着密切的关系。

当能人以某种方式获得一些大型食草动物尸肉时（采取何种方式将在稍后讨论），他们的指甲和尖牙不能剥开动物的皮肤，弄断肌腱。他们的牙齿无力咬碎骨骼，吸取其中的骨髓。这时，他们发明了石器来解决这个问题。已知最早的石器来自埃塞俄比亚的卡塔高那和奥莫,少数来自扎伊尔的桑嘎。最早的卵石砍砸器发现于距今 1.5~2.5 Ma 之间。M. 利基和 L. 利基在东非发现并描述了这些最早的石器,并将之命名为"奥杜温工业"。

奥杜温最具特征的工具是卵石砍砸器(图 14-11)。工具制造者选择一块圆形石头,用另外的石头作为锤子,在其一头削去若干石片,形成刃边,另一头保持圆的形状以便用手握住它。在制造砍砸器时除掉的石片,也是可用于切割的工具。实验证明,这样制造出来的砍砸器和石片,常常惊人地锐利,可以切开动物的皮肤,割断其肌腱。还有一些未加工的石头,表面留有被撞击的印痕,是早期人属用过的锤和砧,也是一种奥杜温石器。

图 14-11　奥杜温石器(引自 Jolly,1995)
A. 石核工具;*B.* 石片工具

奥杜温石器是相对简单和非特化的。工具的形态更多的是由原材料的形状和大小决定的,而不是取决于工具制造者心中预想的样式,想打出什么样子就是什么样子。

专门研究古代石器的托思(N. Toth)花了多年时间去研究制造石器的技术,才领会到从石头上打下石片的奥妙。原始人必须选择一块形状合适的石头,从正确的角度将适当分量的力施加于正确的地方才能打制出可用的石器,这是一项必须经过多次实践才能掌握的技术。他写道:"早期制造工具的原始人对加工石头的基本法则有着较好的直觉,这一点是很清楚的。"托思曾经和心理学家朗博(S. Rumbaugh)合作试图教一只黑猩猩打制石片,黑猩猩始终没能重复最早工具制造者的打片技术。到目前为止,类似的试验没有一个获得成功,这表明,最早制造石器的原始人已经具有超过现代猿的智力。

大约在距今 1.5 Ma,非洲出现了一种新的石器组合,称为"阿舍利工

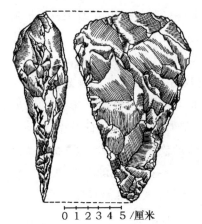

0 1 2 3 4 5 /厘米

图 14-12　手斧(引自 Newton,1996)

业"。由奥杜温石器发展到阿舍利石器和从能人演化的直立人是紧密相关的。

　　阿舍利石器不同于奥杜温石器,主要在于含有大量的手斧(图 14-12)。这是一种两侧对称的泪滴状的石器,长约 10～35 厘米,周边为锐利的刃口,下部为凿状的尖头,是一种通用的工具。砍器也是一种通用工具,它有两条直的边,但

没有手斧那样的尖头。在阿舍利石器中,石片已经不完全是制造石核工具的副产品,有些是特意从石核上切除下来,然后再进行修理而成。

　　打制奥杜温石器时打出什么样子就是什么样子,而打制手斧时,工具制造者心中有一个他想要制造的石器的模式,他是有意识地按一定的规制(即一定的程序和方法)打制的。打制手斧的技术比打制卵石砍砸器的技术复杂,还表现在打制卵石砍砸器仅仅使用石头去撞击石核以去掉石片(硬锤撞击法);打制手斧不仅需要使用硬锤撞击法,在进一步加工时,还需要用木头、骨、角去撞击以除掉石片(软锤撞击法)(图14-13)。并不是所有阿舍利地点都有手斧。在非洲手斧很丰富;东亚的阿舍

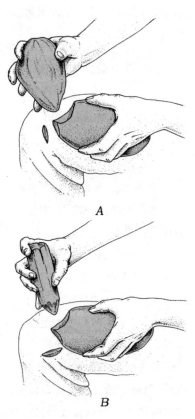

A

B

图 14-13　硬锤撞击法 (A) 和软锤撞击法(*B*)(引自 Jolly,1995)

利地点(如周口店北京人遗址)没有出土手斧,但出土了一些精致的两侧对称的尖状器(图 14-14)。在阿舍利地点被认定的石器类型比奥杜温要多,在东非的一个地点,曾整理出 18 种不同的石器类型,然而,它们似乎都不是为特殊任务而打制的,带有一定的通用性。

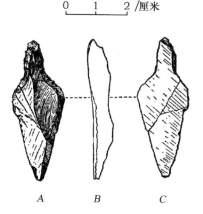

图 14-14 北京人用燧石打制成的
二侧对称的尖状器——"石锥"
(引自贾兰坡,1964)
A.背面;B.侧面;C.劈裂面
出自北京周口店

和石器相比,用木头、纤维以及骨、角制造的人造品不易保存。当石器尚存在时,它们早就已经分解了。考古学家在奥杜温和阿舍利地点很少能发现这些人造品。用显微镜检查石片石器发现,有些石器是用来切割木头的。在非洲和欧洲已经有证据表明,在直立人遗址,存在过经过加工的木制工具。人们知道得最清楚的是来自英国的克拉克托尼安的木矛。它是用紫杉树枝做成的棍,约 35 厘米长,4 厘米粗,前端被削出一个尖头。它可能是狩猎时用来冲刺的矛,也可能是挖掘块根和块茎的挖掘棍,断代为 24.5 万年左右。

在奥杜温和阿舍利时期内分别长达一百多万年,石器的制造虽然在复杂性上有所增加,但没有重大的技术革新。阿舍利最重要的技术发展并不在石器的打制上,而在于对火的控制。这是人类文化进化中最有意义的技术革新之一。使用火的证据最早来自周口店的北京人遗址,那里有大量的灰烬,烧烤了的骨骼和木炭。同样令人信服的证据来自匈牙利的维尔特作洛地点,在那里的一个洞穴中充满了烧焦的骨骼,断代 40 万年左右。

在 2.5 Ma,早期人属离开森林来到稀树草原,他们自身的装备是软弱的。但是,当他们制造并使用石器以后,锐利的石片无异于食肉动物的尖牙;挖掘棍好似野猪的鼻和长牙;石锤和砧像鬣狗能咬碎骨头的牙齿和颌骨;棍棒和木矛可以发挥羚羊角的作用;等等(图 14-15)。这就使他们可以利用原来无法利用的资源,进入原本由其他动物占有的生态位,使他们能很容易地从一种谋生策略转换成另一种谋生策略。石器的出现对于人的生存方式的形成有着重要的作用。

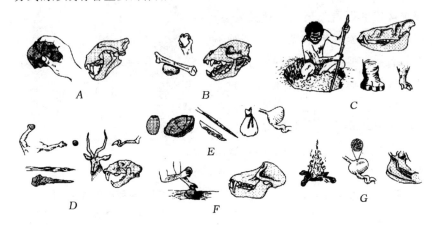

图 14-15　旧石器时代工具与功能类似的动物器官(引自 Stein,1996)
A. 石片,类似于食肉动物用以切割肉的尖牙;*B.* 锤和钻,类似于鬣
狗咬碎骨头的牙齿和颌骨;*C.* 挖掘棍,类似于野猪的鼻和牙、象等
动物的足;*D.* 投石、棍棒、矛,类似于食肉动物的尖牙和爪、羚羊的
角;*E.* 携带装置和容器(木制串肉签、树及托盘、鸵鸟蛋壳、龟甲等),
类似于动物的胃;*F.* 锤和钻,类似于狒狒咬碎坚果的颊齿;*G.* 火,
类似于食草动物的颌骨和牙齿,具有能有助消化的微生物的胃

是猎人还是尸肉捡拾者?

　　在东非大裂谷晚上新世和早更新世的古人类遗址,发掘出来许多奥杜温石器、南猿和早期人属的化石以及无数的动物骨骼。仅仅在奥杜温一个地点就发掘动物骨骼大约 2 万件,奥杜温石器 2500 件。在 20 世纪,人类学家对分布于世界各地的现存的狩猎—采集部落的生存方式进行了全面深入的研究,加上大裂谷遗址随处可见的石器与骨骼的组合,使"人即猎人"学说在 20 世纪 60 年代盛行一时。这个学说将早期人属社会想象成今日的狩

猎—采集部落。男性狩猎,女性采集植物性食物。他们依靠石器和计谋,依靠协作去捕获食草类动物,回到营地共同分享。协作狩猎选择了更大的脑量和更灵巧的手。"人即猎人"学说给人们描述了一幅早期人属生活的生动图景,曾经为多数人类学家所接受。

20世纪80年代,有些人类学家对"人即猎人"学说提出质疑。艾萨克(G. Isaac)和宾福德(L. Binford)等人对史前同一地点发现的石器和动物化石重新进行审视。他们认为,这不一定证明存在狩猎,也可能是捡拾食肉动物吃剩的尸骨,带到遗址将肉切割下来。他们还认为这时没有矛和弓箭等狩猎工具,单凭简单的奥杜温石器很难捕猎到大型的食草动物。

布恩(H. Bunn)在显微镜下观察现代兽骨上的切割痕,并和化石骨骼相对照,直接证实了早期人属用石刀切割骨上的红肉。在此基础上,希普曼(P. Shipman)又研究了切割痕和食肉动物咬痕的差别。他检查了遗址中15块动物骨骼化石,发现有五块化石,其切割痕和咬痕互相重叠,而且咬痕在下面,切割痕在上面(图14-16)。这表明,在食肉动物部分地享用了骨头上的肉以后,原始人才用石刀

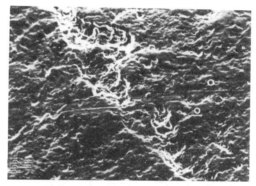
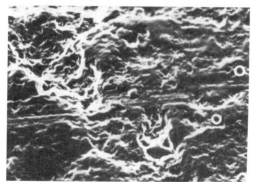

图 14-16　屠宰的证据(引自 Jolly,1995)

用扫描电子显微镜观察来自奥杜温峡谷的动物骨骼化石,发现有些骨骼上动物咬痕和人工切割痕互相重叠;食肉动物的牙的咬痕在石片的切割痕的下面

剔下剩余的红肉。

　　确切的考古证据表明了能人和早期直立人与其被说成是猎人,不如说成尸肉的捡拾者。这一点曾经使许多人类学家感到气馁。捡拾尸肉没有超出一般动物的谋生水平,它能成为这一阶段推动人类进化的引擎吗?

　　为了解决这个问题,布鲁门斯青(R. Blumenschine)等人到东非稀树草原进行了 20 个月的生态学考察。根据他们的考察,在宽阔的草原上,食肉动物(如狮子、猎豹等)遗留下吃剩下的尸骨,鬣狗和秃鹰很快就会光临(图14-17)。原始人要在狮子刚刚离去,鬣狗、秃鹰尚未来到时,把尸肉捡走几乎是不可能的,他们没有捡到尸肉所需的速度和力量。然而,假如大型猫科动物将猎物尸体遗弃在水边的林地,由于相对隐蔽,鬣狗和秃鹰不会马上赶到,这就给原始人类留下了机会。即使如此,原始人要捡到这些剩尸,又不会遭遇到狮子、鬣狗等凶猛的动物,仍然是富有挑战性的。

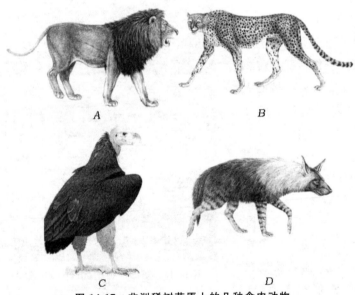

图 14-17　非洲稀树草原上的几种食肉动物

A. 狮子;*B.* 猎豹;*C.* 秃鹰;*D.* 鬣狗

为了捡拾到尸肉，原始人必须每天监测食肉动物休息、捕猎、进食的时间和规律，观察它们肚腹的大小以及猎物的日常活动，将这些绘成"记忆地图"。他们要善于捕捉和理解在水边林地存在有剩尸的信息，他们要制作适用的工具，包括用于割肉、剥皮和弄断关节的锋利的石片和用于破碎骨头、取出骨髓的石锤和砧。原始人通常在一个地方找到尸体，在另一个地方制造石器，两者之间也许有一个相当大的距离，因此需要一个计划，最省时地把二者搬运到一处，以保证尸肉没有腐败。

　　在上一讲中我们讲述了黑猩猩协作捕猎疣猴的故事。灵长类学家证明狩猎在黑猩猩社群个体之间的协作和食物共享中可能起着重要的作用。在热带雨林中，黑猩猩是大型类人猿，体长 68～94 厘米，而疣猴体长 43～50 厘米。黑猩猩捕猎疣猴，黑猩猩是强者。在稀树草原，原始人就自身体质条件而言，则是弱者，他们既没有利爪，又没有匕首般的尖牙，绝非食肉动物的对手，也敌不过食草动物挥动过来的角和踢过来的蹄子，他们行走的速度远不及食肉动物和食草动物。原始人要同狮子、猎豹、鬣狗等猛兽周旋，夺取剩肉，需要更可靠的情报、更狡猾的计谋、更默契的协作、更深入的计划以及与之适应的食物分配机制，此外，还不可缺少适用的工具。捡拾尸肉这种谋生方式对原始人仍然是富有挑战性的，不失为那个阶段进化的发动机。在德国舒宁根出土的三根 40 万年前的木矛，标志着到距今 40 万年前，人们才有可能捕猎大型食草动物。

　　事实上，捡拾尸肉和狩猎并非相互排斥的。原始人用捡拾的方法获得来自大型食草动物的肉食，同时用协作狩猎方法捕捉小的猎物。肉食成为原始人重要的食物，但仅占总量的 10%～20%。他们的主要食物还是地下块根和块茎。他们用挖掘棍或者手斧去开发这种资源。

直立人和厄尔盖斯特人的社会行为

　　灵长类是一种最聪明的哺乳动物。在上一讲中我们曾经谈到灵长类社群内部复杂的相互作用是智力发展的一个重要因素。有证据表明，从南猿演变到人属，社群内部个体之间的相互关系和相互作用更加紧密也更加复杂了。

(1)和南猿相比,人属不再具有那么显著和突出的"性二型"现象,这说明人属社群中,社会结构发生了变化。

前面已谈到狒狒和黑猩猩代表了两种不同的社会结构型式。在"性二型"方面,南猿正遵循着狒狒的型式,雄性的体重为雌性的两倍。由此可以合理地假设,南猿社群中的雄性彼此没有亲缘关系,它们之间缺少互利合作的遗传因素。早期人属则与黑猩猩相似,男性身材大于女性的不超过20%。早期人属的男性很可能与其同父或者同母的兄弟一起留在出生群中,他们之间有着互利合作的遗传基础。

有关的"性二型"现象说明,南猿雄性之间缺少互利合作,早期人属雄性之间存在互利合作,这种转变正好同生存策略的转变有关,是对新的生存策略的适应。早期人属不仅需要植物性食物而且需要一定数量的肉食,无论是捡拾残尸,还是更为主动的狩猎,都需要通过团队的协作来进行,它需要有意义重大的社会结构的变化以利于互利合作。

(2)直立人和厄尔盖斯特人向着现代人生长发育型式的变化,也深深地影响着他们的社会生活。

成年大猿的脑量大约为400毫升,其新生儿的脑量平均为其1/2,约200毫升。脑量这么小的新生儿要通过母亲骨盆的开口是没有任何困难的。然而,人的骨盆开口是有限度的,它是由两足行走的力学结构所决定的,其高限在385毫升左右。假如遵循猿的型式,新生儿在脑量为成年人的1/2(即675毫升)时出生,无论如何通不过骨盆的开口。现代人新生儿的平均脑量不到成年人脑量1350毫升的1/3,已经处于产道的高限。因此,在哺乳动物中只有人的分娩是艰难而痛苦的,常常带有风险。在医学发达的今天,每年总有一定数量的新生儿是经过剖腹产来到世上的。

现代人的新生儿是在其脑量为成年人的1/3时出世的,这是明显不同于猿的另一种生长发育型式。现代人新生儿的提前出世,使其变得更为软弱和不能自助。能人的成年脑量大约为600~800毫升,看来处于猿的生长型式与人的生长型式的分歧点上。直立人和厄尔盖斯特人的成年脑量在800~1200毫升。厄尔盖斯特人新生儿要在其脑量不到成年人脑量的1/2

时出生才能通过产道,这就把直立人和厄尔盖斯特人的生长型式推向人的方向。随着人属脑量的不断增大,其生长型式将更加脱离猿而趋向于现代人。

人类的新生儿过早地入世,断奶的年龄、性成熟的年龄、寿命以及妊娠期也都趋于延长。按照大猿和人牙齿发育和寿命长短的关系,猿在三岁时萌生出第一磨牙,寿命大约 40 岁。人在 5.9 岁时萌生出第一磨牙,寿命 66 岁。经研究,厄尔盖斯特人第一磨牙萌生时 4.6 岁,寿命平均 52 岁,已经明显向人的方向变化。

人类初生婴儿的提前出生,本来是一种生物学上的需要,但它却同时成为一种重要的文化的适应。人的生存方式及各方面的行为,绝大多数不是与生俱来的本能,而是通过学习获得的,是文化行为。人必须通过强化的学习才能适应人类的生活,他们要学习维持生存的全部劳动技能,要学习传统和社会习俗,学习复杂的社交技能,等等。漫长的儿童期为这种高强度的学习提供了机会。生长中的儿童和成年人的身体尺寸有大的差别,他们之间可以建立起师生关系,从而有利于儿童向成年人学习。如果按猿的生长模式,幼儿的身体较快达到成年的高度,则很容易产生对抗的关系而不是师生关系。儿童期的延长,需要亲代更为细致和更长时间的照料,这也无疑是增强社会凝聚力的一个因素。

(3) 性别的劳动分工和生活基地的出现,标志着人属社群有了内容更广泛的分工协作和更复杂的食物共享机制。

在阿舍利文化遗址,人们常常看到带切割刃边的石器和动物骨骼堆积在一起。这是早期人属进行屠宰的场所。人们还发现,有些地方存在大量手斧,其他石器很少,并很少发现动物骨骼。这些手斧可能更多地同挖掘地下块茎、块根并进行加工有关。宾福德根据阿舍利遗址工具分布的情况,假定早期人属存在着劳动分工,其特点是存在两种个体群,它们的采食区域不同,采食对象不同,需要的工具也不同。他进一步假定,这两种个体群就是雌群和雄群。正如一些人类学家所指出的,这种劳动分工不会使人感到惊讶。在我们的近亲,现在的灵长类动物中就有某些按性别进行的分工,例如,成年雌性黑猩猩更多负责抚育幼儿,雄性黑猩猩负责保卫领地,和邻近的黑猩猩进行"战争"。在厄尔盖斯特人和直立人中,由于新生儿过早出世和儿童期的延长,女性抚育幼儿的任务更加繁重,男性负责更富挑战性的捡拾尸肉或者狩猎活动。采集和狩猎这两种谋生活动需要不同的工具以及制造和使用这些工具的技能。在男性和女性之间出现进一步的劳动分工是一个合理的推论。

在厄尔盖斯特人和直立人遗址第一次发现"家庭基地"或称为"营地"的事物是早期人属社会生活发生变化的第四个重要证据。营地的出现意味着不仅在捡拾尸肉和狩猎的协作者之间存在食物共享,而且在寻觅肉食的人群和采集植物性食物的人群之间也存在着食物共享。营地又往往和火的利用联系在一起。有了火就能防御猛兽对营地的袭击,可以抵御寒冷,更重要的是可以加工食物,更进一步地利用好食物。

直立人和厄尔盖斯特人的生存方式进入一个新的等级

南方古猿除了二足直立以外,大部分性状仍然是似猿的而不是似人的。因此,人类学家称之为"二足猿"。到了旧石器时代早期,能人还带有许多过渡的特征。到了厄尔盖斯特人和直立人,在体质上已经是明显和南猿不同的另一种类型的人。他们有矫健的身躯,善于在开阔的地面上长途跋涉。他们的脑量已经增大到平均900多毫升,生长节律也已经明显地似人而不似猿。那么,早期人属在生存方式和行为上是否也发生了类似的变化呢?

在人类史前的厄尔盖斯特人和直立人阶段有若干个第一次:第一次按规制来制造工具;第一次表现出主动狩猎大型食草动物;第一次显现出家庭基地或营地;第一次使用火;第一次显示出有延长的童年;第一次走出非洲;等等。这许多个第一次说明什么呢?

我们已经讨论过早期人属如何制造工具、使用工具,他们协同地去捡拾尸肉和狩猎、食物分享、劳动分工等等。所有这些没有一件是人所特有的。这种情况突显出人与黑猩猩之间的连续性。

然而,并不是说在这些方面,直立人与黑猩猩没有差别了。相反,它们之间存在着明显的差别,而且具有不可忽视的意义。

拿制造工具而言,人们曾经认为只有人才能制造工具,有"人是工具制造者"的说法。自从发现黑猩猩也能制造工具后,这个命题就不能成立了。然而黑猩猩制造工具和早期人属制造工具有相同的地方,也有不同的方面。黑猩猩只能徒手制造工具,使用的材料不可能是石块这样硬质的物体;而早期人属却能用工具去制造工具,打破了徒手制造工具的局限,为工具的发展开拓了广阔的前景。我们可以把黑猩猩的工具称为猿级工具,而将早期人属制造的工具称为人级工具。

就工具行为在生存策略中所起的作用而言,黑猩猩和早期人属也是有所不同的。在黑猩猩,通过工具获得的食物在它所获得的食物中所占分量并不大,是辅助性的。在被调查的非洲八个黑猩猩群体中,只有两个群体能习惯性地用锤子敲开坚果,获得可食的果仁,其他六个群体不存在这种行为;同样只有两个群体习惯性地用枝条钓白蚁,其他六个群体不存在这种行为。由此可见用锤子敲开坚果,用树枝钓白蚁并非黑猩猩不可缺少的谋生策略。而在早期人属,由于没有锐利的爪子和尖牙,在他们获得尸肉或者猎物后,必须用石器进行屠宰,才能享用肉食。在稀树草原,没有大量的果实供早期人属采集,他们所需的植物性食物主要是地下根茎,采集时就需要挖掘棍和手斧等工具。这些说明了工具行为是早期人属的基本谋生手段。

前面我们已经讨论了,早期人属捡拾剩尸并不是原先人们设想的,既不需要协作,也不需要太多智能的动物式的搜寻,而是需要工具、需要协作、需要智能的富有挑战性的谋生活动。这一点也不会让我们奇怪,黑猩猩就是靠协作、靠智能去捕获疣猴的。将早期人属在稀树草原强手如云的条件下捡拾尸肉和黑猩猩在热带雨林捕获弱小的疣猴相比,前者需要更多的认知能力和智能。

在厄尔盖斯特人和直立人的历史上出现了两件大事:一是开始主动地捕措大型食草动物;一是走出人类的摇篮——东非大裂谷,走出非洲,走向广袤的欧亚大陆。对于非人的动物,生存方式的重大变化或者迁徙到新的环境,总是伴随着一定的体质上和形态结构上的变化,而人却靠新的工具和技能去解决问题。早期人属从捡拾尸肉发展到主动狩猎,不是由于他们走得比食草动物还要快,也不是由于他们的拳脚变得比食草动物的角和蹄子还要有力量，而是发明了可以投掷并能刺伤动物的长矛。当厄尔盖斯特人和直立人的后裔迁移到寒冷的高纬度地区以后，并不是以变得浓密的体毛来御寒，而是将兽皮披在身上来御寒。使用工具和其他人造物（如火、遮蔽身体的兽皮）的体外适应，得到长足的发展，并成为主要的适应方式。这些都突显出人属采取了不同于一般动物的特有的生存方式。这种生存方式具有什么特点呢？

不受自身天然装备的局限而更多地依靠工具及其他人造物，不仅靠体力，而更多地借助智力；不是靠单打独斗，而是依赖社会分工协作，去解决生存问题，这正是人类生存方式的一些特点。我们将具有这些特点的谋生活动称为劳动，而且把"劳动"这个词仅仅用在人的身上。我们不可低估劳动的形成和发展在人类进化中的作用。厄尔盖斯特人和直立人的生存方式已经在一定程度是似人的。在从猿到人的进化过程中，他们已经进入一个新的等级。然而，在我们看到早期人属生存方式似人的一面时，要加倍小心，不能把他们的生存方式设想得过于现代了。在这期间，工具和技术的发展十分缓慢，长期处于停滞不前的状态。从250万年前出现石器到40万年前出现手斧，在长达200万年的时间里，石器技术没有出现重大的革新，也还没有令人信服的证据说明已经有了能充分表达的口语。人们的思维还在很大程度上被禁锢在直接经验的牢笼之中，没有获得能自由驰骋的空间，他们认知的能动性受到很大的限制。在下一讲中我们会讲到，只有等语言、象征思维有了充分的发展，技术革新的速度才会大大加快。在那以后，生存方式才是完全的人的生存方式，即现代人的生存方式。

第十五讲

向现代人转变

距今 25 万～4 万年前，分布于非、亚、欧三洲的古人类，脑量已经接近或达到现代人的水平，他们创造了比阿舍利更先进的文化，在考古学上称为旧石器时期的中期。到了距今 4 万年以后，已经是现代人（即智人）一统天下。现代人的起源及他们迁徙到全世界是人类演化史上的一件大事，也是地球发展史上的大事。

转变中的直立人

在直立人超种存在的时期，其脑量有缓慢增长的趋势。直立人脑量变异的幅度达 800～1000 毫升。上新世的中后期出现了一些化石人类，他们的脑量已显著扩大，但仍然保留一些直立人的原始特征，如有浓重的眉嵴，前额后倾，整个颅骨显得粗犷等。人类学家曾将这些化石人类称为远古智人。

1907 年在德国海德堡发现一个下颌骨，断代在距今 50 万年前，它既有古老的性状（粗犷），又有现代性状（磨牙较小），1908 年被命名为海德堡人。在 20 世纪 30 年代中期，又发现了若干兼有原始和现代性状的人类化石，如在德国斯坦海姆和英国斯旺斯库姆发现的颅骨，断代在距今 30 万～20 万年。斯坦海姆颅骨有厚重的眉嵴和低的前额，但脑量估计已达 1150 毫升。斯旺斯库姆颅骨与之很相似，脑量已达 1250 毫升。现在，将这些既有原始性状又有现代性状的化石都归属海德堡人（图 15-1）。

在非洲发现的和海德堡人同时代的化石也表现出相似的性质。如 1921 年在赞比亚布罗肯山的卡布韦发现一个相当完整的头骨，距今约 20 万年。颅骨大，脑量为 1280 毫升，但有倾斜的前额，显著的眉嵴，肢骨比尼人细长。现在，把这些非洲标本也放在海德堡人中，他们仍属于直立人超种。

目前，人类学家们接受这样的看法：海德堡人是欧洲的尼人和非洲的智人的祖先。

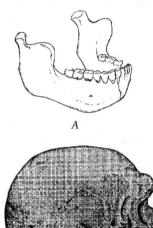

图 15-1 海德堡人化石

（引自 Lewin，2004）

A. 下颌骨（来自德国海德堡）；

B. 颅骨（来自斯坦海姆）

尼安德特人和莫斯特文化

尼安德特人及其分类地位

尼安德特人是最早被人们认识的化石人类。其化石是 1856 年在德国杜塞尔多夫附近尼安德河谷的一个山洞中发现的,那时人们还不能理解这些化石的重要性。现在认为尼人是新生代最后一个冰期,分布于欧洲和西亚一带的一种大脑袋化石人类。尼人所创造的莫斯特文化是旧石器时代中期文化的重要代表。

尼人有大的面部、大而低的颅骨和浓重的眉嵴。脑量平均约为1400毫升,颅骨的后部凸出成馒头形。尼人的鼻子突出而宽大,被认为是对季节性寒冷和干燥环境的适应,下颌没有显著的颏(图 15-2)。自从现代人单一起源学说被广泛接受后,人们认为尼人和智人是人属的两个不同物种。尼人身材矮小,男性身高大约 150 厘米,女性还要矮一些;手臂短,关节粗重,附着以强有力的肌肉,再加上厚实的颈部肌肉,尼人比现代人要粗壮得多(图 15-3)。除了这些体质上的差别,在行走、奔跑、用手去做各种各样的事情等方面和现代人是相同的。

由于尼人的脑量甚大,但又有和直立人相似的粗犷外形,人类学家曾经认为尼人是一种远古智人。由于尼人的脑量已经超过1300毫升,达到智人的水平,但在某些体质性状又和现代人有所差别,所以曾经把尼人和现代人列为智人的两个亚种。尼人的学名

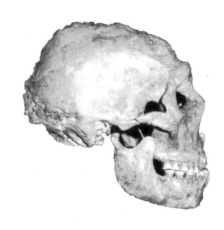

图 15-2　尼人颅骨(引自 Jolly,1995)
来自伊拉克的沙尼达尔

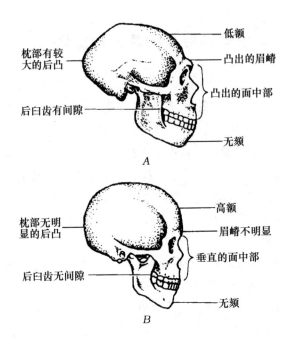

枕部有较
大的后凸

后臼齿有间隙

低额

凸出的眉嵴

凸出的面中部

无颏

A

枕部无明
显的后凸

后臼齿无间隙

高额

眉嵴不明显

垂直的面中部

无颏

B

图 15-3　尼人(A)和智人(B)头骨的比较

曾经是 *Homo sapiens neanderthalensis*,现代人的学名曾经是 *Homo sapiens sapiens*。人类学家又根据尼人和智人有最近的共祖,让他们同属智人超种。

尼安德特人的文化

　　1860 年,在法国的莫斯特发现了第一个片状石器,以后,人们将这种石器文化称为"莫斯特工业"。大约至 20 万年前,海德堡人创造了"勒瓦类锡技术",这是一种从石核中获得石片的打制技术。石器制造者先在石核上敲出一个突出的台面,然后打击台面,打出成型的石片,再对石片进行精细的加工。尼人改进了"勒瓦类锡技术",使他们从石核中打制出来的石片比用"阿舍利工业"的打制方法,刃边长得多,石片的数目也多得多(图15-4)。"勒瓦类锡技术"推动了莫斯特文化的形成和发展。莫斯特工具主要由石片制成,原先通用性强的手斧逐渐减少,代之以各种刮削器、锯齿形石器、尖状器、石刀,有些石器是绑缚在木杆上使用的,石器种类多达六十多种(图15-5)。不同地区的尼人制作的石器有所不同,假如某一地区刮削器特别多,可能是由于制造者生活在寒冷条件下,用刮削器去制备皮革用以御寒。

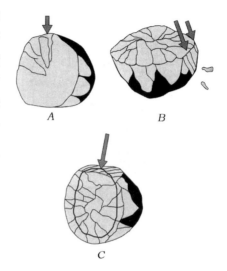

图 15-4　勒瓦类锡技术

(引自 Jolly,1995)

A. 修整石核,形成一个平面;*B.* 从石核的一端去掉一些小的石片,形成一个显著的平台;*C.* 对台面做一次准确的敲击,剥离出一个大的石片,这就是制成的工具

在莫斯特文化阶段,即距今40万～20万年前,尼人已经能捕获成群的大型食草动物。一个重要的证据是,在这一时期,某些遗址积聚着大量的动物遗骸。例如,在法国西南锚伦的开阔地点有108具野牛的骨骼,在克里米西的斯泰洛塞发现5.89万块野驴骨骼,代表了287头个体。最令人吃惊的是在匈牙利的伊勒卡亚发现了多达1200头野牛的骨骼。对这些骨骼进行年龄分析,发现各个年龄段的野牛都有,其比例同野生兽群中的年龄比相吻合。用X射线对骨骼和牙齿进行分析,生长发育不正常的所占比例并不高。看来,这些化石标本不是因疾病或意外事故造成的自然死亡,而是尼人有组织的捕获所致。在这一时期,曾经在一具化石长毛猛犸的胸腔里发现了一根矛,证明矛是专门用于狩猎的工具。可以设想一群尼人手执工具去驱赶兽群,使之因跳越悬岩而堕落死亡,或者因进入狭窄的山沟而被捕捉。

从莫斯特遗址,人们发现了最早的、令人信服的人工蔽所的证据;在乌克兰的莫洛多瓦的一个遗址,发现用长毛猛犸的长牙排列成环形,中间是工具、

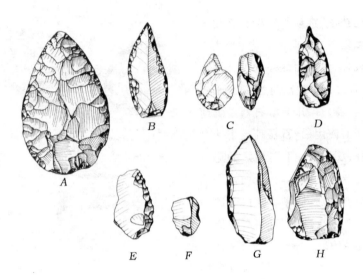

图 15-5　几种常见的莫斯特石器

骨骼和灰烬,这些长牙可能是用来固定覆盖在木头框架上的兽皮的,灰烬则是炉床的遗迹;在西班牙的古依瓦发现了石灰石砌的墙;在法国拉佛拉西发现了石灰石地板等人工蔽所的遗迹。从直立人到尼人,人们从利用天然蔽所做营地发展到用人工蔽所做营地。

　　尼人是最早有意识地、仪式性地埋葬死者的人。在一个遗址,年轻死者的墓床周围,插有野山羊的角,尖头朝下;在另一遗址,一个男性死者的遗骸及其周围有不少花粉,说明死者被葬在花床上,死者身上曾放置许多鲜花。这些事实使一些人类学家相信,尼人已经认识到每一个人都是独特的,认识到个体对社会以及社会对个体都是重要的。

　　在伊拉克沙尼达尔洞穴中埋葬着八个人,断代距今约 4.6 万年。其中1 号化石人有好几处外伤,右膝、踝和第一个跖蹠关节有关节病,右臂、锁骨、肩胛骨没有充分发育,右边肱骨在靠近肘关节处被切掉,这可能是最早的一次外科手术。情况表明,该个体在经受了严酷的痛苦之后,还继续生活了一段时间。这意味着,在尼人群体中残疾人得到照顾。尼人在文化上取得多方面的进步,超越了他们的直立人祖先。

克罗马农人及智人的起源

最先发现的化石智人——克罗马农人

大约在4万年前,欧洲制造石器的方法又一次发生了变化。一种新的制造石叶工具的技术出现了。这标志着人类从旧石器时代的中期进入到旧石器时代的晚期。与此同时,克罗马农人逐渐取代了尼人。克罗马农人已经是解剖学上的现代人,即智人,是最早被发现的化石智人。

克罗马农人的化石是1868年在德国勒伊折斯山谷附近一个名叫克罗马农的地方被修筑铁路的工人发现的。此后,拉尔德特(L. Lartet)继续进行发掘,发现多达五具古人类的遗骸,与这些人类化石在一起的还有动物的骨骼、用贝壳做成的项链和石器。这些人造物后来被统称为奥瑞纳文化。

和尼人相比,克罗马农人在体质上完全是现代人了:身材修长,前颌高,没有眉嵴(图15-6)。但是我们不能用欧洲西部和北部的当代人去推测当年克罗马农人的相貌。后者面部宽而小,下颏突出,脑量比较大,可达到1590毫升,他们的身高在163~183厘米之间。

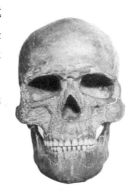

**图15-6 克罗马农人
颌骨**(引自 Stein,1996)
来自法国克罗马农

石叶工具是克罗马农人经常使用的主要工具。石叶是一种窄而长的石片,具有大致平行的边和非常锐利的刀刃,它是用精心制备的石核打制出来的(图15-7)。制造石叶的技术对燧石的利用比"勒瓦类锡技术"更为有效。用同样多的燧石打制石片,采用石叶技术打制出的刃边的长度是用"勒瓦类锡技术"的2~10倍。克罗马农人利用基础石叶进一步加工成多种专门化的工具,它们往往是为特殊目的设计的。

在旧石器时代晚期,骨骼、角、象牙等材料已经普遍被用做制造工具的

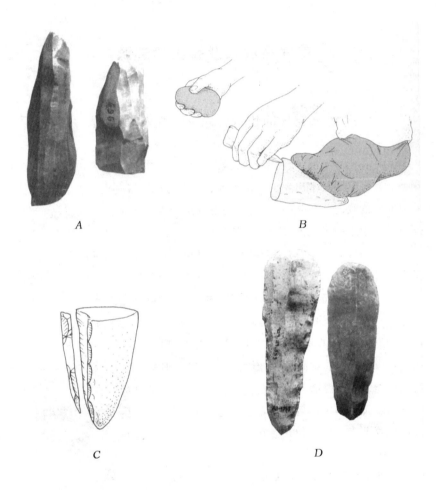

图 15-7 石叶技术(引自 Jolly,1995)

A. 精心准备的石核;B. 石叶的剥离;C. 剥离的石叶和有关的石叶疤痕;

D. 最终的产品:用石叶制成的括削器

原料。这些材料有许多地方优于石头,如不易破碎,强有力,易于加工,而且材料来源丰富。克罗马农人发明了一种专门加工骨、角、长牙的工具——刻刀(图15-8)。它有一个凿子样的尖头,用力时不易折断。有了刻刀,骨、角、牙工具日益增多并得到广泛应用,其中包括矛的尖头和制作衣服的针。在

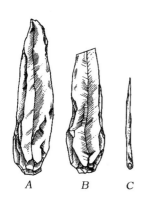

图 15-8　刻刀与针

A. 石叶；*B.* 刻刀；*C.* 针

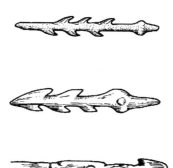

图 15-9　用角制成的倒钩尖头和

矛状投枪(引自 Newton,1996)

属于旧石器时代晚期马达利那文化，

距今 1.1 万～1.3 万年

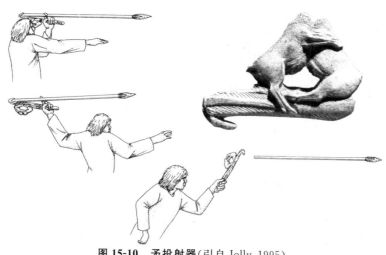

图 15-10　矛投射器(引自 Jolly,1995)

属于旧石器时代晚期马达利那文化

距今 4 万～1.1 万年之间,矛尖头的制作经历了多次变化,最后是用光滑的角制成的。角制尖头绑缚在矛杆上,成为狩猎中用以刺杀和投掷的工具(图 15-9)。20 世纪 90 年代,一些人类学家参照考古获得的实物,重复了矛的制造,使用证明它能刺伤动物,这就证明了旧石器时代出现的矛确实是用于狩猎的工具。大约在距今 2.2 万年,克罗马农人发明了矛投射器(图 15-10)。这种装置长约 30 厘米,一头有一个柄,另一头有一钩用以装上矛。这是一种能将矛高速投出,使动物致死的利器。克罗马农人用这些工具装备起来,成为熟练的猎人。

克罗马农人在平原上狩猎食草动物。当冰川向北退去时,欧洲的气候条件和今日的北欧相似,食草动物有野牛、猛犸、犀牛、驯鹿等。克罗马农人精通捕猎这些动物的技术,有时也像尼人一样,把动物驱赶去跳越悬岩,或者将其逼入狭窄的沟壑,然后捕捉。这些猎物除了作为克罗马农人肉食来源以外,兽皮是制作衣服或遮蔽物的材料,骨、角、牙是制作工具的材料。有证据表明,他们还用动物油脂做油灯。

克罗马农人有时利用突出的岩棚建造人工蔽所,有时将人工蔽所建在河流的谷地以防御来自高原的寒风。和尼人一样,克罗马农人也有埋葬死者的习惯,为死者佩戴装饰品,如用象牙做成的手镯和项链。

克罗马农人创造了人类早期艺术。一种被称为可携带的艺术,包括小雕件、雕像和装饰性的工具,它们是由石头、骨、角、牙等材料制成。特别

图 15-11 "维纳斯"小雕像

(引自 Stein,1996)

出自奥地利维伦多夫,高 11.1 厘米

图 15-12　洞窟艺术（引自 Stein，1996）
来自法国多尔多涅

引人注意的是许多妇女形象的雕像，它们是按同一风格创造出来的：突出了乳房和生殖区域，像是怀孕的样子，人类学家推测这是一种被认为能保佑家族繁殖能力的护身符，取名为"维纳斯"（Venus）（图 15-11）。另一种是绘制在洞穴的墙壁和顶上的艺术，称为墙壁上的艺术。早期是一些轮廓画（如各种动物粗略的外形），后来成为身上涂上颜色的动物画（图 15-12）。到了马达利那文化时期，用描影的方法突出动物的某些性状，画面更加生动并富有色彩。

在旧石器时代晚期以前，工具和技术以 10 万年时间为尺度变化着。在这以后，工具和技术以千年为尺度发生变化。间断式的创新模式不见了，取而代之的是技术的不间断的发展和完善。贵重饰物、雕像、壁画的出现证明当时的人们已有足够能力从事象征思维，这是在人类进化历程中划时代的里程碑。

智人的起源

距今 4 万～3.5 万年前,在欧洲的考古记录上,智人(克罗马农人)取代了尼人。尼人四肢短、身材矮而粗壮,智人四肢细长、身材苗条轻巧。旧石器时代中期的石器,大多数还是简单的工具,几万年没有变化。石器之外能找到的文化遗存不多。旧石器时代晚期则不一样了,在不到 1 万年的时间里,所有的人类社群都会制作先进武器,形成远距离贸易网,并以雕刻、壁画、音乐来抒发自己的感情。以地质年代的时间尺度来衡量,这不过是短暂的一刻,人类行为就发生了如此大的变化,堪称"大跃进"。

如此富有创新精神的智人从何而来? 他们和尼人是什么关系呢? 对这个问题,曾经有两个完全不同的学说:

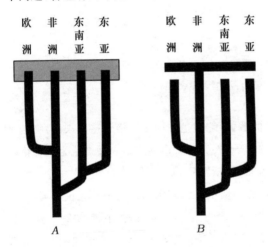

图 15-13 现代人起源两种观点图解

A. 多地域起源假说;*B.* 单一起源假说

一种称为多地域起源假说(multiregionalist hypothesis)。该假说主张,智人起源于整个旧大陆原先有直立人、远古智人或者尼人的地方,他们分别是今天生活在世界各地原住民的直接祖先(图 15-13)。

主张多地域起源假说的人类学家认为,在人属进化过程中,无论是在东亚、东南亚、中东,还是在非洲、欧洲,文化的适应愈来愈重要,体质上的生物学适应退居次要位置。人们越来越多地依靠工具、火、人工蔽所、衣服等来适应环境。所有这些文化产物是依靠学习传承的,而不是通过基因遗传的。不同地区的人属都承受相似的选择压力,都朝着脑扩大这个方向演化。这种假说还假定不同地域的人群彼此之间保持着一定的基因交流。唯其如此,今天的人类才可能属于同一物种。

另一种假说称为单一起源假说(single-origin hypothesis)。它认为,智人起源于某特定地域,然后迁徙到其他地域,并取代了那里原先的人属成员。这个地域就是非洲,所以又称为"出自非洲"(out of Africa)假说。

直到不久以前,在以色列一些洞穴中发现的人类化石还是明显地有利于多地域起源假说的。所有来自基巴拉、塔邦和阿马德的尼人化石,断代大概在 6 万年前;而所有出自斯库尔和卡夫扎的智人化石,断代大概也都在 5 万～4 万年前。到 20 世纪 80 年代,这个顺序被推翻了。用电子自旋共振等新的技术测定,发现斯库尔和卡夫扎智人化石的年代为距今 10 万年。到目前为止,已知最早的尼人化石年代为距今 15 万年。而在 2003 年,古人类学家公布了埃塞俄比亚赫托智人化石的年代为距今 16 万年。2005 年 2 月科学家宣布埃塞俄比亚欧莫智人化石断代近 20 万年。由此可见尼人不是智人的祖先,他们几乎是同时从海德堡人中演化而来的两个人属物种。

20 世纪 80 年代,分子遗传学为单一起源假说提供了新的论据。细胞中的遗传物质集中储存在核 DNA 上,但核外的线粒体(在植物细胞中还有质体)也含有 DNA,这是核外遗

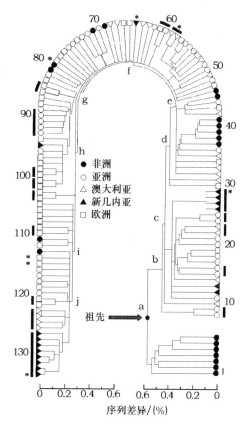

图 15-14　根据各地人群线粒体 DNA 序列差异绘制的谱系图(引自 Lewin,1989)

传物质。卵子和精子融合而成为合子，卵子提供了核和细胞质，其中包含线粒体，而精子只提供核。美国埃默里大学的华莱士（D. Wallace）和加利福尼亚大学伯克利分校的威尔逊（A. Wilson）小组分别对来自世界各地人群的线粒体 DNA 进行测试，证明所有现代人线粒体 DNA 的差异很小，表明它们有一个较近的共同来源。根据其差异程度排列成谱系表，最后追溯到非洲的人群，并由此可推测出现代人大约起源于 15 万年以前（图 15-14）。由于线粒体是母系遗传的，追溯到最后落在母性祖先身上，这种假说又被称为线粒体夏娃学说（mitochondrial Eve model）。

当智人从非洲扩展到欧洲和亚洲时，是否可能和当地原有人群杂交？单一起源假说的拥护者本来是准备接受这种可能性的。但是对线粒体测定的结果否定了这一点。迄今所做的测试在现代人中没有发现非智人的线粒体 DNA。这意味着智人完全取代了各地原有的古老人群。

语言和象征行为的起源

语言和象征行为之间有着十分密切的关系。语言本身就是一种象征物，而且是人类最重要的象征物。人们用语言进行交流，用语言进行思考，用语言作为体外信息储存的载体，这是人类最常见、最重要的象征行为。

在第十四讲中，我们曾讨论了厄尔盖斯特人和直立人生存方式已有了一些人类生存方式的成分，但他们的技术长期地停留在一个水平上，经过很长的时间才发生一次有意义的革新，究其原因就在于他们还没有可以充分表达的语言。

在旧石器时代中晚期推动人类自身及其文化进化的主要动力即为语言和象征行为的进化。

语言的进化

在人类进化历程中，语言是如何产生的？对此大体上有两种观点：

第一种观点把语言看做是人所独有的特征。它是在旧石器时代晚期迅速出现的,距今仅 4 万年左右。语言学家乔姆斯基(N. Chomsky)是这种观点的代表人物。他认为,语言的出现是一个偶然事件,是一种一旦越过某种认知门槛就会出现的能力,一种内在的语言本能,无须指望自然选择在语言的起源中有什么作用。对乔姆斯基学派来说,在人类历史的早期寻找语言能力没有多大用处,在我们的"堂兄弟"猿和猴中寻找更是徒劳无益的。

第二种观点认为,语言是随着人属的出现而开始,并在人类史前漫长时期逐渐发展而产生的,虽然不排斥在后期有一个比较快的跃进。

我们史前时代的祖先如果有语言能力,他们所说的话不可能成为化石而遗留下来。人类学家只能凭借间接证据来研究语言的起源,这些证据包括脑的状况、发声器官以及工具等人工制品。

我们知道,在人属进化过程中,人的脑量在持续地增大。作为人属的祖先,非洲南猿的脑量为 440 毫升,到能人跃升 660 毫升,在这以后,直立人为 935 毫升,智人为 1350 毫升。脑商是一个很有意义的参数,由于脑量和体重是高度相关的,我们可以设置对每一种体重的脑量的期望值,化石人类的脑量和相对应的期望值的比值即为脑商。黑猩猩的脑商为 2.1,非洲南猿的脑商为 2.3~2.6,能人为 3.0。直立人达到 4.0 以上,而智人超过了 5.0。

古代人类化石不可能提供脑的内部结构的信息,但是颅骨内膜仍然给我们提供了两条重要线索。在人的大脑左半球靠前有一个白洛嘉区(图 7-10),这是一个控制语言的运动区。白洛嘉区受损害的人,说话都不正常;其特点是,说话吃力、缓慢,发音不清,一般不能讲出形式完整、合乎语法的句子,但患者的意思清楚。白洛嘉区是大脑皮层外表的一个小的包,它能在脑的外膜上留下印记。经检查,猿没有白洛嘉区,现代人有白洛嘉区;而在化石人类中,南猿没有白洛嘉区;鲁道夫人以后的人属有这个控制语言的运动区。

现代人脑左、右两个半球大小略有不同。在大多数人中,左半球大于右半球,部分原因是同语言有关,部分原因同惯用右手有关。在 KNM-ER 1470 号头骨内膜发现左半球大于右半球。

神经学家迪肯(T. Deacon)比较了猿脑和人脑之间神经联络的差别。他指出,变化最大的恰恰是反映了口语的特殊运用要求的那一部分脑结构。从早期人属脑量开始扩增一直到智人脑量达到 1350 毫升,长达二百多万年。我们不能设想在这期间脑量的增大和口语无关,而仅仅在 4 万年前历史进入旧石器时代晚期才从智人的脑袋里突然地出现语言功能。我们确实不知道在人属进化过程中反映口语要求的脑的内部结构和神经联系是如何逐步形成的,但毕竟证明白洛嘉区和左脑优势在早期人属就已经出现。因此,可以认为化石脑的材料并不支持语言突然出现的观点,而是有利于这样一种看法:语言是随着人属的进化而开始,并在以后漫长的时期内逐渐进化产生的。

这里产生了一个问题:有利于口语的选择压力是什么?按照连续性模式,最早出现的口语是一种不完善的、欠发达的口语,它会给我们的祖先带来什么好处呢?在上一讲中讲到,早期人属是一种稀树草原上的聪明机灵的杂食者,捡拾尸肉、狩猎、采集地下块根和块茎是一种比猿的生存方式更具挑战性的生存方式。随着这种生存方式日益复杂,人们之间的有效沟通变得越来越有价值,由此产生的选择压力稳步推动语言能力的改进和提高。结果,古猿的情绪性鸣叫变得带有结构性,逐步具有陈述功能。语言很有可能是因早期人属新的生存方式的需要而产生并逐渐发展起来的。

研究语言起源的第二个证据来源是发声器官的解剖结构。除了人以外的哺乳动物(包括与人最亲近的黑猩猩在内),其喉位于咽喉的高处,仅仅用口腔和唇的形状变化对喉发出的声音进行修饰。而人则不同,喉位于咽喉的低处,人除了用口腔和唇,还用声道的变化来修饰声音。人类的婴儿出生时,喉也在咽喉的高处,大约在 18 个月时开始向下移,在 14 岁时达到成年人的位置。口腔、唇、声道等软组织无法成为化石保留下来,但是,人类学家发现猿和人颅骨基部的形态和喉的位置是相关的。猿的颅底是平的,而人的颅底是弯曲的。人们可以根据古人类化石颅底的形状来判断发声器官中喉的位置。

莱特曼(G. Laitman)等人指出,南方古猿的颅底和现代猿一样是平的,反映其喉部位于咽喉的高处。迄今没有发现能人的完整的颅底,缺少这方面的资料。直立人的颅底已经显现出弯曲,喉已经开始向下移动,其位置相当于八岁的智人儿童。30 万年前远古智人的颅底已经充分弯曲,喉已经达到现代人的位置。

在莱特曼发表的材料中,问题出在尼人身上。根据当时的资料,尼人的颅底是平的。后来弗拉依尔(D. Frayer)将著名的圣沙拜尔的尼人颅骨化石进行重组,发现其颅底比原先设想的要弯曲得多,不仅在颅底的形状上,而且在舌骨的形状以及颅骨底部神经从脑干到舌的通道——舌下管的大小,尼人均和智人相似。这些和发声器有关的证据都证明尼人和智人有相似的语言能力。根据智人单一起源学说,尼人和智人之间并没有亲缘上的传承关系,而是在旧石器时代中后期平行进化的两个物种。如果尼人和智人有着相似的语言能力,那么在他们的共同祖先那里极有可能已存在语言。从这方面的资料看,不像乔姆斯基学派所主张的语言仅仅是旧石器时代晚期才出现的,语言有着更深的历史渊源。

最后,来看看人工制品(包括工具和艺术品),将告诉我们一个怎样的关于语言起源的故事。

制造工具需要语言吗?制造简单的工具有一定的模仿能力就可以了,并不需要语言。黑猩猩能制造白蚁杆,它并没有语言。然而,如果不同的工具制造者在不同的时间和不同的地点,能够按一定的规制,制作出符合同一标准和模式的工具,就需要语言了。规制愈复杂,愈具有规范性,就愈需要语言。

1976年,艾萨克(G. Isaac)考察了旧石器时代工具的演变过程。在250万~140万年前,奥杜温文化的工具是打出什么样子就是什么样子,无规律可循,人们关心的是打出锋利的刃边而不关注形状。在140万~25万年前的阿舍利工具组合,大多数工具的制作和奥杜温相似,总共也只有十来种石器类型,但已经有了手斧。这是一种具有一定标准和模式的石器,它是制作者按照心中所想的样板,遵守一定的规制打造出来的。从大约25万年前起,海德堡人和尼人用"勒瓦类锡技术"打制石器,这是按照一个包含多个步骤的程序打制的石器,大约有六十多种可辨认的莫斯特石器类型,而且有不少石器是专用的。到了3.5万年前,旧石器时代晚期文化出现在历史舞台上,更为先进的石叶技术取代了"勒瓦类锡技术"。制作工具的材料从石头扩展到骨、角、长牙。工具的类型更多,达一百多种。更为重要的是技术创新的速度大大加快了。在这之前技术的变化非常缓慢,长期处于停滞状态。尼人的莫斯特文化在20万年的时间里始终没有什么变化,而从3.5万年前开始技术以 1000 年的时间尺度在变化。

艾萨克认为,根据工具发展的历史(特别是制作规制的形成和发展),某种口语在人属进化过程中是逐步出现的,而在旧石器时代晚期伴随着一场技术革命,语言的进化也出现了一个爆发式的发展。这种观点和上述从解剖证据得出的结论是可以互相包容、互相补充的。语言的产生和发展既有远古的渊源,又有晚近的飞跃。

有些人类学家认为,只有岩棚和洞穴中的绘画和雕像这一类艺术品才是语言的可靠的指示物。在 20 世纪 90 年代人们认为,这些象征物是在 3.5 万年前突然出现在考古记录上的,这就成为乔姆斯基学派认为语言是在旧石器时代晚期突然出现的考古学证据。这种观点和上述语言逐渐形成的观点彼此无法妥协和调和。不过,现在有关考古资料正在发生变化,我们将在下面加以介绍。

象征思维和行为是怎样产生的?

由于绘画、雕刻等人造物和语言都是人类创造的象征物,这些艺术品就必然被视为语言的一种可靠的指示物,虽然我们并不认为它是唯一的指示物。当历史进入旧石器时代晚期,在考古记录上几乎在一瞬间涌现出成套的先进工具、武器、壁画、雕刻、骨笛、远距离的交换和伴有许多装饰品的埋葬。人类学家曾经认为,象征思维和象征行为是这个时期突然出现的,语言也是在这个时期突然出现的。最近几年,人们的认识已经或者正在发生变化,人们确认在 3.5 万年前发生过一次行为的大跃进,但也有越来越多的证据说明,智人举世无双的认知能力有着古老的渊源。

现在已经发现,在旧石器时代中期,不时地显现出那些指证为象征思维和行为的文化遗存,不过在时空分布上不像旧石器时代晚期那样处处可见。在西亚和欧洲出土的遗存,如以色列奎乃蒂拉遗址出土的一块燧石,表面刻有同心圆弧(63 万年前),这是一种象征性图案;以色列贝列卡特蓝出土的石人像(23.3 万年前)(图 15-15),这是以前认为只有在旧石器时代晚期才有的可携带的艺术;在德国舒宁根出土的三根掷矛(40 万年前),这是

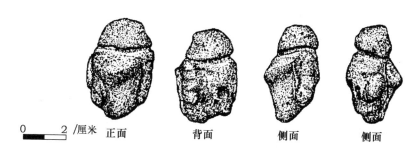

图 15-15　人体小雕像(引自 Jolly,1995)

发现于以色列贝列卡特蓝阿舍利文化遗址

经过精心加工制作的武器。在非洲也发现了许多旧石器时代晚期以前的象征性文化遗存,如在肯尼亚巴林哥湖附近一遗址,找到 35 万年前的石瓣器。学术界一度认为石瓣器是欧洲旧石器时代晚期代表性器物。在另一遗址出土了大量赫石(赤铁矿石)以及研磨赫石的石磨。这说明生活在巴林湖附近的旧石器时代中期的人已经懂得用颜色达到某种象征性目的,如用红色装饰身体。坦桑尼亚的曼巴岩棚出土的 13 万年前的工具,有黑曜石制作的石器。这些黑曜石来自 320 千米外的火山熔岩,这样的证据使人不得不考虑这样一种可能性:制作石器的人与其他远处的族群交易本地没有的材料。在南非布隆伯斯洞 7.5 万年前的地层里,出土了一批先进的工具。有几百件双面尖器,有的仅 2.5 厘米,也许是接在木杆上的矛尖。有四十多件骨器,其中有做工精细的锥子。最值得重视的是有能证明具有象征思维的物件,有一件具有刻痕的兽骨,九块经过人工雕刻过的赭石。特别是有几十个微小的介螺壳,大小一致,每一个壳上对着螺口有一个钻孔(图15-16)。发掘的考古学家认为它们正好成为一

图 15-16　穿孔的螺壳(引自 Wong,2005)

发现于南非布隆伯斯洞

串饰物，戴起来类似现代人熠熠生辉的珍珠项链。

　　根据最新的发现，距今 19 万～16 万年前解剖学上的现代人已现身非洲。如果乔姆斯基学派是对的，现代人在开始的 12 万～15 万年的时间里，尽管已经具备了必要的硬件，但仍然缺少象征思维和语言。现在这一点已经站不住脚了，在 3.5 万年前非洲的现代人早就具有象征思维的认知能力。过去认为智人才有象征思维能力，这一点也不对了，欧洲旧石器时代中期是尼人的时代，也存在着能证明具有象征思维的物件。法国甘塞的钟乳洞遗址是尼人遗址，在那里出土了骨头工具、身体饰物、雕刻的骨片等，其中有一组穿孔的兽牙形成的饰物。过去认为只有在旧石器时代晚期的智人才能制造出这种饰物。尼人和智人是平行进化的两个物种，它们都具有象征思维的能力，这意味着象征思维有着更深的历史渊源。

　　现在已经有不少证据表明，象征思维和行为不是在 3.5 万年前突然出现的，然而在这以前象征物还只是偶尔显现，无论在时间上还是空间上彼此都相距甚远，而在这以后则是簇拥而来。一些人类学家认为，这与社会环境有关，特别是与人口膨胀有关。人口增长，生活资源变得紧张，我们的祖先被迫发明先进的工具和技术以取得食物。人多了以后，不同族群接触交往的机会增多了，壳珠饰品、身体彩妆、特异装饰的工具可以彰显个人身份，一些精致的饰物还可以作为交换的礼物，建立个人之间或者族群之间的良好关系。

　　反过来，人口一旦萎缩，那些先进的象征性思维和行为就会退潮。在缺乏竞争的环境中，人们采取先进行为模式，如果不会因此受益，这些行为就被遗忘。澳大利亚塔斯马尼亚岛原住民的故事就是最近发生的事例。17 世纪，欧洲人第一次登上该岛时所遇到的原住民的物质文化甚至比欧洲旧石器时代中期的文化还要简单，不过是一些基本的石器而已。然而，考古学家却发现，这里的居民在几万年前曾经拥有复杂得多的工具以及渔网、弓箭，拥有同时代澳洲大陆老家的所有装备。可是，在 1 万年前，澳大利亚大陆和塔斯马尼亚岛之间的地峡涌进了海水，切断了两地的交通。少量的塔斯马尼亚岛居民与澳洲大陆的居民隔绝以后，原有的复杂技术失传了。在非洲和欧洲，旧石器中期和晚期文化遗存的巨大差异，也许可以从塔斯马尼亚的故事中得到启发。

什么因素推动着脑与智力的发展？

在第十三讲讨论灵长类智力的进化时,曾提到这样一个悖论:实验室的试验毋庸置疑地证明,猴和猿是非常聪明的,然而野外的研究却表明,这些生物的日常生活,至少在解决生存问题上并不需要很多智力。对于一般的非人灵长类动物,我们可以有条件地接受这个悖论所陈述的现象。我们认为,这个悖论说明非人灵长类的生存方式,仍然停留在一般动物的水平,它们仍然主要依赖自身的装备和体力去解决生存问题。然而,不可以无条件地把这个悖论扩展到人类,不能认为,在人类进化过程中,推动脑和智力进化的仅仅是群体内的相互作用,而与生存方式、生存策略无关。

灵长类学家观察到灵长类动物社会内部存在着复杂的结盟网络,在社群中个体靠结盟者的协同配合,靠计谋而获益。社群内的这种相互作用成为脑与智力进化的推动力。事实上,灵长类动物这种着迷于结盟和谋略的癖好并不会完全局限于社群内部的竞争。古德尔曾讲述过黑猩猩捕猎疣猴的过程,其中黑猩猩就是靠计谋以及同伴巧妙的配合和协同而捕获到猎物的,这无疑已经涉及解决生存问题了(参见本书第十三讲)。在第十四讲里,

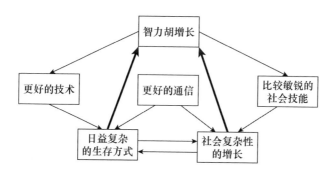

图 15-17　生存方式、社会关系和智力进化的关系
越来越复杂的生存方式以及网络状的社会结构和难以预测的
社会的相互作用形成智力发展的选择压力

我们又论述了人属靠计谋、成员的协同以及工具而成功地在强手如云的稀树草原占据了一个原本不属于自己的肉食的生态位,解决了按一般动物方式难以解决的生存问题,这是一种需要高度智力的生存方式和生存策略。因此,对人类来说,日益复杂的生存方式和日益复杂的社会关系是推动脑和智力进化的两大发动机(图 15-17),而且二者之间还存在着相互作用、相互渗透、互为条件的关系。如果撇开人类生存方式和生存策略的特点及其发展,就不可能对人类进化(包括脑和智力的进化)做出充分、合理的解释。

现代人迁徙到全世界

到了旧石器时代晚期,智人已经在整个旧大陆(包括非洲、欧洲和亚洲)站稳了脚跟。他们过着狩猎—采集的生活,流动性很大。随着智人文化的进步,控制环境能力的增强,他们分布于旧大陆广袤的土地上,最后,他们来到亚洲的东海岸,不得不停止了继续东行的脚步。这时,有些人群在亚洲的东北角越过白令陆桥到达美洲,有些人群从亚洲东南穿越海洋到达澳大利亚。

人类怎样到达美洲?

在最后一个冰期,海平面比现在要低。今日的白令海峡在当年还是白令陆桥,那里天气很冷,但由于干燥而没有形成大面积的冰原。然而,在南阿拉斯加和西加拿大,来自太平洋的强劲的风携带着大量雨水降落,形成巨大的冰原,同样,来自大西洋的雨水落在加拿大东部广大地区也形成大面积冰原。这两个冰原曾两度达到发育的高峰:第一次是在大约 5 万年前;第二次是在 1.8 万年前。这时,东、西两大冰原融合在一起,成为横亘在北美洲北部一个巨大的、不可逾越的屏障。而在这之前和之后,东、西两大冰原之间有一条南北走向的流冰走廊(图 15-18)。假如人类在经过白令陆桥以后,穿过流冰走廊向南部迁徙,有两个时期是合适的:第一次大约在 3 万年前或者再早一些时间;第二次大约在 1 万年前。

图 15-18　白令陆桥（A）和流冰走廊(B)（仿 Newton,1996）

旧石器时代晚期,当一小批、一小批狩猎—采集的人群经过白令陆桥,穿过流冰走廊来到美洲这片土地上时,他们没有一个人知道自己离开了一个大陆,走进另一个大陆。当冰期结束时,洪水将早期迁徙者穿越时留下的踪迹冲洗得荡然无存。因此,要精确地指出他们穿越的时间是困难的。人类学家推算,在当时的条件下,平均起来,最早的迁徙者每年可移动1.6千米。以3万年前为起点,大约在2.6万年前到达今天美国和加拿大的边界;再过2000年到达墨西哥;继续向南到秘鲁高地,还需要再加上4000年。

在美洲某些早期的发现是符合上述描述的:在加拿大的老克罗巴赞,研究者发现断代在2.7万年前的工具;在墨西哥城附近,发现人类居住的最早证据,距今大约2.4万年;在秘鲁高地,研究者发掘的几处人类居住的遗址年代在2.5万~2.1万年前。在大约3万年前后,人类开始进入美洲以后,温度又逐步下降,北美北方的两大冰原又融合在一起,流冰走廊消失。巨大的冰原把早期的迁徙者和他们的亚洲老家隔开。

到了最后一个冰期临近结束时,白令陆桥还没有被淹没,北美北方的流冰走廊再度显现。人们又可以途径白令陆桥—流冰走廊从亚洲走到美洲。大约在1.1万年前的一些人工制品在整个美洲都被发现了。克洛维斯矛尖是一种非常有特色的、具凹槽的矛尖，从阿拉斯加到中美洲都有分布。这说明在3万年前后最早的一批移民以后，在1.2万年前后又发生了一波新的迁徙。

当最后一个冰期结束时，冰原完全消融，白令陆桥成为白令海峡。这条长约85千米的海峡不可能是人们完全不可逾越的屏障。由于小舟的发明，人们可以从西伯利亚穿越白令海峡到达阿拉斯加，在1万～1.1万年前，亚洲的弓箭传到美洲，说明这种迁徙确实曾经发生过。

人类进入澳大利亚

澳大利亚和亚洲之间隔着一片开阔的海洋，在今日的地图上，这片海的东面称为阿拉弗拉海，西面称为帝汶海。人类最早是在什么时候用什么方法从东南亚迁徙到澳洲的呢？

在最后一个冰期，地球上巨量的海水被锁定在极地冰原之中。在冰原发育的最高点，大约2万～1.6万年前，海平面比今日的海平面要低约130米。那时澳大利亚和东南亚的海岸线和今天有很大的不同。从今日澳大利亚北岸延伸到新几内亚岛西岸洋底的莎湖陆架都高出水面，生长着茂盛的森林，澳大利亚和新几内亚连成一片。在亚洲的东南，今日的马来半岛和印度尼西亚的苏门答腊、爪哇、婆罗洲连成一片，形成一座巨大的、绵长的陆桥。在这个巨大的东南亚陆桥和澳大利亚—新几内亚之间的海比今日的阿拉弗拉海和帝汶海要小得多，而海中的岛屿又要比今日的岛屿要密集得多，堪称"多岛之海"，古地理学上称为华莱士海（图15-19）。华莱士海的西边即为华莱士线，这是亚洲动物区系和澳洲动物区系的分界线。

今天，要确切地指出我们的祖先是如何穿越华莱士海到达澳洲，是很困难的。可以想见，一群迁徙者一旦来到当年古马来半岛的前端，就可以看到远方的岛屿。他们可以乘坐木排或者独木舟从一个岛屿到另一个岛屿。外出渔猎时，或者在风暴中转向，或者随风逐浪到达一个从未到过的岛屿。他

图 15-19　最后一个冰期马来半岛与澳洲大陆之间的地图（仿 Newton,1996）

婆罗洲、苏门答腊和爪哇是马来半岛的一部分；新几内亚和澳大利亚
连成一片；东南亚和澳洲之间的海比现在小得多

们在华莱士海这个众岛之海中转来转去,最终来到澳大利亚—新几内亚的
岸边。

　　由于在亚洲和澳大利亚之间横亘着一个水的屏障,人类学家曾设想人
们到达澳洲比到达美洲要晚,也就是在 1 万年以内发生的事,但是澳洲的考
古记录改变了人们的认识。1968 年在澳大利亚曼哥湖发现的人类化石,断
代在 2.65 万～2.45 万年前;1974 年在同一地点发现的化石断代在 3 万～
2.8 万年前;此外,在西澳南部斯旺河也发现了大量的人造石器,可以追溯
到 4 万年前。来自人类染色体 DNA 的研究材料证明了,澳大利亚原住民
和其他地区人群的分歧点在 4 万年前。这说明在 4 万年前,我们的祖先已
经掌握了相当水平的航海技术,他们已经有相当高的象征思维和语言的
能力。

参考书目

第一讲至第十讲部分

北京师范大学等. 人体组织解剖学. 北京：人民教育出版社，1981.

陈守良等. 人类生物学. 北京：北京大学出版社，2001.

陈守良. 动物生理学. 3 版. 北京：北京大学出版社，2005.

丁汉波. 脊椎动物学. 北京：高等教育出版社，1983.

克罗德·柏尔纳. 实验科学方法论. 夏康农译. 上海：华夏书店，1947.

鲁 T C，傅尔顿 J F. 医学生理学和生物物理学：上、下册.《医学生理学和生物物理学》翻译组译. 北京：科学出版社，1974—1978.

孟庆闻，陈惠芬. 灰星鲨的解剖. 上海：华东师范大学出版社，1956.

上海第一医学院. 人体解剖生理学. 北京：人民卫生出版社，1981.

王斌，左明雪. 人体及动物生理学. 2 版. 北京：高等教育出版社，2001.

王志均. 生命科学今昔谈. 北京：人民卫生出版社，1998.

吴相钰等. 陈阅增普通生物学. 北京：高等教育出版社，2005.

夏武平等. 中国动物图谱：兽类. 北京：科学出版社，1964.

张春霖等. 中国动物图谱：鱼类. 北京：科学出版社，1960—1965.

中国医学科学院卫生研究所. 食物成分表. 北京：人民卫生出版社，1977.

中国营养学会. 中国居民膳食指南. 北京：中国营养学会，1997.

中国营养学会. 中国居民膳食指南 2016. 北京：人民卫生出版社，2016.

中国营养学会. 中国居民膳食营养素参考摄入量（简要本）. 北京：中国轻工业出版社，2001.

АНОХИН ПК. И. П. ПАВЛОВ. москва: Издатеъство Академии Наука СССР，1949.

Bayliss W M. General physiology. London：Longmans，1924.

Bell G H，Emslie-Smith D，Paterson C R. Textbook of physiology. Edinburgh：Churchill Livingstone，1980.

Cambpell N A，Mitchell LG，Reece J B. Biology. Menlo Park：Benjamin/Cummings，2000.

Chiras D D. Human biology. St. Paul：West Publishing，1991.

DeWitt W. Human biology：form, function, and adaptation. Boston：Scott, Foresman，1989.

Drewitt F D. 勤纳传. 邹禹烈译. 上海：商务印书馆，1936.

Eckert R，Randall D J，Burggren W，et al. Animal physiology. 5th ed. New York：Freeman，2001.

Farish D J. Human biology. Boston：Jones and Bartlett，1993.

Fulton J F. Selected readings in the history of physiology. Springfield：Charles C. Thomas，1966.

Graaff K M，Crawley J L. A photographic atlas for the anatomy and physiology laboratory. Englewood：Morton，1994.

Guyton A C，Hall J E. Textbook of medical physiology. 11th ed. Philadelphia，PA：Elsevier Saunders，2006.

Junqueira L C，Carneiro J. Basic histology. 8th ed. Norwalk：Appleton & Lange，1995.

Kandel E R，Schwartz J H，Jessell T M. Principles of neural science. 4th ed. Boston：McGraw-Hill，2001.

Keynes R D，Aidley D J. Nerve and muscle. 3rd ed. Cambridge，NY：

Cambridge Univ Press, 2001.

Little R C. Physiology of the heart and circulation. 3rd ed. Chicago: Year Book Medical Pub, 1985.

Luciano D S, Vander A J, Sherman J H. Human function and structure. New York: McGraw-Hill, 1978.

Mader S S. Human biology. 9th ed. Boston, MA: McGraw-Hill, 2006.

Marieb E N. Human anatomy and physiology. RedWood: Benjamin/ Cummings, 1995.

Mason W H, Marshall N L. The human side of biology. 2nd ed. New York: Harper & Row, 1987.

Moor K L. Before we are born: basic embryology and birth defects. 3rd ed. Philadelphia: Saunders, 1989.

Newman H H. Outlines of general zoology. New York: Macmillan, 1924.

Penfield W. The excitable cortex in conscious man. Liverpool: Liverpool Univ Press, 1958.

Rhoades R, Pflanzer R. Human physiology. Philadelphia: Saunders, 1989.

Robert M B V. Biology for life. London: Walton-on Thames, Surrey, Nelson, 1982

Schmidt-Nielsen K. Animal physiology: adaptation and environment. 5th ed. Cambridge, NY: Cambridge Univ Press, 1997.

Sherman I W, Sherman V G. Biology: a human approach. 4th ed. New York: Oxford Univ Press, 1989.

Silverthorn D U. Human physiology: an integrated approach. 3rd ed. San Francisco: Pearson/Benjamin Cummings, 2004.

Singer S H, Hilgard R. The biology of people. New York: Freeman, 1978.

Starr C, McMillan B. Human biology. Belmont, CA: Wadsworth, 1995.

Sumner M. Thought for food. Oxford: Oxford Univ. Press, 1981.

Tribe M A, Eraut M R. Hormones. Cambridge, NY: Cambridge University Press, 1979.

Vander A, Sherman J, Luciano D. Human physiology: the mechanism of body function. Boston, MA: WCB McGraw-Hill, 1998.

Wilson J A. Principles of animal physiology. 2nd ed. New York: Macmillan, 1979.

第十一讲至第十五讲部分

陈竺. 医学遗传学. 北京：人民卫生出版社, 2005.

达尔文. 人类的由来. 潘光旦, 胡寿文译. 北京：商务印书馆, 1983.

达尔文 F. 达尔文生平及其书信集. 叶笃庄, 孟光裕译. 北京：三联书店, 1957.

〔英〕达尔文. 物种起源. 周建人等译. 新一版（修订本）. 北京：商务印书馆, 1995.

方宗熙. 生物进化. 北京：科学普及出版社, 1964.

Haeckel E. 自然创造史. 马君武译. 上海：商务印书馆, 1936.

〔英〕赫胥黎. 人类在自然界的位置. 《人类在自然界中的位置》翻译组译. 北京：科学出版社, 1971.

贾兰坡. 中国猿人及其文化. 北京：中华书局, 1964.

〔美〕厄恩斯特·迈尔. 生物学思想的发展：多样性、进化与遗传. 刘珺珺译. 长沙：湖南教育出版社, 1990.

彭奕欣, 黄诗笺. 进化生物学. 武汉：武汉大学出版社, 1997.

王亚馥, 戴灼华. 遗传学. 北京：高等教育出版社, 1999.

吴汝康. 古人类学. 北京：文物出版社, 1989.

张昀. 生物进化. 北京：北京大学出版社, 1998.

赵寿元, 乔守怡. 现代遗传学. 北京：高等教育出版社, 2001.

Dobzhansky Th, Ayala F J, Stebbins G L, et al. Evolution. San Francisco: Freeman, 1977.

Gould S. Ever since Darwin: reflections in natural history. New York: Norton, 1977.

Grant P R. Natural selection and Darwin's Finches. Scientific American, 1991, 79: 36-42.

Jolly C J, White R. Physical anthropology and archaeology. 5th ed. New York: McGraw-Hill, 1995.

Leakey R E. The origin of humankind. New York: BasicBooks, 1994.

Lewin R. Human evolution: an illustrated introduction. 3rd ed. Boston: Blackwell, 1993.

Lewin R, Foley R A. Principles of human evolution. 2nd ed. Malden, MA: Blackwell, 2004.

Mayr E. The effect of Darwin on modern thought. Scientific American, 2000, 283(1): 67-71.

Newton T J, Joyce A P. Human perspectives. Sydney: McGraw-Hill, 1995.

Purves W K, Sadava D, Orians G H, Heller C, et al. Life, the science of biology. 7th ed. Sunderland, MA: Sinauer, VA: Freeman, 2004.

Snustad D P, Simmons M J. Principles of genetics. 4th ed. Hoboken, NJ: John Wiley & Sons, 2006.

Starr C. Biology: concepts and applications. 3rd ed. Belmont, CA: Wadsworth, 1997.

Stein P L, Rowe B M. Physical anthropology. 9th ed. New York: McGraw-Hill, 2006.

Strickberger M W. Evolution. 2nd ed. Sudbury, MA: Jones & Bartlett, 1996.

名词索引

核酸 58，279

核糖核酸（RNA） 58，249，279，
　　281

黑色素细胞 283

黑色细胞刺激素（MSH）
　　144，145

黑猩猩 9，347，352～361，365，
　　366

　　～文化 360，361

恒温动物 11，103，106

横桥 28，29

红骨髓 19，203，206

红细胞 70～73

后兽亚纲 6

呼吸 107～117

　　～气体在体内的交换 112

　　～器官 107，108

狐猴 344

　　～超科 342，343

　　～下目 342～344

华莱士海 418

化石 307，312

坏血病 38

环节动物门 5

黄体生成素（LH） 144，145，224，
　　233～235

J

机能残气量 111，112

机能合体性 86

肌紧张 183

肌肉

　　～的收缩 25～29

　　～系统 23，24

肌纤维 25，27～30

肌小节 28

肌原纤维 28

基础代谢率 101，102

激素 131～145

基因 277～298

　　～的多效性 284

　　～库 316

　　～流 318

　　～频率 316

　　～突变 273，274，284，293

　　　～296

　　～型 282

棘皮动物门 5

集合管 123，126～128

集团运动 61

脊索动物门 5，6，10

脊索动物亚门 5～6

脊柱 6，13，15～17

脊椎动物亚门 6，7，10

加拉帕戈斯群岛 308

人名索引

灵长目动物中英文名称
及学名对照表

埃及猿　*Aegyptopithecus*

奥罗宁图根种　*Orrorin tugenensis*

奥莫密猴　Omomyids

傍人　*Paranthropus*

长臂猿　gibbon，*Hylobates* spp.

长臂猿科　Hylobatidae

丛婴猴　*Galago* spp.

大猩猩　*Gorilla* spp.

大猩猩亚科　Gorillinae

地栖猿始祖种　*Ardipithecus ramidus*

地栖猿始祖种卡达巴亚种　*A. r. kadabba*

东非人　*Zinjanthropus*

厄尔盖斯特人　*H. ergaster*

狒狒　baboon，*Papio* spp.

更猴　*Plesiadapis*

更猴型　Plesiadapiformes

海德堡人　*H. heidelbergensis*

黑米人　*H. helmei*

黑猩猩　chimpanzee，*Pan troglodytes*

狐猴　*Lemur* spp.

狐猴超科　Lemuroidea

狐猴下目　Lemuriformes

胡桃夹子人　Nutcracker man

金丝猴　*Rhinopithecus* spp.

旧世界猴　Old world monkeys

卷尾猴　*Cebus* spp.

卷尾猴超科　Ceboidea

肯尼亚猿　*Kenyapithecus*

阔鼻猴下目　Platyrrhini

类人猿亚目　Anthropoidea

灵长目　Primates

鲁道夫人　　*H. rudolfensis*

猕猴超科　　Cercopithecoidea

猕猴科　　Cercopithecidae

南方古猿（南猿）　　*Australopithecus*

南猿阿法种（阿法南猿）

　　A. afarensis

南猿埃塞俄比亚种（埃塞俄比亚南猿）

　　A. aethiopicus

南猿巴拉哈乍里种（巴拉哈乍里南猿）

　　A. bahrelghazali

南猿鲍氏种（鲍氏南猿）

　　A. boisei

南猿粗壮种（粗壮南猿）

　　A. robustus

南猿非洲种（非洲南猿）

　　A. africanus

南猿湖滨种（湖滨南猿）

　　A. anamensis

南猿加希种（加希南猿）

　　A. garhi

能人　　*H. habilis*

尼安德特人（尼人）

　　H. neanderthalensis

珀加托里猴　　Purgatorius

人科　　Hominidae

人属　　*Homo* spp.

人亚科　　Homininae

人猿超科　　Hominoidea

人族　　Hominin

撒哈尔人乍得种　　*Sahelanthropus*

　　tchadensis

森林古猿　　*Dryopithecus*

瘦猴　　*Loris* spp.

瘦猴超科　　Lorisoidea

兔猴　　*Adapis*

倭黑猩猩　　pygmy chimpanzee,

　　Pan paniscus

西瓦古猿　　*Sivapithecus*

狭鼻猴下目　　Catarrhini

新世界猴　　New world monkeys

猩猩　　orangutan, *Pongo* spp.

猩猩科　　Pongidae

眼镜猴　　*Tarsius*　　spp.

眼镜猴下目　　Tarsiiformes

疣猴　　*Colobus* spp.

疣猴科　　Colobidae

原猴亚目　　Prosimii

原康修尔猿　　*Proconsul*

猿人　　*Pithecanthropus*

直立人　　*H. erectus*

智人　　*Homo sapiens*

主干类人猿　　stem anthropoids

主干灵长类　　stem primates